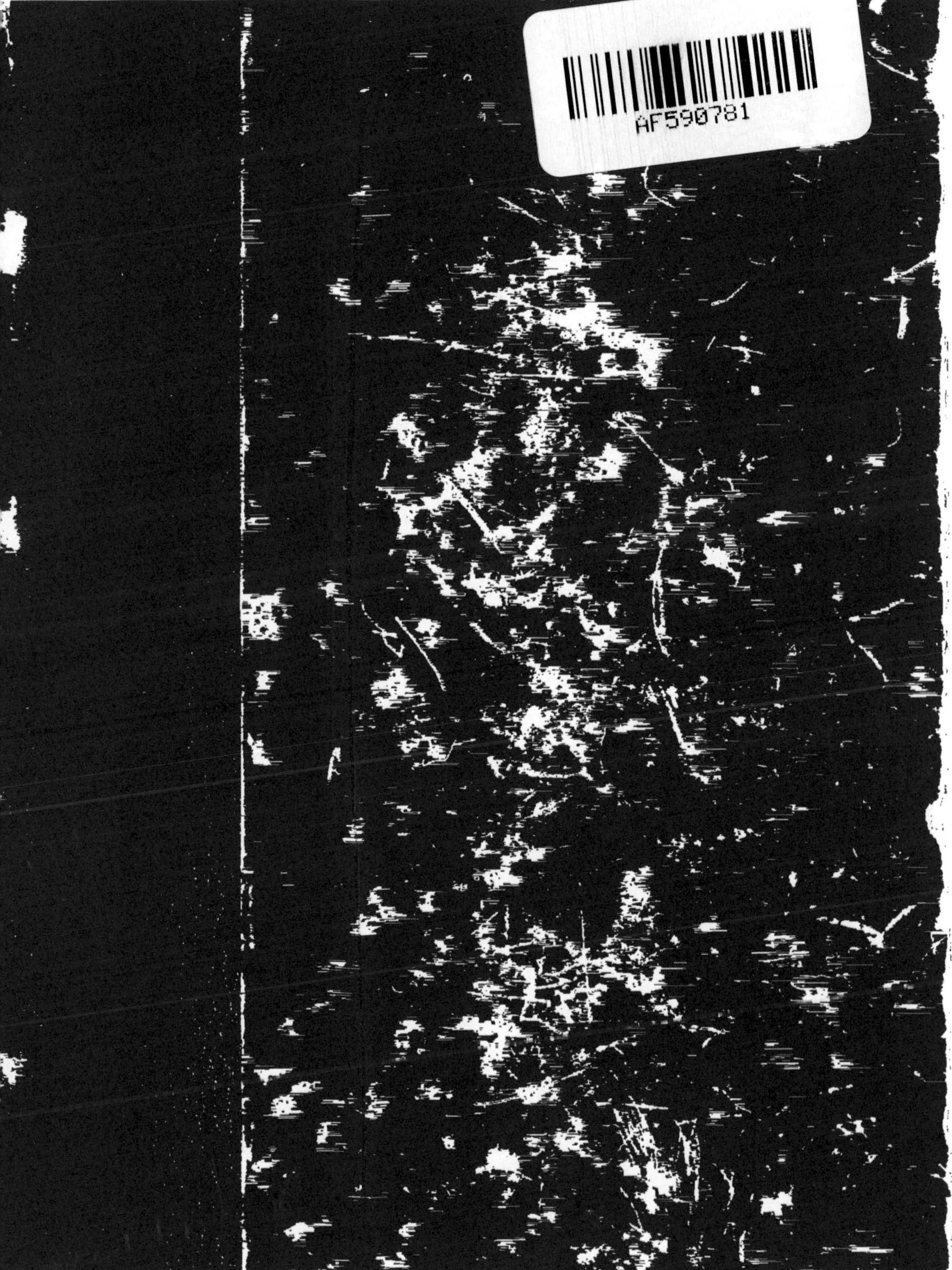

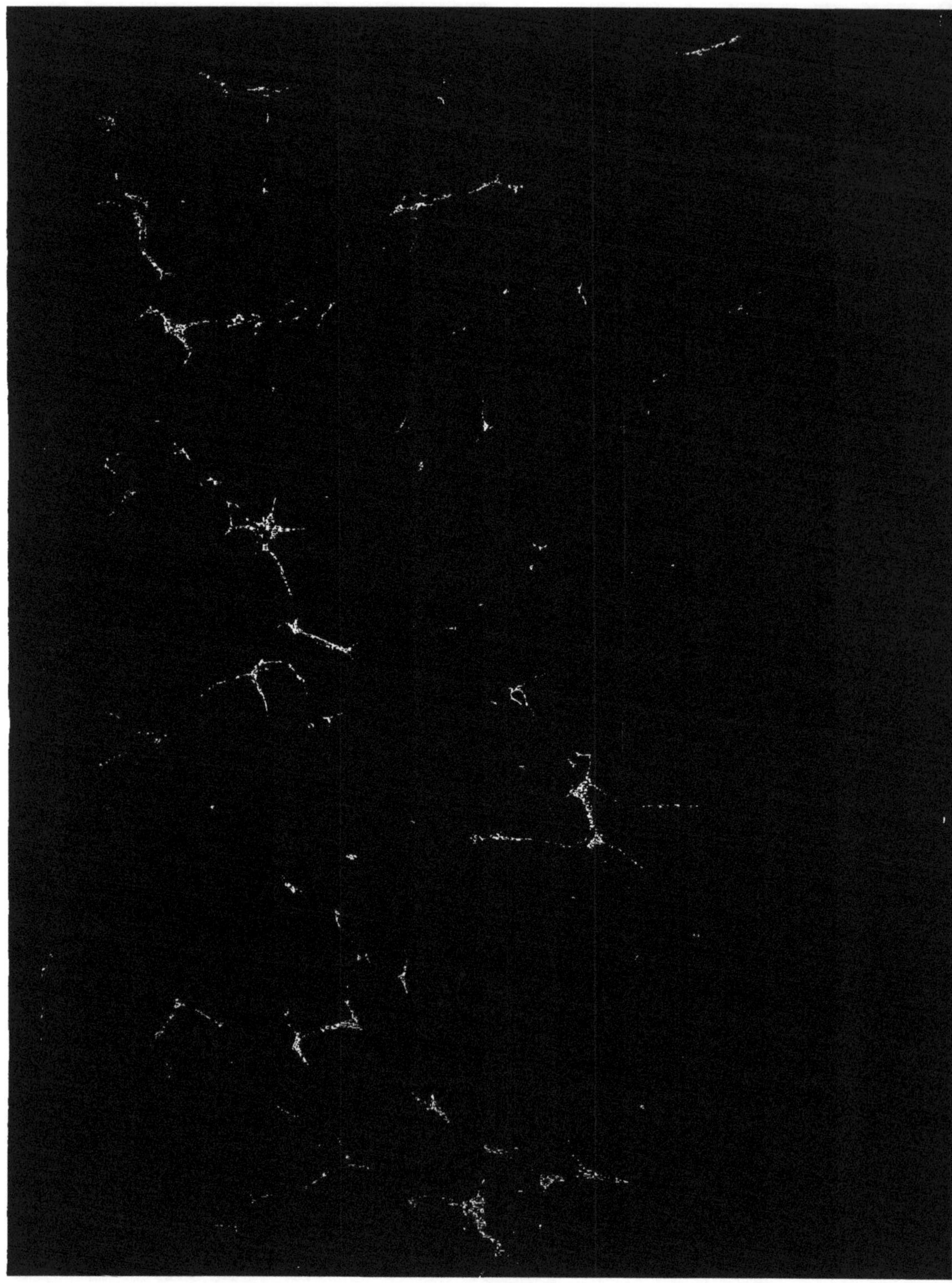

EXPOSITION RETROSPECTIVE DE L'ART JAPONAIS

PARIS
AVRIL-1883

S. BING
19 RUE CHAUCHAT
ETOFFES
BRONZES
PORCELAINES
CURIOSI
CHINOISES
ET
JAPONAI
H. CHAPUIS

CATALOGUE

光明遍照十方世界

CATALOGUE

DE

l'Exposition Rétrospective

DE

L'ART JAPONAIS

ORGANISÉE

par

M. LOUIS GONSE

Directeur de la *Gazette des Beaux-Arts*

PARIS

IMPRIMERIE DE A. QUANTIN

7, RUE SAINT-BENOIT, 7

1883

Notre premier devoir, en présentant ce catalogue au public, — catalogue que nous nous excuserons très humblement d'avoir fait si volumineux, — est de remercier tous les collectionneurs qui nous ont libéralement accordé leur concours. Ceux qui consentent à se dessaisir, pour un temps plus ou moins long, d'objets qui bien souvent font le charme de leur vie et l'ornement de leur intérieur, ont un mérite auquel on ne peut rendre assez hommage. Nous témoignerons aussi à notre ami, M. Hayashi, toute notre gratitude pour le dévouement et le savoir avec lesquels il nous a aidé dans la détermination des signatures et des époques.

Le but que nous avons poursuivi, en prenant l'initiative de cette exposition [1] *et en réunissant, dans la belle salle de la rue de Sèze, les trésors de l'ancien Japon que Paris possède à l'exclusion de toute autre ville au monde, est parfaitement déterminé. Nous avons voulu donner une idée d'ensemble d'un art sur lequel on n'a eu jusqu'à présent que des idées fausses ou vagues, et surtout dégager du rapprochement d'objets similaires quelques notions historiques précises; nous avons essayé de réaliser pour un mois le rêve magnifique d'un musée japonais.*

Notre but sera atteint si nous avons pu jeter un peu de lumière sur des questions d'art qui étaient restées jusqu'à ce jour dans la plus complète obscurité et sur

1. *Il n'est pas inutile de rappeler qu'elle est faite au bénéfice de la caisse de* l'Union centrale des Arts décoratifs.

lesquelles nous demeurions en France dans une regrettable indifférence, alors qu'à l'étranger, — en Allemagne, en Angleterre et en Amérique surtout, — elles éveillaient une si vive attention. Les études que nous avons entreprises sur l'histoire de cet art nous ont été, il est vrai, d'un puissant secours et nous ont permis de tenter autre chose qu'une simple exhibition de bibelots.

Celui qui voudra se donner la peine d'étudier l'exposition avec quelque méthode, et le catalogue en main, découvrira facilement dans l'examen des objets eux-mêmes les grandes lignes chronologiques, les époques d'évolution du goût japonais.

La peinture, les laques, la céramique, les travaux de métal sont notamment représentés par des séries d'œuvres de premier ordre des artistes les plus illustres. L'histoire de ces arts est en quelque sorte reconstituée, depuis la fin du IXe *siècle jusqu'au commencement du* XIXe*; depuis Kanaoka, dont nous exposons une des quatre peintures connues, jusqu'à Hokousaï, le grand maître de la vie et de l'humour; depuis les admirables laques du* IXe *et du* XVe *siècle jusqu'aux laques délicieusement féminins du* XVIIIe*; depuis Miotshin et Oumétada, les ciseleurs fameux des* XVIe *et* XVIIe *siècles, jusqu'aux orfèvres qui ont produit ces précieux travaux dont la délicatesse surpasse tout ce que la bijouterie des autres pays a créé de plus parfait.*

L. G.

NOMS DES EXPOSANTS

Mme Sarah Bernhardt.
MM. S. Bing.
Henri Bouilhet.
Philippe Burty.
Mme Louis Cahen.
M. le comte Abraham Camondo.
M. le comte Isaac Camondo.
M. le comte Nissim Camondo.
MM. Deudon.
Théodore Duret.
Charles Ephrussi.
Louis Gonse.
Charles Haviland.
MM. J.-M. de Heredia.
Alphonse Hirsch.
Général Ida.
Cie Kosho-Kaisha, du Japon
MM. Lansyer.
Mitsui, du Japon.
E.-L. Montefiore.
De Nittis.
Georges Petit.
Antonin Proust.
Edmond Taigny.
Georges Vibert.
Wakai, du Japon.

SUPPLÉMENT

M. Allan Gay, de Boston. — Études peintes au Japon.

秋田

COLLECTION

DE

MME SARAH BERNHARDT

火(ひ)桶(おけ)乃猫(ねこ)

BOIS SCULPTÉ.

1. — Tigre en bois doré de grandeur naturelle.

Chef-d'œuvre de la sculpture japonaise au XVIIe siècle.

COLLECTION

DE

M. S. BING

I

CÉRAMIQUE

OWARI.

1. — Pot à thé en poterie d'Owari, de forme sphéroïdale, à col cylindrique. Couverte fauve mouchetée de taches brunes.

H. 0m,07; Diam. 0m,07. — XIIIe siècle.

2. — Pot à thé en poterie d'Owari en forme d'urne. Couverte rouge brun, jaspée de bleu foncé.

H. 0m,07; Diam. 0m,06. — XIIIe siècle.

3. — Tube en poterie d'Owari à 4 pans aux angles arrondis. Couverte grise craquelée et incrustée sur chaque face d'une branche de fleurs en émail blanc.

H. 0m,10; Diam. 0m,07. — XVIe siècle.

4. — Petit flacon en poterie d'Owari. Modèle pyriforme à côtes. Couverte fauve décorée de lignes brunes. Une couche d'émail vert translucide entoure le col.

H. 0m,08; Diam. 0m,06. — XVIIe siècle.

5. — Bouteille en poterie d'Owari de forme sphérique, à col étroit. L'épaulement est orné de frises en relief. Couverte brune offrant des irisations ; marquée : *Baïkin*.

H. 0m,20; Diam. 0m,14. — XVIIe siècle.

6. — Vase en poterie d'Owari en forme d'un cornet renversé. Couverte claire surchargée d'une traînée d'émail vert pointillé de gris, laquelle s'échappe de l'orifice.

H. 0m,18; Diam. 0m,10. — XVIIe siècle.

7. — Vase en poterie d'Owari de forme surbaissée, garni de deux anses latérales. Couverte de ton fauve à craquelures, surchargée d'un émail vert translucide à la partie supérieure du vase, laquelle est en outre ornée de godrons.

H. 0m,14; Diam. 0m,16. — XVIIe siècle.

8. — Pot à parfums en porcelaine d'Owari. Modèle sphéroïdal élevé sur trois pieds et réticulé à jour. Couverte céladon.

H. 0m,05; Diam. 0m,07. — XVIIIe siècle.

9. — Petit pot surbaissé en poterie d'Owari, à demi recouvert d'un émail jaune de soufre maculé de brun.

H. 0m,05; Diam. 0m,07. — XVIIIe siècle.

10. — Plateau en poterie d'Owari de forme carrée, entouré de bords élevés et droits. Couverte grise portant une ornementation d'émaux bleu, jaune et brun.

H. 0m,04; Diam. 0m,11. — XVIIIe siècle.

11. — Petite assiette en poterie d'Owari. Couverte jaune, maculée par endroits de placages verts imitant la mousse.

Diam. 0m,16 1/2. — XVIIIe siècle.

11 *bis*. — Statuette en poterie d'Owari représentant un personnage riant. Couverte grise. Signé : *Shioun Yetzou.*

H. 0m,22. — XVIIIe siècle.

12. — Petite boîte à parfums en poterie d'Owari. Forme carrée surmontée d'un danseur au grelot. Couverte grise.

H. 0m,06; Diam. 0m,04. — XVIIIe siècle.

13. — Petite boîte à parfums en poterie d'Owari. Forme d'un rocher à couverte grise avec tortue en émail brun. Marqué : *Masahiro Foudzobaiya, à Nagoya.*

H. 0m,04; Diam. 0m,05. — XIXe siècle.

14. — Porte-bouquet en poterie d'Owari, représentant un sac desserré par Daikokou.

H. 0m,08; Diam. 0m,07. — XIXe siècle.

HIZEN.

15. — Gourde à double renflement en porcelaine de Hizen, décorée d'un personnage entouré d'arbres en bleu irisé sous couverte blanche.

H. 0m,22; Diam. 0m,10. — XVIe siècle.

16. — Petit pot à thé en porcelaine de Hizen, en forme d'urne. Médaillons de fleurs d'ornement, à entrelacs imbriqués en bleu sous couverte.

H. 0m,05 1/2; Diam. 0m,06 1/2. — XVIIe siècle.

17. — Pot à parfums en poterie de Hizen. Modèle cylindrique élevé sur trois pieds. Une première couverte brune, laquelle apparaît à découvert dans la partie inférieure du vase, est surchargée d'une autre couche très épaisse qui offre des tons gris jaspés de bleu.

H. 0m,10; Diam. 0m,08. — XVIIe siècle.

18. Bouteille en porcelaine de Hizen à côtes tournantes. Décor de paysages et fleurs polychromes.

H. 0m,25; Diam. 0m,10. — XVIIe siècle.

19. — Assiette à bords festonnés en porcelaine de Hizen. Décor de fleurs et de treillages en polychrome.

Diam. 0m,20. — XVIIe siècle.

20. — Brûle-parfums rectangulaire en porcelaine de Hizen. Fond rouge à réserves d'or et de vert.

H. 0m,06; Diam. 0m,07. — XVIIe siècle.

21. — Coupe ronde et creuse, en porcelaine de Hizen offrant au centre deux oiseaux en noir, sur un fond de décors bleus rehaussés de vert sous émail.

Diam. 0m,15. — XVIIIe siècle.

22. — Burette en poterie de Hizen, en forme de quille. Couverte brune coupée par une couche d'émail vert avec effets blancs à la partie supérieure du vase.

H. 0m,25; Diam. 0m,10. — XVIIIe siècle.

23. — Brûle-parfums cylindrique, à anses latérales en porcelaine de Hizen, décoré d'un saule en bleu sous émail. Le couvercle, ajouré, présente en découpages des branchages en blanc, bleu et brun.

H. 0m,15; Diam. 0m11. — XVIIIe siècle.

24. — Brûle-parfums cylindrique en porcelaine de Hizen, décoré en bleu sous couverte. Le couvercle ajouré représente des fleurettes éparpillées sur un treillage.

H. 0m,09; Diam. 80m,0. — XVIIIe siècle.

25. — Bol couvert en porcelaine mince de Hizen, portant un semis de fleurettes en barbotine blanche avec feuillages bleus.

H. 0m,07; Diam. 0m,10. — XVIIIe siècle.

26. — Très petite statuette en porcelaine de Hizen, représentant un enfant. Blanc avec partie teintée de bleu.

H. 0m,06; Diam. 0m,07. — XVIIIe siècle.

27. — Branche de chrysanthème en porcelaine de Hizen. Porcelaine blanche, partiellement émaillée de bleu et de brun.

L. 0m,19. — XVIIIe siècle.

27 *bis*. — Brûle-parfums en porcelaine blanche de Hizen, représentant un canard mandarin.

H. 0m,17; Diam. 0m,20. — XVIIIe siècle.

28. — Petit pigeon en porcelaine blanche de Hizen. Les pattes sont laquées d'or.

H. 0m,06; Diam. 0m,08. — XVIIIe siècle.

29. — Petit vase en porcelaine blanche de Hizen, de forme balustre et entouré d'un dragon en relief.

H. 0m,09; Diam. 0m,04. — XVIIIe siècle.

30. — Statuette en porcelaine blanche de Hizen, représentant une jeune fille accroupie.

H. 0m,05; Diam. 0m,06. — XVIIIe siècle.

31. — Godet à eau, forme de poisson, en porcelaine blanche de Hizen.

H. 0m,08; Diam. 0m,12. — XVIIIe siècle.

32. — Petite boite en porcelaine blanche de Hizen, figurant une oie sauvage.

H. 0m,05; Diam. 0m,02. — XVIIIe siècle.

33. — Pot à parfums en porcelaine de Hizen, de forme ovoïde. Décor de fleurs et d'oiseaux Bleu et blanc.

H. 0m,06; Diam. 0m,05. — XVIIIe siècle.

34. — Petite boîte en porcelaine de Hizen, représentant le dieu Hoteï couché sur son sac. Bleu et blanc.

H. 0m,04 1/2; Diam. 0m,05. — XVIIIe siècle.

35. — Petite boîte en porcelaine de Hizen, représentant un cygne à l'aile déployée.

H. 0m,05; Diam. 0m,07. — XVIIIe siècle.

36. — Netzké en porcelaine de Hizen, représentant un fruit avec un insecte. Émaux bleu et brun.

Diam. 0m,04 1/2. — XVIIIe siècle.

37. — Branche fleurie, en porcelaine de Hizen, portant un oiseau.

H. 0m,08; Diam. 0m,20. — XVIIIe siècle.

38. — Plateau carré en porcelaine de Hizen, à angles rentrés, décor bleu sous couverte blanche à bouquet de fleurs. Le bord couvert d'un dessin d'œils de perdrix.

Diam. 0m,29. — XVIIIe siècle.

39. — Boîte lenticulaire en porcelaine blanche de Hizen, ornée sur toutes les surfaces de branches de cerisier fleuries en relief.

H. 0m,03; Diam. 0m,06. — XVIIIe siècle.

FOUGAKOUSA.

40. — Statuette en terre cuite de Fougakousa, représentant un jeune garçon tenant dans chaque main la moitié d'un gâteau.

H. 0m,07; Diam. 0m,09. — XVIIe siècle.

KIOTO.

41. — Urne a thé en poterie de Kioto, laquée d'or et d'ornements en relief de différentes couleurs.

H. 0m,23; Diam. 0m,18. — XVIIe siècle.

42. — Petite boîte en poterie de Kioto, représentant un éventail décoré sur couverte grise d'un panier fleuri en couleurs et or; marquée : *Ninseï*.

H. 0m,02; Diam. 0m,07. — XVIIe siècle,

43. — Pot à parfums en poterie de Kioto, de forme ovoïde.

Couverte de ton d'ivoire ornée d'ornements polychromes avec médaillons de fleurs. Marqué : *Ninsei.*

H. 0^{m},06; Diam. 0^{m},06. — XVIIe siècle.

44. — Boîte en poterie de Kioto de forme lenticulaire, offrant sur couverte grise un décor en émaux chatoyants représentant les sept Sages dans la forêt de bambous ; marquée : *Ninseï.*

H. 0^{m},03; Diam. 0^{m},10. — XVIIe siècle.

45. — Pot à thé en poterie de Kioto, de forme ovoïde. Couverte brune sur laquelle se détachent, à l'endroit de l'épaulement, une rangée de boutons en émail blanc. Marqué : *Ninseï.*

H. 0^{m},08; Diam. 0^{m},05. — XVIIe siècle.

46. — Bol en poterie de Kioto, de forme campanulée et revêtu à l'extérieur d'une couverte grise craquelée. L'intérieur de la pièce, réservé en biscuit rouge, est décoré d'un poisson et d'herbes en émail gris rehaussé de brun.

H. 0^{m},09; Diam. 0^{m},18. — XVIIe siècle.

47. — Coquille en poterie de Kioto, décorée d'un paysage marin en émaux de couleurs sur couverte fauve.

H. 0^{m},06; Diam. 0^{m},27. — XVIIe siècle.

48. — Bouteille en poterie de Kioto, de forme sphérique, surmontée d'un col étroit. Des rinceaux bruns s'étendent sur une couverte grise. La partie supérieure de la panse est cerclée d'une frise du même ton.

H. 0^{m},24; Diam. 0^{m},15. — XVIIe siècle.

49. — Vase d'applique en poterie de Kioto, portant en relief une figure de bonze émaillée de violet sur un fond de biscuit brun.

H. 0^{m},14; Diam. 0^{m},15. — XVIIe siècle.

50. — Petite théière en poterie de Kioto, représentant un lapin à couverte fauve maculée de noir.

H. 0m,07; Diam. 0m,10. — XVIIe siècle.

51. — Suspension à parfums, en poterie de Kioto, de forme sphérique. Travail ajouré représentant un arbre fleuri en couleurs et or ; marquée : *Kenzan.*

H. 0m,16; Diam. 0m,16. — XVIIe siècle.

52. — Plateau en poterie de Kioto, de forme rectangulaire à bords droits, décoré, sur couverte grise, d'un paysage d'hiver ; marqué : *Kenzan.*

Diam. 0m,17. — XVIIe siècle.

53. — Plateau en poterie de Kioto, de forme rectangulaire à bords droits, décoré, sur couverte grise, d'un paysage d'automne ; marqué : *Kenzan.*

Diam. 0m,19. — XVIIe siècle.

54. — Boîte en poterie de Kioto, de forme plate, à bords échancrés. Le couvercle est décoré d'un vol de grues en brun, au-dessus d'un terrain boisé peint en vert. Nuages or et bleu à l'intérieur de la boîte. Marquée : *Kenzan.*

H. 0m,03; Diam. 0m,11. — XVIIe siècle.

55. — Vase en poterie de Kioto, formé par deux paravents accolés en sens inverse, portant des décors de bambous et des inscriptions sur couverte grise ; marqué : *Kenzan.*

H. 0m,16; Diam. 0m,18. — XVIIe siècle.

56. — Petit tube octogone en poterie de Kioto, portant sur chaque pan un paysage surmonté d'une poésie. Décor en brun sur couverte grise; marqué : *Kenzan.*

H. 0m,06 1/2; Diam. 0m,03. — XVIIe siècle.

57. — Vase d'applique en poterie de Kioto, portant sur sa

face un masque de diable en haut relief, entouré d'ornements en émaux de couleurs.

H. $0^{m},20$; Diam. $0^{m},20$. — XVIIe siècle.

58. — Bouteille en poterie de Kioto. Forme de tambour posé sur champ et surmonté d'un étroit goulot. Décor d'oiseaux dans les nuages, en émaux de couleurs et en or sur couverte fauve.

H. $0^{m},16$; Diam. $0^{m},15$. — XVIIe siècle.

59. — Statuette en poterie de Kioto, représentant un renard travesti. Couverte grise.

H. $0^{m},30$; Diam. $0^{m},14$. — XVIIe siècle.

60. — Bouteille en poterie de Kioto, de forme ovoïde, à petit goulot. Décor d'ornements en émaux bleu et vert sur couverte fauve. Marquée : *Kiyomidzou.*

H. $0^{m},15$; Diam. $0^{m},08$. — XVIIe siècle.

61. — Bouteille en poterie de Kioto. Modèle pyriforme à long col décoré d'une branche fleurie en émail bleu sur couverte grise. Marquée : *Ivakoura.*

H. $0^{m},28$; Diam. $0^{m},12$. — XVIIIe siècle.

62. — Coupe hexagone en poterie de Kioto, à couverte grise et supportée par trois diables à poses différentes et coloriés en émaux de couleurs variées; marquée : *Dôhatshi.*

H. $0^{m},13$; Diam. $0^{m},2c$. — XVIIIe siècle.

63. — Bouteille pyriforme en poterie de Kioto, décorée de médaillons de fleurs en émaux de couleurs sur couverte fauve; marquée : *Midou.*

H. $0^{m},21$; Diam. $0^{m},10$. — XVIIe siècle.

63 *bis.* — Coupe à sacrifice en poterie de Kioto. Émail vert orné d'incrustations jaunes.

H. $0^{m},05$; Diam. $0^{m},11$. — XVIIIe siècle.

64. — Petit vase en poterie de Kioto, de forme balustre à pans, portant, au-dessous de l'orifice, des rosaces découpées à jour. Couverte vert chou, aventurinée jaune. Marqué : *Kaseïzan*.

H. 0m,12 ; Diam. 0m,06. — XVIIIe siècle.

65. — Plateau en poterie de Kioto, représentant une feuille d'Aoki. Couverte vert chou, aventurinée de brun.

L. 0m,23 ; Diam. 0m,11. — XVIIIe siècle.

66. — Statuette en poterie de Kioto, représentant un Dharma accroupi, la tête soutenue par le bâton sacré. La robe est laquée rouge.

H. 0m,14 ; Diam. 0m,12. — XVIIIe siècle.

67. — Petite boîte en poterie de Kioto, représentant le fruit de kaki, à couverte rouge craquelée avec couvercle simulant un feuillage vert ; marquée : *Rikouan*, à l'âge de 83 ans.

H. 0m,03 ; Diam. 0m,05. — XVIIIe siècle.

68. — Statuette en poterie de Kioto représentant le dieu Hoteï assis dans un large fauteuil. Émaux bleu et vert.

H. 0m,20 ; Diam. 0m,18. — XVIIIe siècle.

69. — Boîte sphérique en poterie de Kioto portant sur toute la paroi un travail réticulé à jour couvert d'émail bleu alterné d'or.

H. 0m,10 ; Diam. 0m,13. — XVIIIe siècle.

70. — Petite boîte en poterie de Kioto, représentant l'instrument de musique appelé Thsô. Couverte fauve ornée d'émaux bleu et vert. Marquée : *Ninseï*.

H. 0m,04 ; Diam. 0m,14. — XVIIIe siècle.

71. — Brûle-parfums en poterie de Kioto en forme de

tambour, et décoré d'émaux bleu et vert sur couverte grise. Couvercle en argent ajouré.

H. $0^m,05$; Diam. $0^m,08$. — XVIIIe siècle.

72. — Vase en poterie de Kioto de forme bursaire. Couverte gris rosé incrustée de frises en émail blanc. Marqué : *Ogata Shiouheï.*

H. $0^m,10$; Diam. $0^m,13$. — XVIIIe siècle.

73. — Brasero en poterie de Kioto de forme surbaissée. Couverte ton d'ivoire décorée en plein de fleurs rouges avec rehauts en émaux verts. Marqué : *Meïzan.*

H. $0^m,07$; Diam. $0^m,12$. — XVIIIe siècle.

74. — Coupe creuse en poterie de Kioto à bords rabattus et décorée de rinceaux en émail jaune sur terre brune; marquée : *Kinkozan.*

H. $0^m,05$; Diam. $0^m,18$. — XVIIIe siècle.

75. — Vase en poterie de Kioto en forme de cornet renversé. Décors d'ornements en émaux en relief de couleurs variées sur terre brune. Marqué : *Kinkozan.*

H. $0^m,30$, Diam. $0^m,18$. — XVIIIe siècle.

76. — Vase en poterie de Kioto de forme cylindrique et décoré en relief d'ornements en émaux de couleurs variées sur terre brune; marqué : *Kinkozan.*

H. $0^m,12$; Diam. $0^m,09$. — XVIIIe siècle.

77. — Bouteille en poterie de Kioto. Modèle carré à étroit goulot. Le dessus et les angles sont recouverts d'émaux bleu et jaune. Chacune des quatre faces porte un paysage de tons analogues sur biscuit brun.

H. $0^m,20$; Diam. $0^m,10$. — XVIIIe siècle.

78. — Gobelet en poterie de Kioto en forme de tulipe, dé-

coré d'ornements diaprés de rouge et de vert pour simuler une étoffe.

H. 0^m,10; Diam. 0^m,10. — XVIIIe siècle.

79. — Petit brûle-parfums en poterie de Kioto et de forme sphérique élevé sur piédouche; le couvercle repercé d'ouvertures en forme de fleurs. Couverte rouge et craquelée avec mélanges d'émail blanc.

H. 0^m,07; Diam. 0^m,07. — XVIIIe siècle.

80. — Boîte en poterie de Kioto en forme ronde et plate. Décor bleu sous couverte blanche et visant à une imitation de faïence hollandaise.

H. 0^m,04 1/2; Diam. 0^m,06. — XVIIIe siècle.

81. — Théière en poterie de Kioto, de forme balustre, à godrons. Décor de rinceaux formés d'émaux en relief, sur terre brune. Marquée : *Teïzan*.

H. 0^m,20; Diam. 9^m,15. — XVIIIe siècle.

82. — Plateau en poterie de Kioto, de forme oblongue à bords échancrés et garni de deux anses. L'intérieur, de même que l'envers, est décoré de feuillages en gris sous couverte de ton d'ivoire; le bord laqué rouge à dessins de fleurs. Marqué : *Hôzan*.

L. 0^m,25; Diam. 0^m,16. — XVIIIe siècle.

83. — Boîte sphérique en poterie de Kioto à couverte fauve. Le couvercle est décoré au centre d'un bouquet de fleurs en couleurs au grand feu. Marqué : *Hôzan*.

H. 0^m,10; Diam. 0^m,11. — XVIIIe siècle.

84. — Grand tube en poterie de Kioto à couverte jaune. Décor de paysage enlevé à la spatule et colorié au grand feu. Marqué : *Keïzan*.

H. 0^m,30; Diam. 0^m,12. — XVIIIe siècle.

85. Bouteille en poterie de Kioto de forme allongée. Couverte rouge brique, marbrée de taches d'un gris verdâtre. Marquée : *Rakou.*

H. 0m,23 ; Diam. 0m,07. — XVIIIe siècle.

86. — Boîte en poterie de Kioto de forme carrée. Couverte noire mélangée de pourpre. Semis de chrysanthèmes en émail blanc. Marquée : *Rakou.*

H. 0m,06 ; Diam. 0m,06. — XVIIIe siècle.

87. — Gobelet en poterie de Kioto, en forme de tulipe. Couverte noire semée de motifs en reliefs blancs rehaussés de bleu et représentant des nœuds ou des oiseaux en papier.

H. 0m,11 ; Diam. 0m,08 1/2. — XVIIIe siècle.

88. — Petite coupe creuse en poterie de Kioto. Couverte rouge décorée de feuillages en blanc et en noir.

Diam. 0m,12. — XVIIIe siècle.

89. — Petite potiche à trois compartiments en poterie de Kioto, offrant un décor de fleurs en émaux de couleurs sur couverte fauve.

H. 0m,10; Diam. 0m,07. — XVIIIe siècle.

90. — Déversoir de forme basse en poterie de Kioto. Couverte fauve ornée de feuillages et de fleurs. Marqué : *Iva-koura.*

H. 0m,06 ; Diam. 0m,10. — XIXe siècle.

91. — Petit seau à barrette, en poterie de Kioto, décoré de glycines en brun et bleu sous couverte de ton d'ivoire, marqué : *Teizan.*

H. 0m,13; Diam. 0m,06. — XIXe siècle.

92. — Petite boîte en poterie de Kioto représentant l'instrument de musique appelé Biva. Couverte fauve rehaussée d'émaux bleu et vert.

H. 0m,02 ; Diam. 0m,15. — XIXe siècle.

93. — Jardinière en poterie de Kioto, de forme ovoïde, à couverte grise flambée de brun; marquée : *Yeïrakou.*

H. 0m,09; Diam. 0m,09. — XIXe siècle.

94. — Vase en poterie de Kioto, de forme carrée, avec arêtes saillantes aux angles. Couverte unie violette. Marqué : *Yeïrakou.*

H. 0m,17; Diam. 0m,09. — XIXe siècle.

95. — Petit vase carré en poterie de Kioto, décoré d'ornements creusés dans la pâte et émaillés jaune et vert sur fond violet. La pièce est munie d'une anse formée par une chimère jaune et marquée : *Yeïrakou.*

H. 0m,06; Diam. 0m,06. — XIXe siècle.

96. — Présentoir en poterie de Kioto. Couverte noire semée de fleurettes blanches ou argentées. Marqué : *Yeïrakou.*

H. 0m,05; Diam. 0m,13. — XIXe siècle.

97. — Petit tube en porcelaine de Kioto à fond rouge enrichi de dragons d'or. A l'intérieur un décor en bleu sous couverte blanche. Marqué : *Yeïrakou.*

H. 0m,07; Diam. 0m,03. — XIXe siècle.

98. — Petite boîte en poterie de Kioto représentant une malle, sur laquelle se trouve placé un masque de théâtre servant de bouton. Décor de boules en vert, rouge et argent sur fond gris. Marquée : *Makoudzou.*

H. 0m,04; Diam. 0m,04. — XIXe siècle.

99. — Petit plateau en poterie de Kioto, de forme circulaire à bord droit. Couverte grise ornée d'une fleur en brun et blanc.

Diam. 0m,13 1/2. — XIXe siècle.

100. — Vase d'applique en poterie de Kioto, représentant

une racine de bambou creusée. Couverte en couleur bois. Marqué : *Makoudzou*.

H. $0^m,18$; Diam. $0^m,10$. — XIXe siècle.

101. — Écran en poterie de Kioto, formant un disque aux bords échancrés élevé sur deux tréteaux. Le centre est percé d'une ouverture circulaire sur le bord de laquelle se tient une souris. Couverte blanche décorée en vert, bleu et violet, d'un paysage animé d'oiseaux.

H. $0^m,18$; Diam. $0^m,16$. — XIXe siècle.

102. — Petite boîte en poterie de Kioto représentant un livre ouvert décoré en émaux polychromes; marquée : *Makoudzou*.

H. $0^m,02$; Diam. $0^m,07$. — XIXe siècle.

103. — Pot à thé en poterie de Kioto de forme tubulaire. Couverte noire superposée sur une première couche de gris clair, laquelle apparaît à découvert à la partie inférieure du vase. Un décor de glycine en argent et or, en s'échappant du bord, s'enlève sur le fond noir.

H. $0^m,10$; Diam. $0^m,06$. XIXe siècle.

104. — Boîte à parfums en poterie de Kioto, représentant un moineau. Couverte blanche et rouge, marbrée de brun signée : *Dòhatshi*.

H. $0^m,06$; Diam. $0^m,06$. — XIXe siècle.

105. — Boîte en grès de Kioto imitant un marron tant par la forme que par le ton de la couverte, marquée : *Mokoubeï*.

H. $0^m,04$; Diam. $0^m,07$. — XIXe siècle.

106. — Flacon à thé en porcelaine de Kioto, en forme de cylindre lobé. Décor de rinceaux fleuris en émail violet sur fond blanc. Marqué : *Rokoubeï*.

H. $0^m,08$; Diam. $0^m,06$. — XIXe siècle.

107. — Tasse cylindrique en poterie de Kioto. Couverte à ton d'ivoire avec ornements noirs cernés d'or. Marquée : *Mokoubeï.*

XIXe siècle.

107 *bis.* — Boîte en poterie de Kioto de forme lenticulaire. Couverte de ton d'ivoire décorée d'une ornementation en bleu foncé. Pièce signée : *Kenzan.*

Diam. 0m,10. — XVIIe siècle.

ODO.

108. — Pot à l'eau conique en poterie d'Odo à bord plat. Décoré d'un éléphant entouré de personnages en bleu clair sous couverte grisâtre.

H. 0m,18; Diam. 0m,18. — XVIIe siècle.

PORCELAINE DE KOUTANI.

109. — Pot à parfums en porcelaine de Koutani de forme cylindrique. Fond vert d'eau avec réserves blanches en forme de rinceaux détaillés en or.

H. 0m,06; Diam. 0m,0m,6 1/2. — XVIIe siècle.

110. — Pot à parfums en porcelaine de Koutani de forme cylindrique. Fond vert foncé décoré d'ornements en noir. Trois médaillons jaunes portant des couronnes de feuillages violets.

H. 0m,6 1/2; Diam. 0m,07. — XVIIe siècle.

111. — Petit plateau en porcelaine de Koutani de forme oblongue. Large bande de vert foncé détaillé en noir enca-

drant un fond blanc décoré de chimères et de fleurs en émaux de couleurs brillantes.

xviie siècle.

KOUTANI.

112. — Pot à l'eau en porcelaine de Koutani en forme de tube recouvert d'un fond rouge corail avec dessins de branches fleuries en vert, violet, argent et or.

H. 0^m,18; Diam. 0^m,12. — xviiie siècle.

113. — Petite coupe en porcelaine de Koutani. Modèle d'un éventail déployé offrant un décor de fleurs en émaux brillants.

Diam. 0^m,12. — xviiie siècle.

114. — Petite boîte en porcelaine de Koutani, représentant un canard au repos décoré en plein d'émaux brillants.

H. 0^m,03 1/2; Diam. 0^m,08. — xviiie siècle.

115. — Boîte en porcelaine de Koutani de forme lenticulaire. Fond rouge portant un médaillon décoré en rouge et vert de fleurs et d'un oiseau.

H. 0^m,04; Diam. 0^m,08. — xviiie siècle.

MINATO.

116. — Coupe ronde et creuse en poterie de Minato en terre rouge veinée imitant les effets du marbre.

Diam. 0^m,16. — xviie siècle.

117. — Pot à parfums en poterie de Minato, de forme sur-

baissée à couverte offrant des placages de rouge, de vert et de jaune.

H. 0m,05; Diam. 0m,10. — XVIIe siècle.

HIGO.

118. — Pot à parfums en poterie de Higo de forme cylindrique. Couverte grise incrustée d'émail blanc formant une succession de frises.

H. 0m,05; Diam. 0m,07 1/2. — XVIIe siècle.

119. — Brasero en poterie de Higo, à trépied. Couverte grise ornée de frises en incrustations d'émail blanc.

H. 0m,10; Diam. 0m,10. — XVIIIe siècle.

120. — Boîte à parfums en poterie de Higo, de forme plate, à couvercle bombé. Couverte rougeâtre incrustée de petites lignes blanches rayonnantes.

H. 0m,03; Diam. 0m,07. — XVIIIe siècle.

BIZEN.

121. — Godet à eau en grès de Bizen, a couverte marron, et représentant un personnage appuyé sur une meule à broyer le thé.

H. 0m,08; Diam. 0m,05. — XVIIe siècle.

122. — Vase en grès de Bizen, de forme ovoïde, et flanqué d'une statuette représentant un buveur. Couverte marron. Marqué : *Imbé.*

H. 0m,21; Diam. 0m,18. — XVIIe siècle.

123. — Petite statuette en grès de Bizen, représentant Dharma en extase. Couverte marron.

H. 0m,04; Diam. 0m,03. — XVIIe siècle.

124. — Plateau carré en grès de Bizen imitant un morceau de vieux bois. Couverte marron sillonnée de lignes rouges.

Diam. 0m,14. — XVIIe siècle.

125. — Gourde à double renflement, en grès de Bizen. Couverte marron marbrée rouge. Marquée : *Térami.*

H. 0m,16; Diam. 0m,9. — XVIIIe siècle.

126. — Grande statuette en grès de Bizen, représentant le guerrier Shoki. Couverte brune.

H. 0m,72; Diam. 0m,35. — XVIIIe siècle.

127. — Grue en grès de Bizen, laquée de blanc et perchée sur une feuille de lotus à couverte marron.

H. 0m,22; Diam. 0m,14. — XVIIIe siècle.

128. — Coq en grès de Bizen. Couverte à ton d'ardoise.

H. 0m,23; Diam. 0m,20. — XVIIIe siècle.

129. — Cassolette en grès de Bizen représentant un combat de chimères supportées par une fleur de lotus. Couverte à ton d'ardoise.

H. 0m,13; Diam. 0m,11. — XVIIIe siècle.

130. — Godet à eau en grès de Bizen représentant un philosophe à demi couché. Couverte ton d'ardoise.

H. 0m,05; Diam. 0m,05. — XVIIIe siècle.

130 *bis*. — Très petite chimère en grès brun de *Bizen*.

H. 0m,04; L. 0m,03. — XVIIIe siècle.

ZÉZÉ.

131. — Grande burette en poterie de Zézé en forme de quille. Couverte bleu foncé, flambée de jaune.

H. 0m,34; Diam. 0m,11. — XVIIe siècle.

132. — Bouteille en poterie de Zézé en forme de bambou surmonté d'un long col étroit. Couverte brune accidentée à la partie supérieure du vase de jaune et de gris bleuté.

H. 0m,20; Diam. 0m,15. — XVIIe siècle.

133. — Bouteille pyriforme en poterie de Zézé. Couverte brune surchargée d'une couche d'émail vert entourant le col, et se terminant par des traînées blanches s'allongeant sur la panse.

H. 0m,15; Diam. 0m,11.

SHIGARAKI.

134. — Coupe ronde et creuse en poterie de Shigaraki. Biscuit brun décoré à l'intérieur d'ornements à reflets métalliques.

H. 0m,05; Diam. 0m,18. — XVIIIe siècle.

135. — Pot à thé en poterie de Shigaraki en forme d'urne. Couverte rouge marbrée de noir, sur laquelle se détache au centre de la pièce une tache vert d'eau. Marqué : *Takouzan.*

H. 0m,09; Diam. 0m,06. — XIXe siècle.

TAMBA.

136. — Pot à thé en poterie de Tamba, de forme surbaissée, avec col cylindrique orné d'une rangée de boutons en relief. Couverte flambée de brun et de rouge avec taches bleues.

H. 0m,05; Diam. 0m,09. — XVIIe siècle.

137. — Pot à thé en poterie de Tamba de forme cylindrique. Couverte rouge tigrée de bleu foncé et accidentés d'une traînée d'émail bleu clair.

H. 0m,08; Diam. 0m,07. — XVIIe siècle.

TAKATORI.

138. — Bouteille en poterie de Takatori. Modèle pyriforme à dépression dans la panse. Couverte brune tachée de noir et flambée d'émaux jaunes à effets bleus.

H. 0m,22; Diam. 0m,14. — XVIIe siècle.

139. — Coq à longue queue en grès de Takatori. L'oiseau se tient debout sur une botte de paille de riz. Couverte brune.

H. 0m,17; Diam. 0m.25. — XVIIIe siècle.

140. — Bouteille en poterie de Takatori. Forme d'une gourde allongée. Couverte noire surchargée au col d'une traînée d'émail gris qui paraît s'échapper de l'orifice.

H. 0m,23; Diam. 0m,08. — XVIIIe siècle.

141. — Vase en poterie de Takatori, représentant le balustre d'un tambourin. Couverte grise flambée de bleu et de brun.

H. 0m,26; Diam. 0m,10. — XVIIIe siècle.

142. — Vase à eau en poterie de Takatori, de forme cylindrique. Couverte brune flambée de blanc.

H. 0m,15 ; Diam. 0m,16. — XVIIIe siècle.

143. — Coupe en poterie de Takatori, de forme évasée. Le bord est rentré et replié en trois endroits et rattaché au corps de la pièce par de petits coquillages. La couverte est brune à l'extérieur et contraste avec l'intérieur émaillé de blanc verdâtre.

H. 0m,08 ; Diam. 0m,20. — XVIIIe siècle.

144. — Brûle-parfums en poterie de Takatori, représentant la montagne du Fouziyama. La couverte brune est surchargée d'une couche blanche à la partie supérieure pour simuler la neige.

H. 0m,15 ; Diam. 0m,30. — XVIIIe siècle.

144 *bis*. — Groupe en grès de Takatori à couverte marron. Cerf attaqué par un singe.

H. 0m,30; L. 0m,40. — XVIIIe siècle.

SATSOUMA.

145. — Théière en poterie de Satsouma, de forme ovoïde. L'épaulement est orné de palmettes en relief. Couverte fauve sans décor.

H. 0m,11 ; Diam. 0m,12. — XVIIe siècle.

146. — Bouteille à long col en poterie de Satsouma. Le corps est décoré de rinceaux et d'armoiries; le col offre des palmettes or sur rouge.

H. 0m,20; Diam. 0m,09. — XVIIIe siècle.

147. — Théière en poterie de Satsouma, de forme ovoïde,

portant six médaillons à décors de fleurs séparés par des entrelacs rouges et or.

H. 0m,11 ; Diam. 0m,14. — XVIIIe siècle.

148. — Théière en poterie de Satsouma à anse surélevée. Décor simulant une étoffe tissée d'or et de couleurs.

H. 0m,20; Diam. 0m,13. — XVIIIe siècle.

149. — Boîte plate en poterie de Satsouma, ornée d'un décor similaire à la pièce précédente.

H. 0m,02 ; Diam. 0m,06. — XVIIIe siècle.

150. — Théière en poterie de Satsouma à corps cylindrique surmonté d'un col en forme de cône, ce dernier portant une guirlande de fleurs en relief. Le corps présente, sur un fond diapré vert et rouge, deux médaillons ornés de chimères en or.

H. 0m,12 ; Diam. 0m,14. — XVIIIe siècle.

151. — Écran mignonnette en poterie de Satsouma enchâssé dans une monture d'argent. Décor de fleurs.

H. 0m,04 ; Diam. 0m,04. — XVIIIe siècle.

152. — Statuette en poterie de Satsouma, représentant un petit bœuf avec frottis d'or.

H. 0m,05 ; Diam. 0m,08. — XVIIIe siècle.

153. — Pot à parfums carré, en poterie de Satsouma, offrant sur chaque face un motif de fleurs découpé à jour.

H. 0m,05 1/2; — Diam. 0m,05 1/2. — XVIIIe siècle.

154. — Pot à parfums ovoïde, en poterie de Satsouma, orné d'un travail analogue à la pièce précédente.

H. 0m,05; Diam. 0m,05. — XVIIIe siècle.

155. — Pot à parfums en poterie de Satsouma de forme bursaire, à côtes, et décoré de branches de fleurs.

H. 0m,06 ; Diam. 0m,08. — XVIIIe siècle.

156. — Petit tube lobé en poterie de Satsouma, décoré de fleurs.

H. $0^{m},05$; Diam. $0^{m},04$. — XVIIIe siècle.

157. — Jardinière oblongue et conique à quatre pans en poterie de Satsouma. Décor de fleurs.

H. $0^{m},06$; Diam. $0^{m},09$. — XVIIIe siècle.

158. — Petite bouteille à long col en poterie de Satsouma. Décor de fleurs en noir et or.

H. $0^{m},14$; Diam. $0^{m},05$. — XVIIIe siècle.

159. — Bol mignonnette en poterie de Satsouma, couvert d'une succession de frises en or et en couleurs.

H. $0^{m},03$; Diam. $0^{m},05$. — XIXe siècle.

160. — Boîte lenticulaire en poterie de Satsouma décorée d'un oiseau planant au-dessus du sommet d'un arbre.

Diam. $0^{m},08$. — XIXe siècle.

161. — Très grand vase en poterie de Satsouma, à corps ovoïde surmonté d'un col cintré garni de deux anses latérales. Large décor de branches de pivoines.

H. $1^{m},35$; Diam. $0^{m},65$.

162. — Gourde en poterie de Satsouma en forme de disque troué au centre et surmonté d'un petit goulot. Décor de fleurs en brun et vert foncé.

H. $0^{m},20$; Diam. $0^{m},16$. — XVIIe siècle.

163. — Urne à thé en poterie de Satsouma, l'épaulement muni de quatre anneaux surélevés. Les deux tiers supérieurs du vase sont revêtus d'une couverte noire, tandis que tout le bas est émaillé blanc.

H. $0^{m},15$; Diam. $0^{m},13$. — XVIIIe siècle.

164. — Pot à thé ovoïde en poterie de Satsouma. Couverte

de ton vert foncé taché de bleu et surchargée à la partie supérieure du vase d'une traînée d'argent semblant sortir de l'orifice.

H. 0m,08 ; Diam. 0m,07. — XVIIe siècle.

165. — Dragon en poterie de Satsouma, portant la déesse Benten. Couverte de ton d'ivoire, rehaussée de brun.

H. 0m,28 ; Diam. 0m,35. — XVIIIe siècle.

166. — Vase en poterie de Satsouma, de forme allongée et cintrée, à anses de lézards. Couverte bleu foncé flambée de bleu clair.

H. 0m,27 ; Diam. 0m,14. — XVIIIe siècle.

KISHIU.

167. — Bouteille en poterie de Kishiu, de forme conique, à quatre pans avec angles arrondis. Couverte jaune avec réserves blanches portant des décors de fleurs en bleu sans émail.

H. 0m,13 ; Diam. 0m,08. — XVIIIe siècle.

168. — Petite boîte en poterie de Kishiu, de forme lenticulaire. Couverte bleue avec ornements blancs en réserve.

H. 0m,04 ; Diam. 0m,06. — XVIIIe siècle.

169. — Bouteille en porcelaine de Kishiu, en forme de gourde à double renflement. Couverte violette coupée par des côtes longitudinales en relief, émaillées d'un ton verdâtre.

H. 0m,16 ; Diam. 0m,09. — XVIIIe siècle.

AWADJI.

170. — Boîte en poterie d'Awadji de forme ovoïde. Les parois extérieures portent en relief un dessin réticulaire simulant le travail de la vannerie. Couverte brun jaune.

H. 0m,10; Diam. 0m,07. — XVIIIe siècle.

171. — Bouteille à saké en poterie d'Awadji représentant un éventail déployé surmonté d'un long goulot étroit. Les surfaces sont ornées de dessins gaufrés sous couverte brune.

H. 0m,27; Diam. 0m,30. — XVIIIe siècle.

172. — Bouteille à saké en poterie d'Awadji pyriforme. Couverte brune imitant l'aspect du cuivre émaillé. La panse est ornée d'un bouquet de fleurs en relief, émaillé vert et jaune.

H. 0m,19; Diam. 0m,10. — XVIIIe siècle.

173. — Plaque en poterie d'Awadji offrant en relief un paysage émaillé de tons polychromes.

H. 0m,22; Diam. 0m,32. — XVIIIe siècle.

BANKO.

174. — Godet à eau en poterie de Banko représentant une boule de neige roulée par un enfant. La boule est à couverte blanche, tandis que la robe de l'enfant est émaillée vert et jaune.

H. 0m,07 1/2; Diam. 0m,8. — XVIIIe siècle.

175. — Plateau en poterie de Banko représentant deux feuilles de papier superposées. La feuille supérieure porte un

décor de paysage en bleu sous couverte grise, l'autre feuille est décorée de rouge et d'or.

L. $0^{m},19$; L. $0^{m},16$. — XVIIIe siècle.

176. — Plateau en grès de Banko, de forme gondolée, à bords rentrés. Couverte d'émail vert avec décor au centre d'une scène de deux personnages en couleurs variées.

Diam. $0^{m},25$. — XVIIIe siècle.

177. — Tube en grès de Banko. Émail brun clair en gouttelettes imitant la peau de chagrin, avec décor en relief représentant un prunier en fleurs. Oiseaux laqués d'or.

H. $0^{m},28$; Diam. $0^{m},15$. — XVIIIe siècle.

178. — Petit plateau en grès de Banko, de forme ronde, à bords festonnés. Sur des fonds de couleurs variées une branche de feuillages est réservée en biscuit brun.

Diam. $0^{m},15$. — XIXe siècle.

179. — Boîte en poterie de Banko, formant une coquille à couverte brune et portant en reliefs blancs les armoiries de la famille impériale. Marquée : *Yousetsou.*

H. $0^{m},04$; Diam. $0^{m},09$. — XIXe siècle.

180. — Vase en poterie de Banko à quatre pans aux angles avec pied et col cylindriques. La couverte en vert pistache laisse en réserve sur chaque face un médaillon de ton clair qui porte un décor de fleurs. La pièce est en outre ornée de rosaces et de papillons en relief.

H. $0^{m},24$; Diam. $0^{m},08$. — XIXe siècle.

HAGHI.

181. — Pot à l'eau en poterie de Haghi. Forme oblongue et lobée avec deux anses surélevées. Couverte laiteuse jaspée de taches brunes.

H. 0m,20; Diam. 0m,15. — XVIIIe siècle.

182. — Pot à thé en poterie de Haghi en forme d'urne. Couverte jaune revêtue d'un émail blanc craquelé à la partie supérieure du vase.

H. 0m,10; Diam. 0m,09. — XVIIIe siècle.

IMADO.

183. — Brasero de forme carrée en poterie d'Imado. Couverte de ton d'ivoire portant des médaillons de personnages entourés de rinceaux en brun et en vert. Marqué : *Kenzan*.

H. 0m,12; Diam. 0m,10. — XVIIIe siècle.

184. — Boîte en poterie d'Imado, formant un croissant. Couverte jaune craquelé décorée en émail bleu d'une branche de fleurs.

H. 0m,03, Diam. 0m,11. — XVIIIe siècle.

185. — Boîte en poterie d'Imado, simulant par sa forme et le ton de sa couverte une bûche plate, semée de feuilles d'érable brunes ou vertes.

H. 0m,08; Diam. 0m,07. — XVIIIe siècle.

186. — Coupe en poterie d'Imado, en forme d'éventail. Couverte verdâtre ornée d'une branche fleurie en rouge et vert.

H. 0m,04; Diam. 0m,21. — XIXe siècle.

187. — Pot à parfums en poterie d'Imado de forme cylindrique. Couverte vert d'eau, décorée d'une fleur de cerisier en blanc et rose. Le couvercle est émaillé de rouge avec marbrures noires.

H. 0m,07; Diam. 0m,07. — XIXe siècle.

188. — Grand tableau rectangulaire en poterie d'Imado, portant en haut relief une scène qui représente en noir sur fond rouge un aigle attaquant des singes cachés dans le creux d'un arbre.

Diam. 0m,80. — XIXe siècle.

OHI

189. — Brûle-parfums en poterie d'Ohi, représentant une oie.

H. 0m,18; Diam. 0m,20. — XVIIIe siècle.

190. — Petite boîte en poterie d'Ohi de forme plate et carrée. Terre rouge portant deux marguerites en pâte blanche rapportée.

H. 0m,02; Diam. 0m,05. — XVIIIe siècle.

YÉDO.

191. — Boîte en poterie de Yédo à couverte noire représentant une tuile cassée. Le dessous de la boîte imite un vieux cachet enduit de rouge. Marqué : *Ritsouô*.

H. 0m,03 1/2; Diam. 0m,06. — XVIIIe siècle.

192. — Carpe en poterie de Yédo. Elle jaillit d'une vague écumante. Le coloris de la pièce reproduit les tons naturels du poisson et de l'eau de la mer. Marquée : *Kouaïoui-Yen*.

H. 0m,32; Diam. 0m,30. — XVIIIe siècle.

193. — Brûle-parfums en poterie de Yédo. Terre noire ornée d'un décor de fleurs et oiseaux en couleurs et incrustations de fils d'argent. La pièce est, en outre, garnie de deux anneaux mobiles en argent. Marqué : *Toshémitsou.*

H. 0m,15; Diam. 0m,08. — XIXe siècle.

194. — Chaumière en poterie de Yédo. Terre rouge émaillée de couleurs variées.

H. 0m,08; Diam. 0m,12. — XIXe siècle.

195. — Boîte à médecine en faïence de Yédo. Décors en relief diversement coloriés, représentant d'un côté un paysage, et de l'autre un animal chimérique.

H. 0m,06. — XIXe siècle.

196. — Boîte ovoïde en poterie de Yédo, dont la majeure partie est émaillée en noir, tandis que le reste de la surface offre une couverte blanche. Décor de style archaïque représentant un arbre brun garni de feuillages verts. Tout l'intérieur de la boîte est doré en plein. Marquée : *Kénya.*

XIXe siècle.

MINO.

197. — Coupe à boire en porcelaine de Mino. Décor de petits paysages finement détaillés en bleu sous couverte blanche.

H. 0m,03; Diam. 0m,09 1/2. — XVIIIe siècle.

AKAHADA.

198. — Boîte en poterie d'Akahada de forme sphéroïdale, à couverte grise. Le couvercle, entièrement ajouré, représente, par ses découpages, une fleur de chrysanthème. L'intérieur de la boîte est laqué d'or. Marquée : *Mokohakou.*

H. 0^m,08; Diam. 0^m,11. — XVIIIe siècle.

IDZOUMO.

199. — Gobelet en poterie d'Idzoumo, en forme de tulipe. Émail brun fouetté de rouge.

H. 0^m,10; Diam. 0^m,09. — XIXe siècle.

200. — Pot à thé en poterie d'Idzoumo, affectant la forme d'une théière. Couverte rouge feu flambée de jaune.

H. 0^m,08 1/2 ; Diam. 0^m,06. — XIXe siècle.

IVAMI.

201. — Brûle-parfums en poterie d'Ivami, représentant une tortue à longue queue portant sur le dos un Sennin. Couverte en ton d'écaille. Marqué : *Nagami Ivaho.*

H. 0^m,15 ; Diam. 0^m,27. — XIXe siècle.

FABRICATIONS INCONNUES.

202. — Vase en poterie. Forme d'un balustre trapu à petit goulot et garni de quatre anneaux en hauteur. Un décor de fleurs en relief teinté blanc et vert se détache sur couverte

brune. Celle-ci se trouve encadrée en cintre par une couche d'émail blanc verdâtre qui recouvre la partie supérieure du vase.

H. 0m,21 ; Diam. 0m,15. — Époque reculée.

203. — Vase en poterie, de forme conique, à étroit goulot et offrant une frise réticulée sous l'angle de l'épaulement. Les autres parties du vase sont ornées de côtes profondément entaillées dans la pâte et de fleurettes en pâte rapportée. Couverte grise de deux tons coupés par une couche d'émail vert au col.

H. 0m,30; Diam. 0m,18.

BOLS DE HIZEN.

204. — Bol en porcelaine de Hizen, Forme cylindrique. Décor de rinceaux bleus sous couverte craquelée de ton crémeux.

H. 0m,09; Diam. 0m,12 1/2. — XVIe siècle.

205. — Bol en poterie de Hizen de forme surbaissée, à couverte grise sillonnée de profondes craquelures.

H. 0m,07 ; Diam. 0m,10. — XVIe siècle.

BOL DE HAGHI.

206. — Bol en poterie de Haghi, de forme sphéroïdale. Couverte grise à teintes rosées avec craquelures.

H. 0m,07 ; Diam. 0m,09. — XVIIe siècle.

BOLS DE KIOTO.

206 *bis*. — Bol en poterie de Kioto en forme de coupe basse, à couverte vert clair. Le contour extérieur offre une ornementation en forme de palmettes gravées dans la pâte.

H. 0m,05 1/2; Diam. 0m,11 1/2. — XVIIe siècle.

207. — Bol cylindrique en poterie de Kioto, à couverte marron et décoré d'une branche de chrysanthèmes où domine une large fleur en émail gris; marqué : *Ninsei*.

H. 0m,10; Diam. 0m,13. — XVIIe siècle.

208. — Bol hémisphérique en poterie de Kioto. Couverte noire sur laquelle se détache une grande langouste rouge, dont les antennes se prolongent dans l'intérieur du vase. Marqué : *Ninseï*.

H. 0m,09; Diam. 0m,11. — XVIIe siècle.

209. — Bol de forme gondolée à couverte grise ornée de placages d'or et d'argent simulant des morceaux d'étoffe. Le vase est, en outre, décoré d'un groupe de deux personnages en noir. Marqué : *Ninseï*.

H. 0m,09; Diam. 0m,12. — XVIIe siècle.

210. — Bol de forme hémisphérique à couverte partie blanche et noire. Cette dernière est décorée d'un buste de Dharma enveloppé d'un vêtement rouge. Marqué : *Ninseï*.

H. 0m,08; Diam. 0m,11 1/2. — XVIIe siècle.

211. — Bol hémisphérique à bord évasé. Terre noire portant des rinceaux d'émaux en relief de différentes couleurs où domine le bleu. Signé : *Kinkozan*.

H. 0m,07 1/2; Diam. 0m,09. — XVIIe siècle.

212. — Bol de forme balustre, à couverte grise incrustée en noir d'une frise en forme de guirlande.

H. 0m,08 ; Diam. 0m,11. — XVIIe siècle.

213. — Bol cylindrique à couverte grise ornée d'un paysage en brun au grand feu ; l'intérieur est muni d'un fond vert avec décor de fleurs d'or et couleurs en réserve. Marqué : *Kenzan.*

H. 0m,07 ; Diam. 0m,10. — XVIIe siècle.

214. — Bol hémisphérique divisé en deux parties inégales, dont l'une présente un décor de branchages sur couverte gris clair, tandis que la majeure partie de la surface est recouverte d'émail vert foncé. Une large bande noire avec ornements en réserve borde l'orifice du vase à l'intérieur. Marqué : *Kenzan.*

H. 0m,07 1/2 ; Diam. 0m,12 1/2. — XVIIe siècle.

215. — Bol de forme surbaissée à bord évasé ; couverte brune chargée d'ornements en émail blanc saillant, ainsi que de fleurs décorées en vert.

H. 0m,06 ; Diam. 0m,09. — XVIIe siècle.

216. — Bol cylindrique émaillé d'une couverte noire, laquelle, à la partie supérieure du vase, se trouve coupée par un émail blanc simulant la mousse d'un liquide débordant. Marqué : *Rakou.*

H. 0m,07 ; Diam. 0m,10. — XVIIIe siècle.

217. — Bol cylindrique à couverte noire marbrée de rouge. Une réserve de forme hémisphérique est destinée à indiquer le soleil couchant. Marqué : *Rakou.*

H. 0m,08 1/2 ; Diam. 0m,10. — XVIIIe siècle.

218. — Bol cylindrique à couverte noire, dans laquelle se trouve enlevé le dessin d'un arbre. Marqué : *Rakou.*

H. 0m,07 ; Diam. 0m,10. — XVIIIe siècle.

219. — Bol sphéroïdal. Couverte rouge marbrée d'un mélange de diverses couleurs.

H. 0^{m},09; Diam. 0^{m},11.

220. — Bol lobé à couverte fauve décorée d'ornements et de fleurs en émaux polychromes.

H. 0^{m},08; Diam. 0^{m},10. — XVIIIe siècle.

221. — Bol évasé à couverte épaisse fortement craquelée; les deux tiers de la pièce sont de ton vert d'eau et la partie supérieure est rose.

H. 0^{m},06 1/2; Diam. 0^{m},13. — XVIIIe siècle.

222. Bol à bord rétréci. Couverte grise décorée d'oiseaux en émaux blanc et bleu.

H. 0^{m},07; Diam. 0^{m},10. — XVIIIe siècle.

223. — Bol en forme de balustre aplati et cerclé d'argent. Décor de paysage en bleu sous couverte de ton crème.

H. 0^{m},07 1/2; Diam. 0^{m},09. — XVIIIe siècle.

224. — Bol de forme campanulée, à couverte claire ornée d'une branche de fleurs en émail blanc rehaussé de feuillages verts; marqué : *Kinkozan*.

H. 0^{m},07; Diam. 0^{m},11. — XVIIIe siècle.

225. — Bol cylindrique. Couverte noire laquée d'or et de fleurs blanches; marqué : *Rakou*.

H. 0^{m},09; Diam. 0^{m},13. — XVIIIe siècle.

226. — Bol de forme oblongue à couverte en vert foncé et offrant une ornementation gravée dans la pâte et relevée d'or; marqué : *Hôrakou*.

H. 0^{m},07; Diam. 0^{m},12. — XIXe siècle.

227. — Bol de forme basse à couverte noire coupée, à une

petite distance de l'orifice, par une bande blanche portant une frise d'ornements en vert, rouge et or.

H. 0^m,05 1/2; Diam. 0^m,12. — XIXe siècle.

228. — Bol hémisphérique à couverte grisâtre. Une cigogne se détache en émail blanc sur le disque rouge du soleil baigné par des vagues d'or et d'argent; marqué : *Yeïrakou.*

H. 0^m,08; Diam. 0^m,12. — XIXe siècle.

229. — Bol hémisphérique à couverte noire sur laquelle la montagne du Fousiyama se détache en relief blanc; marqué : *Dôhatshi.*

H. 0^m,08; Diam. 0^m,12. — XIXe siècle.

230. — Bol surbaissé. Couverte noire accidentée de dégradations blanches dont les contours représentent la montagne Fousiyama; marqué : *Dôhatshi.*

H. 0^m,07 1/2; Diam. 0^m,11. — XIXe siècle.

231. — Bol de forme de balustre à couverte grise portant un décor de paysage en brun sur émail rehaussé d'émaux vert et or; marqué : *Dôhatshi.*

H. 0^m,08; Diam. 0^m,11. — XIXe siècle.

232. — Bol sphéroïdal. Des chrysanthèmes en relief et diversement coloriés sont réservés dans le fond noir de la couverte. Marqué : *Dôhatshi.*

H. 0^m,07 1/2; Diam. 0^m,11. — XIXe siècle.

234. — Bol de forme ovoïde. Couverte grise décorée d'arbres fleuris en émaux vert et rose et de nuages or.

H. 0^m,08; Diam. 0^m,11. — XIXe siècle.

235. — Bol campanulé. Couverte brillante de ton marron, laissant en réserve grise deux médaillons décorés, l'un de fleurs et l'autre de personnages. Marqué : *Makoudzou.*

H. 0^m,07 1/2; Diam. 0^m,11. — XIXe siècle.

BOLS DE SATSOUMA.

236. — Bol hémisphérique à couverte mi-partie noire unie et blanc truité.

H. 0m,07 1/2 ; Diam. 0m,10 1/2. — XVIIe siècle.

237. — Bol cylindrique à couverte blanche décorée d'une grande demi-lune d'argent sur laquelle débordent des herbes peintes en émaux vert et rouge mélangés d'or.

H. 0m,08 1/2 ; Diam. 0m.09 1/2. — XVIIIe siècle.

238. — Bol hémisphérique à couverte fauve décorée de personnages en couleurs.

H. 0m,07 ; Diam. 0m,11.

BOLS DE SOMA.

240. — Bol conique à couverte vieil ivoire. La partie supérieure est divisée en trois sections débordant l'une sur l'autre, et paraissant rattachées par un simulacre de clous à têtes saillantes.

H. 0m,07 ; Diam. 0m,11. — XVIIe siècle.

241. — Bol cylindrique à dépressions. Couverte verdâtre poudrée de brun. Un décor en relief représente un cheval attaché à des pieux.

H. 0m,07 ; Diam. 0m,09. — XIXe siècle.

BOL D'OHI.

242. — Bol cylindrique à couverte rouge et portant en relief une araignée d'émail blanc.

H. 0m,08 1/2 ; Diam. 0m,09 1/2. — XVIIIe siècle.

BOL D'ODO.

243. — Vase de forme balustre à couverte grise incrustée d'un dessin de grues dans les nuages, en émail blanc.

H. 0m,09; Diam. 0m,10. — XVIIIe siècle.

BOL D'AWADJI.

244. — Bol évasé à couverte grise et décoré d'une grande masse de personnages gravés au trait.

H. 0m,08; Diam. 0m,13. — XVIIIe siècle.

BOLS D'IMADO.

245. — Bol cylindrique émaillé mi-partie de jaune et de gris avec décor de bambous verts et de fleurs blanches; signé : *Kenzan*.

H. 0m,07 1/2; Diam. 0m,09. — XVIIIe siècle.

246. — Bol évasé à couverte café au lait. Un décor de fleurettes en émail blanc se trouve près de l'orifice.

H. 0m,06; Diam. 0m,12. — XVIIIe siècle.

247. — Bol ovoïde en poterie d'Imado. Couverte jaune soufre décorée en brun d'une cigogne et d'aiguilles de pin.

H. 0m,08 ; Diam. 0m,12. — XVIIIe siècle.

248. — Bol cylindrique en terre brune gravée de lignes entre-croisées, lesquelles simulent une vannerie. Décor de fleurs en émail blanc.

H. 0m,07 1/2; Diam. 0m,10. — XIXe siècle.

BOLS DE YATSOUSHIRO.

249. — Bol campanulé. Couverte grise incrustée, à l'extérieur et à l'intérieur du vase, de lignes et de frises en émail blanc.

H. 0m,08 ; Diam. 0m,12.

250. — Bol en forme de coupe. Couverte grise portant tout autour une application d'émail blanc qui représente les pétales d'un chrysanthème.

H. 0m,05 1/2 ; Diam. 0m,12 1/2. — XIXe siècle.

251. — Bol hémisphérique. Couverte grise incrustée d'une frise et d'armoiries, en émail blanc cerné d'or.

H. 0m,08 ; Diam. 0m13. — XIXe siècle.

BOL D'OWARI.

252. — Bol de forme campanulée en porcelaine d'Owari. Couverte céladon décorée de rinceaux rouges.

H. 0m.07 ; Diam. 0m,10. — XIXe siècle.

BOL DE TAMBA.

253. — Bol en poterie de Tamba, de forme hémisphérique, à couverte rouge jaspée de lignes bleues en sens longitudinal.

H. 0m,06 1/2 ; Diam. 0m,12. — XIXe siècle.

BOLS D'AKAHADA.

254. — Bol en poterie d'Akahada, de forme évasée, à sept lobes. Couverte laiteuse portant à l'intérieur deux traînées d'émail brun.

H. 0m,06 ; Diam. 0m,12. — XIXe siècle.

255. — Bol en poterie d'Akahada, de forme hémisphérique, sur piédouche. Couverte grise décorée de figures qui semblent attelées à un halage.

H. 0m,09; Diam. 0m.011. — XIXe siècle.

BOL D'IDZOUMO.

256. — Bol en poterie d'Idzoumo de forme cintrée, pourvu en majeure partie d'une couverte brun noir qui s'arrête à une faible distance de la base, où elle se trouve remplacée par une couverte blanche qui recouvre la partie inférieure du bol.

H. 0m,05; Diam. 0m,10. — XIXe siècle.

II

TRAVAUX DE MÉTAL

I. — OBJETS EN BRONZE.

258. — Bouteille en bronze à long col, garnie de deux singes faisant office d'anses.

H. 0m,27; Diam. 0m,10. — XVIIe siècle.

259. — Grande oie en bronze formant brûle-parfums.

H. 0m,60. — XVIIe siècle.

260. — Coq en bronze formant brûle-parfums.

H. 0m,31; Diam. 0m,21. — XVIIe siècle.

261. — Très grande fontaine en bronze avec bec à tête de dragon. Deux lézards posés de haut en bas forment les anses.

H. 1m,40; Diam. 0m,65. — XVIIe siècle.

262. — Groupe de trois tortues en bronze. Signé : *Seïmin.*

L. 0m,15; Diam. 0m,13. — Fin du XVIIIe siècle.

263. — Groupe de deux tortues en bronze. Signé : *Seïmin.*

L. 0m,09; Diam. 0m,11. — Fin du XVIIIe siècle.

264. — Jardinière en bronze, de forme quadrangulaire, anses. Dessins d'entrelacs et de dragons. Signée : *Seïmin.*

H. 0m,09; Diam. 0m,12. — Fin du XVIIIe siècle.

265. — Jardinière en bronze, de forme surbaissée, garnie d'un lézard. Signée : *Tokousaï*.

H. 0m,09 ; Diam. 0m,12. — XVIIIe siècle.

266. — Tabouret en bronze formé de deux plateaux ronds reliés par trois pieds à profil, échancré et imitant des cordes nouées. Signé : *Harousada*.

H. 0m,40 ; Diam. 0m,25. — XVIIIe siècle.

267. — Groupe en bronze se composant d'un escargot portant un enfant sur sa coquille. Signé : *Tôoun*.

H. 0m,08 ; L. 0m,16. — Commencement du XIXe siècle.

268. — Vase ovoïde en bronze martelé portant deux anses en forme de têtes avec anneaux mobiles. Dessin de fleurs gravées ressortant en tons clairs.

XVIIIe siècle.

269. — Groupe en bronze composé d'un poisson dans une vague jaillissante et portant un personnage debout.

H. 0m,30 ; Diam. 0m,15. — XIXe siècle.

II. — OBJETS EN FER.

270. — Casque de guerrier, en fer, orné de dragons en relief. Sur le devant, ainsi que de chaque côté, se trouvent des ornements laqués avec incrustations de matières précieuses, marqué d'une devise.

XIIe siècle.

271. — Tuyau de pipe en fer ciselé et incrusté. Dessin d'aigle.

L. 0m,15. — XVIIe siècle,

272. — Boîte en fer incrusté d'argent imitant une pelote de fil. L'intérieur est en laque noir clouté d'or.

Diam. 0^{m},09. — XVIIe siècle.

273. — Deux masques de guerrier en fer.

H. 0^{m},21. — XVIIe siècle.

274. — Étui en fer ciselé à dessins de fleurs, ayant la forme d'un tube à pans.

L. 0^{m},21 ; Diam. 0^{m},08. — XVIIIe siècle.

275. — Théière en fer de forme campanulée à anse mobile munie d'une poignée en ivoire vert. Bec à tête de dragon.

H. 0^{m},11. — XIXe siècle.

III. — OBJETS EN ARGENT.

276. — Cuillère en argent ciselé ornée de fleurs et de feuillages. Signée : *Takanori.*

L. 0^{m},19. — XVIIIe siècle.

277. — Pelle à cendre en argent, décorée d'émaux translucides.

L. 0^{m},17. — XVIIIe siècle.

278. — Vase en argent ciselé et ajouré, orné de rinceaux et de fleurs.

H. 0^{m},08. — XVIIIe siècle.

279. — Boîte lenticulaire en argent bruni. Décor d'émail incrusté représentant un oiseau de Fô.

Diam. 0^{m},07. — XVIIIe siècle.

280. — Coupe en argent ciselé figurant une fleur de nénufar supportée par trois grenouilles en poses différentes. Plateau en forme de feuille.

H. 0^{m},09; Diam. 0^{m},08. — XIXe siècle.

IV. — NETZKÉS EN MÉTAL.

281. — Netzké en bronze clair. Tète de chimère.
xviie siècle.

282. — Netzké en argent ciselé et repercé, figurant un tabouret.
xviiie siècle.

283. — Netzké en fer et argent incrustés. Pistolet.
xviiie siècle.

284. — Netzké en argent incrusté. Champignon. Signé : *Atsouoki.*
xviiie siècle.

V. — BOUTONS EN MÉTAL.

285. — Bouton en shibouitshi incrusté d'argent et d'or, à monture d'ivoire. Le Fousiyama dans les nuages. Signé : *Isshio.*

286. — Bouton en shibouitshi gravé, à monture d'ivoire. Jeune homme servant du saké à un vieillard. Signé : *Minjô.*

287. — Bouton en shibouitshi gravé, à monture d'ivoire. Groupe de deux personnages légendaires. Signé : *Minjô.*

288. — Bouton en shibouitshi gravé à monture de bois. Groupe de cigognes au clair de lune. Signé : *Shiourakou.*

289. — Bouton en shibouitshi gravé et incrusté, à monture d'ivoire. Saint bouddhique. Signé : *Shiourakou.*

290. — Bouton en argent gravé à monture d'ivoire. Sujet représentant la piété filiale. Signé : *Kikousen.*

291. — Bouton en argent ciselé et incrusté d'or à monture d'ivoire. Le Fousiyama avec dragon. Signé : *Meïriû*.

292. — Bouton en argent gravé à monture d'ivoire. Groupe d'oiseaux sur une branche d'arbre. Signé : *Minjô*.

293. — Bouton en or ciselé. Guerrier à cheval. Signé : *Rioumin*.

294. — Bouton en or ciselé. Groupe de deux personnages. Signé : *Motonobou*.

295. — Bouton en or ciselé. Groupe de deux guerriers.
Milieu du XIXe siècle.

296. — Bouton en or incrusté. Paon en émail translucide
Milieu du XIXe siècle.

297. — Bouton en fer incrusté. Ours dans le creux d'un rocher.

298. — Bouton en shakoudo gravé à monture de corne. Vol d'oiseaux ; signé : *Shiourakou*.

299. — Bouton en shakoudo ciselé à monture d'os. Renard travesti en bronze.

VI. — ORNEMENTS DE SABRE ET APPLIQUES.

300. — Ornement de poignée de sabre, en or. Lance.
XIXe siècle.

301. — Deux ornements de poignée de sabre, en or. Poissons.
XIXe siècle.

302. — Applique de poche à tabac. Fer et bronze. Singe

contemplant un Netzké qui représente un petit singe. Signé : *Konkouan.*

xviiie siècle.

303. — Deux appliques de poche à tabac, en bronze. Deux crabes.

xviiie siècle.

304. — Applique de poche à tabac, en bronze. Danseur de Nô à la cloche. Signé : *Shiourakou.*

xixe siècle.

305. — Applique de poche à tabac, fer et or. Groupe de deux personnages, signé : *Tomohissa.*

xixe siècle.

306. — Applique de poche à tabac, en bronze. Figure de Benkeï. Signé : *Temmin.*

xixe siècle.

307. — Applique de poche à tabac, en bronze. Masque de diable.

xixe siècle.

308. — Applique de poche à tabac, en argent. Nid de cigognes.

xviiie siècle.

309. — Applique de poche à tabac, en argent. Aigle attaquant un singe.

xviiie siècle.

310. — Applique de poche à tabac, en argent. Cavalier traversant les flots.

xviiie siècle.

311. — Applique de poche à tabac, en argent. Oie.

xviiie siècle.

312. — Applique de poche à tabac, en argent. Chrysanthème en émail translucide.

xviiie siècle.

313. — Applique de poche à tabac, en argent. Nageur.

xixe siècle.

314. — Applique de poche à tabac, en argent. Pieuvre et baigneuse. Signée : *Shiourakou.*

xixe siècle.

315. — Applique de poche à tabac, en argent. Diablotin saisissant l'arme de Shoki. Signée : *Kôsaï.*

xixe siècle.

316. — Applique de poche à tabac, en argent. Grande Tortue. Signée : *Oshin.*

xixe siècle.

317. — Applique de poche à tabac, en argent. Shôki à cheval sur une chimère, signée : *Rioûmin.*

xixe siècle.

VII. — GARDES DE SABRE.

318. — Garde de sabre en fer incrustée d'or et d'argent. Le guerrier Shoki mettant un diablotin en fuite. Signée : *Toshihissa.*

xviie siècle.

319. — Garde de sabre en fer incrusté d'or. L'entourage est fermé sur chaque face par trois oies aux ailes déployées.

xviiie siècle.

319 *bis.* — Garde de sabre en bronze clair chagriné in-

crustée d'argent et d'or. Grues dans les roseaux. Signée : *Yoshihidé.*

xviiie siècle.

320. — Garde de sabre en fer incrustée de libellules et de roseaux d'or en relief. Signée : *Kadzoutomo.*

xviiie siècle.

320 *bis.* — Garde de sabre en bronze clair incrusté d'argent. Grues dans les marais et fleurs de lotus. Signée : *Yasoutshika.*

Commencement du xixe siècle.

321. — Garde de sabre en fer ajouré. Incrustations d'or avec émaux translucides.

xviiie siècle.

321 *bis.* — Garde de sabre en bronze rouge imitant un morceau de vieux bois avec pieuvre en shakoudo. Signée : *Yotshikou.*

322. — Garde de sabre en fer ciselé. Branche de cerisier en fleur et lune d'argent. Signée : *Teïkan.*

xviiie siècle.

322 *bis.* — Garde de sabre en bronze rouge pailleté représentant un tronc de sapin portant un scarabée. Signée : *Yotshikou.*

323. — Garde de sabre en fer incrustée d'une toile d'araignée en argent. Signée : *Hidétoshi.*

xviiie siècle.

323 *bis.* — Garde de sabre en shibouitshi incrustée de bronze et d'argent. Grue sous une large feuille de nénufar. Signée : *Toshimitsou.*

xviiie siècle.

324. — Garde de sabre en fer ajouré incrustée d'or et d'ar-

gent. L'arabesque est formée par deux oiseaux de Fô. Signée : *Kanénori.*

XVIIIe siècle.

324 *bis.* — Garde de sabre en shibouitshi ciselé. Danseur de Nô. Signée : *Nagatsouné.*

XVIIIe siècle.

325. — Garde de sabre (petit modèle) en fer incrustée d'une langouste d'or.

XVIIIe siècle.

325 *bis.* — Garde de sabre (petit modèle) en shibouitshi semé de feuilles et de pommes de pin en métaux différents. Signée : *Gôto Mitsoumasa.*

XIXe siècle.

326. — Garde de sabre en fer (petit modèle) incrustée d'or et d'argent. Clair de lune et fleurs de cerisier voltigeant dans l'air. Signée : *Ikkosaï.*

XIXe siècle.

326 *bis.* — Garde de sabre en sibouitshi incrustée d'argent, de bronze et d'émaux translucides. Lotus et oiseaux. Signée : *Tsounéyouki.*

XIXe siècle.

327. — Garde de sabre en fer incrustée d'or. Dragons dans les vague de la mer. Signée : *Atsouoki.*

XIXe siècle.

327 *bis.* — Garde de sabre en shibouitshi incrusté d'argent et de bronze. Les deux gardiens du temple. Signée : *Masayoshi.*

XIXe siècle.

328. — Garde de sabre en fer et en shibouitshi serti de shakoudo. Grenouille poète, signée : *Toshitsougou.*

XIXe siècle.

328 *bis.* — Garde de sabre en shakoudo ciselé et incrusté d'or. Carpes suivant les contours du bord. Signée : *Yeïjiu.*
xixe siècle.

329. — Petite garde de sabre en shakoudo. Les bords disparaissent sous des touffes de fleurs de cerisier en argent.
xixe siècle.

330. — Garde de sabre en shakoudo incrusté et clouté d'or représentant le philosophe Sôshiu endormi. L'envers en shibouitshi est enrichi de feuillages en émaux translucides et d'un papillon en shakoudo. Signée : *Harounari.*
xixe siècle.

331. — Garde de sabre en shakoudo ciselé et incrusté d'argent. Fleur de chrysanthème. Signée : *Goto Itijio.*
xixe siècle.

332. — Garde de sabre en shakoudo à fond grenu, incrustée de masques en métaux variés, signée : *Toshiyoshi.*
xixe siècle.

333. — Garde de sabre en shakoudo dont les contours sont formés par cinq souris en métaux variés.
xixe siècle.

334. — Garde de sabre en argent figurant une pivoine qui porte un insecte. Signée : *Kadzounari.*
xviiie siècle.

335. — Garde de sabre en argent figurant des rochers où gambadent plusieurs singes ciselés en bronze. Signée : *Ekijio.*
Commencement du xixe siècle.

336. — Garde de sabre en argent décoré de fleurs de cerisier éparpillées sur un fond de neige. Signée : *Kiyotérou.*
xixe siècle.

VIII. — MANCHES DE COUTEAU (Kodzoukas).

337. — Manche en fer ciselé. Panier natté ; signé : *Miojiu.*
Commencement du XVIIIe siècle.

338. — Manche en fer ciselé et incrusté d'argent. Faucon sur un arbre. Signé : *Tsounétshika.*
XVIIIe siècle.

339. — Manche en fer incrusté d'argent. Fleur de cerisier.
XVIIIe siècle.

340. — Manche en fer ciselé. Le guerrier Shoki. Signé : *Natsouô.*
XIXe siècle.

341. — Manche en bronze. Oie dans les roseaux. Signé : *Mitsouoki.*
Commencement du XIXe siècle.

342. — Manche en bronze incrusté de hauts reliefs. Pigeons sur une branche d'arbre. Signé : *Seïdzoui.*
Fin du XVIIIe siècle.

343. — Manche en bronze incrusté de shakoudo. Oies sauvages dans les roseaux. Signé : *Mitsoushiro.*
XVIIIe siècle.

344. — Manche en bronze ciselé. Deux figures de Lakan. Signé : *Kôdzouï.*
XVIIIe siècle.

345. — Manche en bronze incrusté de shakoudo. Chauve-souris dans les nuages. Au revers, un clair de lune. Signé : *Mitsoushiro.*
Fin du XVIIIe siècle.

346. — Manche en bronze. Deux pigeons dans le creux d'un arbre. Signé : *Yasoutshika.*

Fin du XVIIIe siècle.

347. — Manche en bronze incrusté et gravé. Poisson couché dans des herbes sur une planche de bois. Au revers, le grand pont de Yédo peuplé d'une nombreuse foule. Signé : *Hirosada.*

XIXe siècle.

348. — Manche en shibouitshi gravé. Halage d'un bateau chargé de voyageurs. Le motif se continue sur le revers de la pièce. Signé : *Sômin.*

Commencement du XVIIIe siècle.

349. — Manche en shibouitshi ciselé et incrusté. Nénuphars.

Commencement du XVIIIe siècle.

349 *bis.* — Manche en shibouitshi ciselé avec incrustations de shakoudo. Paysage d'hiver. Signé : *Masahiro.*

XVIIIe siècle.

350. — Manche en shibouitshi incrusté d'un scarabée en haut relief. Signé : *Mitsouoki.*

Fin du XVIIIe siècle.

350 *bis.* — Manche en shibouitshi avec émaux translucides. Libellules.

Fin du XVIIIe siècle.

351. — Manche en shibouitshi incrusté. Guêpe et araignée.

XVIIIe siècle.

351 *bis.* — Manche en shibouitshi. Oiseau perché sur un bambou chargé de neige. Signé : *Ikkouan.*

XVIIIe siècle.

352. — Manche en shibouitshi incrusté d'un masque en shakoudo posé sur un éventail en or.

xviiie siècle.

352 *bis*. — Manche en shibouitshi. Faucon d'argent sur un tronc d'arbre. Signé : *Mitsoushiro*.

Fin du xviiie siècle.

353. — Manche en shibouitshi gravé. Cigogne dans l'eau. Signé : *Shiourakou*.

xixe siècle.

353 *bis*. — Manche en shibouitshi incrusté et gravé. Paysans donnant la chasse à un cheval échappé. Signé. *Hirosada*.

xviiie siècle.

354. — Manche en shakoudo. Conque guerrière. Au revers, un étendard. Signé : *Kadzoumasa*.

xviiie siècle.

355. — Manche en shakoudo. Filet de pêcheur contenant un têtard.

xviiie siècle.

356. — Manche en shakoudo. Branche de prunier. Signé : *Mounéyoshi*.

xviiie siècle.

357. — Manche en shakoudo incrusté. Pigeon à côté d'une flèche. Au revers un paysage gravé. Signé : *Tôko*.

xixe siècle.

358. — Manche en shakoudo. Poisson. Signé : *Konkouan*, daté de 1782.

359. — Manche en shibouitshi. Pivoine d'argent entourée de paille. Plaque d'or au revers. Signé : *Natsouô*.

xixe siècle.

360. — Manche en shakoudo. Deux singes cherchant à en dégager un autre enlacé par une pieuvre. Signé : *Yeïjiu.*
xixe siècle.

361. — Manche en shakoudo. Instrument de musique appelé koto et branche de cerisier en fleurs. Signé : *Masatsouné.*
xixe siècle.

362. — Manche en shakoudo. Coq. Signé : *Téroumasa.*
xixe siècle.

363. — Manche en shakoudo incrusté en or de la poésie aux mille caractères.

364. — Manche en argent incrusté de shakoudo. Oie dans les roseaux. Signé : *Yosen.*
xviiie siècle.

365. — Manche en argent. Lapins sous la lune. Signé : *Koréyoshi.*
xixe siècle.

366. — Couteau à lame d'argent et manche en or. Cours d'eau avec fleurs et insectes. Signé : *Ikkousaï.*

367. — Manche en bronze incrusté d'un papillon. Le revers est d'or et gravé d'herbes fleuries. Signé : *Seïriou.*
xixe siècle.

IX. KOGHAÏ (Baguettes)

368. — Koghaï en shibouitshi. Dauphin dans l'eau couverte d'herbes. Signé : *Yasoumasa.*
xviiie siècle.

369. — Koghaï en bronze. Mouche. Signé : *Seïdzouï.*
xviiie siècle.

370. — Koghaï en shibouitshi. Bambou avec un oiseau; signé : *Nobouhisa.*

xviiie siècle.

371. — Khogaï en shakoudo. Fleur de cerisier.

xixe siècle.

X. — GARNITURES DE SABRE.

372. — Anneau de fourreau de sabre en bronze avec coq en shakoudo. Signé : *Shigasouki.*

xviiie siècle.

373. — Bout de fourreau de sabre en shakoudo. Guêpe et araignée.

xviiie siècle.

374. — Bout de fourreau de sabre en argent. Grue vue en raccourci. Signé : *Gouessan.*

xixe siècle.

375. — Bout de fourreau de sabre en or. Pivoine agitée par le vent. Signé : *Hidékouni.*

xviiie siècle.

376. — Bouton de fourreau de sabre en argent. Un Lakan faisant un nœud à ses longs sourcils.

xviiie siècle.

377. — Garniture de fourreau de sabre composée de deux pièces en argent. Bonhomme de neige. Signée : *Haroumitsou.*

xixe siècle.

378. — Garniture de fourreau de sabre composée de deux pièces en bronze. Guêpes. Signée : *Toshimasa.*

xviiie siècle.

379. — Garniture de fourreau de sabre composée de deux pièces en bronze. Grues argent dans l'eau. Signée : *Mitsouhiro.*

xviiie siècle.

380. — Garniture de fourreau de sabre composée de deux pièces en bronze. Aigle et tronc d'arbre. Signée : *Masatsouné.*

xixe siècle.

381. — Garniture de fourreau de sabre composée de deux pièces en shibouitshi. Famille des singes. Signée : *Tomoakira.*

xviiie siècle.

382. — Garniture de fourreau de sabre composée de deux pièces en shibouitshi. Abeille sur gâteau de miel. Signée : *Masayoshi.*

xviiie siècle.

383. — Garniture de fourreau de sabre composée de deux pièces de shakoudo. Chimères et pivoines. Signée : *Foussahidé, 1785.*

xviiie siècle.

384. — Garniture de fourreau de sabre composée de deux pièces en shakoudo. Feuillage en émaux translucides. Signée : *Minénori.*

xviiie siècle.

385. — Garniture de fourreau de sabre composée de deux pièces en shakoudo. Gerbes de riz sur fond sablé d'or. Signée : *Foussahidé.*

xviiie siècle.

386. — Garniture de fourreau de sabre composée de deux pièces en shakoudo. Lapins sur fond sablé d'or. Signée : *Foussahidé.*

xviie siècle.

XI. — OBJETS DIVERS EN MÉTAL.

387. — Petit couteau avec gaine en shibouitshi ciselé. Signé : *Oumétada*.

L. 0m,13. — XVIIe siècle.

388 — Boîte sphéroïdale en bronze clair incrustée de fleurs et de frises en or et argent.

Diam. 0m,05. — XVIIIe siècle.

389. — Boîte à médecine en bronze gravé, décoré d'un sujet représentant un guet-apens. Signé : *Shiôdzoui.*

H. 0m,05. — XVIIIe siècle.

390. — Godet à eau en bronze, formé d'une feuille dont les couleurs naturelles sont rendues en émaux translucides.

Diam. 0m,04. — XVIIIe siècle.

391. — Coulant représentant l'esprit du saké en or ciselé, émergeant d'un vase en fer et en argent et tenant au-dessus de sa tête une coupe renversée également en fer.

XII. — PIPES.

392. — Pipe en bronze, représentant une tige de nénuphar garnie de feuilles et portant une grenouille.

393. — Pipe en argent gravée d'un cerisier en fleurs.

394. — Pipe en argent gravée et incrustée d'un coq, d'une poule et de poussins au milieu des feuillages.

395. — Pipe en argent ciselé. Des fleurs de cerisier accumulées en relief couvrent toute la surface.

III.

OBJETS DIVERS.

I.

396. — Pendentif composé d'un anneau ovale en fer incrusté d'or, encadrant un motif formé par un faucon d'ivoire dans un arbre en fer ciselé aux feuillages d'ivoire vert.

L. 0m,08. — XVIIIe siècle.

397. — Jardinière de forme ovale en ivoire, sculpté de papillons et de fleurs. Signé : *Guiokousan*.

H. 0m,06; Diam. 0m,11. — XIXe siècle.

II. — OUVRAGES EN BOIS.

398. — Porte de pagode en bois laqué peinte en or et couleurs d'un dragon dans les flammes entouré de saints et de démons.

L. 0m,42; L. 0m,38. — XIIe siècle.

399. — Statuette en bois laqué d'or et représentant un saint bouddhique en prière.

H. 0m,16; Diam. 0m,12. — XIIIe siècle.

400. — Statuette en bois laqué représentant une bonzesse assise.

H. 0m,09. — XVIIIe siècle.

401. — Tabouret en bois laqué rouge et or avec découpage à jour.

H. 0m,75; Diam. 0m,68. — XVIIe siècle.

402. — Statuette en bois laqué d'or et de couleurs représentant un Bouddha sur la fleur de nénuphar.

H. 0m,55; Diam. 0m,24. — XVIIe siècle.

403. — Cabinet en bois à veines saillantes et décoré d'appliques en faïence de couleur figurant un martin-pêcheur sur une branche d'arbre.

H. 0m,40; Diam. 0m,16. — XVIIe siècle.

404. — Plateau oblong en bois naturel décoré d'une applique en faïence représentant une oie sur un terrain laqué. Signé: *Ritsouô.*

Diam. 0m,25 sur 0m,15. — Fin du XVIIe siècle.

405. — Statuette sculptée en bois dur, représentant le dieu de la longévité déployant un rouleau.

H. 0m,25. — XVIIIe siècle.

406. — Deux statuettes miniatures en bois sculpté. Figures de Temple. Signées : *Riozan.*

XVIIIe siècle.

407. — Attribut de médecin simulant un sabre. Bois laqué noir avec incrustations, en matières diverses, d'insectes et de feuillages de bambou. Signé : *Gamboun.*

L. 0m,50. — XVIIIe siècle.

408. — Boîte à papier en bois naturel. Le couvercle offre un coq et une poule sculptés en relief.

L. 0m,37; L. 0m,28. — XVIIIe siècle.

409. — Petite statuette en bois laqué de couleurs représentant une dame de la cour de Nara.

H. 0m,05. — XVIIIe siècle.

410. — Petite boîte plate à sept pans, en bois noir incrusté d'une plaque ronde en shibouitshi, gravée d'un cerf sur un talus. Signée : *Harouakira.*

H. 0m,02 ; Diam. 0m,05 1/2. — XVIIIe siècle.

411. — Boîte oblongue en écorce d'arbre, décorée de feuillages et d'insectes en laque, ivoire et nacre.

H. 0m,06 ; Diam. 0m,16. — XVIIIe siècle.

412. — Vase en bois imitant un tronc d'arbre et incrusté de métaux figurant des feuillages et des fourmis. Signé : *Gamboun.*

H. 0m,22 ; Diam. 0m,16. — XVIIIe siècle.

413. — Attribut religieux formé d'un champignon à longue tige, peuplé d'insectes en métal et monté en métaux précieux.

L. 0m,45. — XVIIIe siècle.

414. — Manche d'un marteau de gong en bois sculpté offrant les 16 Lakans dans des rochers. Signé : *Hôoun.*

L. 0m,19. — XVIIIe siècle.

415. — Pinceau monté en bois incrusté d'un dessin de feuillages et de fleurs en fil d'argent et d'or.

L. 0m,23. — XVIIIe siècle.

416. — Plateau hexagone en bois dur à bords sculptés et incrustés de feuilles d'érable en écaille et en corail.

Diam. 0m,21. — XVIIIe siècle.

417. — Boîte en nœud de bambou incrusté de métaux figurant des feuillages et des fourmis. Signée : *Gamboun.*

H. 0m,04 ; Diam. 0m,09. — XVIIIe siècle.

418. — Petite boîte plate de forme carrée, en bois naturel simulant une bûche peuplée de fourmis. L'intérieur de la boîte est laquée d'or.

H. 0m,02; Diam. 0m,05. — XVIIIe siècle.

419. — Masque en bois sculpté et laqué figurant les traits d'une vieille femme.

H. 0m,21.

420. — Coupe en forme de feuille taillée dans un nœud de bambou.

H. 0m,12.

421. — Cabinet miniature en bois foncé. Il est composé de 15 tiroirs minuscules et se renferme dans une boîte finement marquetée de bois de couleurs, laquelle à son tour se place dans une seconde boîte.

H. 0m,01 1/2 c. carré. — XVIIIe siècle.

IV.

LAQUES.

I.

422. — Boîte en laque de forme rectangulaire à trois compartiments. Fond noir semé de feuilles d'érable en laque frotté.

H. 0m,06; Diam. 0m,06. — XVIIe siècle.

423. — Écuelle en laque de forme hémisphérique montée sur piédouche. Couvercle plat à bouton d'argent. Décor de bambous chargés de neige sur fond noir sablé d'argent.

H. 0m,08; Diam. 0m,15. — XVIIe siècle.

424. — Boîte rectangulaire en laque à trois compartiments. Décor d'herbes animées d'insectes sur un fond sablé d'argent.

H. 0m,06 1/2; Diam. 0m,07. — XVIIe siècle.

425. — Boîte en laque cylindro-ovoïde à fond d'or décoré de fleurs au trait noir.

H. 0m,05; Diam. 0m,07. — XVIIe siècle.

426. — Petite boîte en laque de forme rectangulaire et plate. Fond d'or à paysages.

Diam. 0m,06 1/2 sur 0m,03 1/2. — XVIIe siècle.

427. — Plateau en laque de forme carrée à bords droits Décor de chardons en laque frotté.

Diam. 0^m,25 sur 0^m,22. — XVIIe siècle.

428. — Pot à parfums en laque de forme ovoïde et lobée. Fond d'or à décor de paysages avec fleurettes d'argent.

H. 0^m,06; Diam. 0^m,05. — XVIIIe siècle.

429. — Boîte en laque de forme oblongue. Fond d'or mat à dessins de nuages et de sapins, sur lequel un éventail décoré d'oiseaux se détache en or bruni.

Diam. 0^m,07 sur 0^m,06. — XVIIIe siècle.

430. — Boîte lenticulaire en ivoire sculpté à jour. L'intérieur est laqué d'un dessin d'armoiries en or sur fond noir.

H. 0^m,03; Diam. 0^m,06. — XVIIIe siècle.

431. — Petit pot à parfums en laque de forme ovoïde. Armoiries d'or sur fond noir.

H. 0^m,06 1/2; Diam. 0^m,05.

432. — Boîte en laque de forme carrée à coins rentrés et à trois compartiments enveloppés par les parois du couvercle. Damier à champs verts et argent alternés, portant un semis de feuilles d'érable en or mosaïqué d'argent.

H. 0^m,07; Diam. 0^m,06. — XVIIIe siècle.

433. — Plateau en laque, carré, aux angles arrondis. Fond rouge décoré d'une feuille rongée en laque d'or frotté.

Diam. 0^m,15 sur 0^m,12. — XVIIIe siècle.

434. — Plateau en laque de forme longue et rectangulaire. Fond noir décoré d'un prunier en fleurs dans une tourmente de neige figurée par un poudré d'argent.

Diam. 0^m,30 sur 0^m,16. — XVIIIe siècle.

435. — Petit plateau en laque de forme carrée à coins rentrés. Fond d'or à décor de paysages.

Diam. 0^m,10 sur 0^m,08 1/2. — XVIIIe siècle.

436. — Plateau en laque de forme plate et carrée à coins rentrés. Fond noir avec décor de fruits en or.

Diam. 0^m,16 sur 0^m,15. — XVIIIe siècle.

II. — BOITES A MÉDECINE (Inrôs).

437. — Boîte à médecine laquée à fond d'or mat avec appliques de faïence. Décor de libellules en relief. Signée : *Hanzan*.

XVIIIe siècle.

438. — Boîte à médecine laquée à fond d'or mat avec appliques de nacre et d'ivoire vert. Décor de pivoine et mouche en relief.

XVIIIe siècle.

439. — Boîte à médecine en laque noir chagriné. Buste de Shoki, d'après le dessin de *Sesshiu*.

XVIIe siècle.

440. — Boîte à médecine en laque noir imitant un bâton d'encre de Chine. Signée : *Jiouguiokou*.

XVIIIe siècle.

441. — Boîte à médecine en laque noir avec dessins d'oiseaux gravés en creux. Signée : *Tessaï*.

XIXe siècle.

442. — Boîte à médecine en laque simulant un faisceau de bambous avec découpages en forme d'éventails.

XVIIIe siècle.

443. — Boîte à médecine en laque en forme de bourrelets et à décor de marguerites en or sur fond noir.

XVIIIe siècle.

444. — Boîte à médecine en laque. Décor de deux pigeons en relief sur fond sablé d'or.

XVIIIe siècle.

445. — Boîte à médecine en laque, de forme carrée. Bois de mérisier incrusté de nacre et d'ivoire à dessins d'un animal en travesti et d'ustensiles de ménage.

446. — Boîte à médecine en laque noir avec incrustations d'or, d'argent et d'émaux. Signée : *Jokasaï.*

XVIIIe siècle.

447. — Boîte à médecine en laque à fond d'or décoré d'un tronc de sapin. Signée : *Yoyousaï.*

XVIIIe siècle.

448. — Boîte à médecine en laque à fond noir décoré d'un tronc d'arbre en or à fleurs d'ivoire.

XVIIIe siècle.

449. — Boîte à médecine en laque de forme lenticulaire. Décor en or sur fond sablé, d'un caractère de grande dimension ainsi que d'une armoirie.

XVIIIe siècle.

450. — Boîte à médecine en laque décoré d'un paysage sur fond d'or avec encadrement en écorce d'arbre.

XVIIIe siècle.

451. — Boîte à médecine en laque à fond d'or et décor noir d'un coq et de bambous. Signée : *Hôdzoui.*

XVIIIe siècle.

452. — Boîte à médecine en os imitant un travail de vannerie. Décor en laque de médaillons en formes variées portant des dessins de quatre maîtres différents. Signée : *Jokasaï*.

III. — PEIGNES.

453. — Peigne en laque d'or à profil cintré. Dessin d'oiseau et de plantes avec incrustations d'ivoire et de corail.

Diam. 0^m,10 1/2.

454. — Peigne en laque d'or mat de forme rectangulaire ayant le bord supérieur cintré. Décor de fleurettes et feuilles éparpillées sur le fil de l'eau.

Diam. 0^m,10 1/2.

455. — Peigne de forme rectangulaire avec bord supérieur cintré. Ivoire rouge orné d'un découpage à jours de fleurs réservées en blanc. Les parties pleines du peigne sont enrichies de croisillons en laque d'or.

Diam. 0^m,16.

V

NETZKÉS, ÉTUIS ET APPAREILS DE FUMEURS

I. — NETZKÉS EN LAQUE.

456. — Netzké en laque d'or. Casque de guerrier.

457. — Netzké en laque d'or. Écritoire.

458. — Netzké en laque d'or. Danseur tenant une lance.

459. — Netzké en laque d'or. Danseur tenant un marteau.

460. — Netzké en laque rouge. Diables se dissimulant sous un tabouret. Signé : *Mitsoutoshi*.

461. — Netzké en laque rouge. Masque.

462. — Netzké en laque à mosaïque d'or. Flacon à odeur. en forme de gourde.

II. — NETZKÉS EN BOIS.

(FIN DES XVIIIe ET XIXe SIÈCLES)

463. — Groupe de deux lapins. Signé : *Masamitsou.*

464. — Netzké en bois. Jeune fille portant trois baquets sur la tête. Signé : *Kômin.*

465. — Netzké en bois. Coq et poule. Signé : *Tessaï.*

466. — Grand netzké en bois. Conque renfermant un personnage qui souffle dans une autre conque plus petite. Signé : *Mitsoushighé.*

467. — Netzké en bois. Coq accroupi sur un tambour. Signé : *Masayassé.*

468. — Netzké en bois. Masque vu de trois quarts.

469. — Netzké en bois. Colimaçon sur une bûche. Signé : *Mounékadzou.*

470. — Netzké en bois. Grenouille sur une noix. Signé : *Rioshio.*

471. — Grand netzké en bois. Deux lutteurs aux prises. Signé : *Sensaï.*

472. — Personnage guettant un dragon. Signé : *Mishimasa.*

473. — Netzké en bois. Artisan à l'ouvrage.

474. — Netzké en bois. Sennin à la grenouille.

475. — Netzké en bois. Danseur tenant un grelot.

476. — Netzké en bois. Guenon avec son petit. Signé : *Mitsouhidé.*

477. — Netzké en bois. Komati assise sur un fagot. Signé : *Shiôitshi.*

478. — Netzké en bois. Rat rongeant un champignon. Signé : *Mitsouhidé.*

479. — Netzké en bois. Souris se pelotonnant. Signé : *Masanao.*

480. — Netzké en bois. Chat travesti. Signé : *Ittan.*

481. — Netzké en bois. Grenouille sur une tuile. Signé : *Rioshio.*

482. —Netzké en bois. Grenouille sur un seau. Signé : *Masakadzou.*

483. — Netzké en bois. Personnage atteint par une boule.

484. — Netzké en bois. Réparateur de meules. Signé : *Norisané.*

485. — Netzké en bois. Danseur de Nô.

486. — Netzké en bois. Groupe de serpent, colimaçon et grenouille. Signé : *Tadatoshi.*

487. — Netzké en bois. Escargot. Signé : *Tadatoshi.*

488. — Netzké en bois. Groupe de tortues. Signé : *Shiôitshi.*

489. — Netzké en bois. Bœuf couché. Signé : *Itshimin.*

490. — Netzké en bois. Lapin. Signé : *Masatami.*

491. — Netzké en bois. Diablotin escaladant une coupe. Signé : *Shouseïken.*

492. — Netzké en bois. Coq à longue queue debout sur un tambour.

III. — BOUTONS EN BOIS.

493. — Bouton en bois noir incrusté de fleurs d'ivoire et d'un réseau d'argent. Lune d'argent au revers. Signé : *Tôkokou.*

494. — Bouton en bois incrusté d'or, d'argent, d'ivoire et de corne. Divinité voyageant sur un poisson.

495. — Bouton en bois laqué avec figure de faïence représentant Dharma en extase.

IV. — NETZKÉS EN IVOIRE.

496. — Enfant à cheval sur tambour. Signé : *Gouiokouriosaï.*

497. — Baignade d'enfant.

498. — Singe légendaire sur un nuage.

499. — Trois divinités dans une coupe à boire. Signé : *Masatsougou.*

500. — Personnage couché jouant du tambour.

501. — Shoki massacrant un diablotin.

502. — Coq accroupi sur un tambour. Signé : *Masatoshi.*

503. — Shoki émergeant d'un kakémono. Signé: *Kadzou-shighé.*

504. — Renard intriguant un aveugle. Signé: *Masamitshi.*

505. — Divinité voyageant sur une tortue. Signé : *Masa-miné.*

506. — Homme au rat.

507. — Personnage grimpant sur une conque guerrière. Signé : *Shighinari.*

508. — Netzké en forme de bouton. Coq sur un tambour.

509. — Dharma pelotonné en boule. Signé : *Mitsousada.*

510. — Danseur au masque de bois. Signé : *Kaghitoshi.*

511. — Grenouille sur débris de bambou. Signé : *Sadayo-shi.*

512. — Femme pèlerin.

513. — Divinité dans un grelot.

514. — Dieu de longévité avec tortue. Signé: *Tomotshika.*

515. — Oiseau fantastique sortant de l'œuf. Signé : *Shiou-rakou.*

516. — Souris dans un mortier à riz.

517. — Divinité voyageant sur un poisson. Signé : *Masat-sougou.*

518. — Personnage amusant un enfant avec un masque.

519. — Dieu du tonnerre raccommodant son tambour.

520. — Diable debout sur un rocher.

521. — Dieu du tonnerre.

522. — Loir passant à travers un champignon.

523. — Singe à sa toilette. Signé : *Rakouzan.*

524. — Feuille de lotus et grenouilles. Signé : *Jiouguiokou.*

525. — Singe assis. Signé : *Hidémasa.*

526. — Figure de guerrier. Signé : *Minkokou.*

527. — Scarabée sur un morceau de bambou. Signé : *Mitsoushiro.*

528. — Buste de Dharma renfermant un squelette articulé. Signé : *Itto.*

V. — ÉTUIS DE PIPES.

529. — Étui de pipe en os sculpté. Scarabée en haut relief.

530. — Étui de pipe en os avec incrustations d'ivoire et de nacre. Branche de cerisier en fleurs. Signé : *Shoïtshi.*

531. — Étui de pipe en os sculpté à jour. Feuilles de bananier portant un crapaud, un colimaçon et une libellule. Signé : *Shighéhissa.*

532. — Étui de pipe en bois dont une partie a été découpée pour être remplacée par une plaque en os sculpté portant en relief une oie dans des roseaux avec incrustations d'or et d'argent. Signé : *Kiômin*

533. — Étui de pipe en bois veiné imitant l'écaille. Travail de gravure représentant des saints bouddhiques. Signé : *Tessaï*.

VI. — APPAREILS DE FUMEURS.

534. — Poignard dans un fourreau porte-pipe en bois incrusté bronze d'une bouilloire pendue à une crémaillère. Pipe en shakoudo émaillé. Coulant en fer ciselé figurant un diable. Pochette brodée au petit point d'un dessin de fleurs. Le fourreau est signé : *Isshio*.

535. — Fourreau de pipe en bambou incrusté d'un dessin d'oiseaux et de plantes en ivoire, corne, nacre et bois différents. Pochette en cuir à fermoir d'oiseau en ivoire et bois. Signé : *Ikko*.

536. — Pochette à tabac en soie à fond d'or avec personnages tissés. Fermoir de métal représentant des jouets d'enfant.

537. — Pochette à tabac en cuir. Fermoir de métal représentant deux vieillards soulevant un bateau renversé. Signé : *Shiouhakou*.

538. — Pochette à tabac en cuir. Le fermoir représente un personnage de bronze ciselé dont les longs bras écartés encadrent complètement la partie rabattante de la pochette.

VI

TISSUS

I. — FOUKOUSAS.

539. — Foukousa moucheté, brodé d'un faucon blanc sur un perchoir.

540. — Foukousa en satin bleu clair. Poissons dans l'eau.

541. — Foukousa en satin vert pistache. Dessins de rouleaux peints.

542. — Foukousa en satin rouge. Grues volant dans un encadrement de branches de pins.

543. — Coussin de masque en satin rose brodé d'un papillon.

xviie siècle.

544. — Coussin de masque orné d'un oiseau de Fò brodé sur fond d'or.

xviiie siècle.

II. — ÉTOFFES.

545. — Étoffe de soie. Dessins géométriques sur fond écru.

xive siècle.

546. — Étoffe de soie. Rinceaux sur fond d'or.

xiiie siècle.

547. — Étoffe de soie. Palmettes d'or sur fond bleu foncé.

xve siècle.

548. — Étoffe de soie. Rosaces sur fond havane.

xve siècle.

549. — Étoffe de soie. Ramages de fleurs vertes sur fond doré.

xve siècle.

550. — Étoffe de velours rasé. Fleurs violettes sur fond gris.

xvie siècle.

551. — Étoffe de velours rasé. Fleurs jaunes sur fond bleu.

xvie siècle.

552. — Étoffe de soie. Pivoines rouges et blanches sur fond vert.

xvie siècle.

553. — Étoffe de soie. Frises d'animaux chimériques et d'étoiles sur fond havane.

xvie siècle.

554. — Étoffe de soie. Paons sur fond bleu foncé.

xvie siècle.

555. — Étoffe de soie. Guirlandes de fleurs havane.

xvie siècle.

556. — Étoffe de soie. Dessin de carreaux bleus et or sur fond gris.

xviie siècle.

557. — Enveloppe de boîte à fond d'argent avec réserves de tons chamois.

xviie siècle.

558. — Étoffe de soie. Dessins de grues et de dragons sur fond rose.

xviie siècle.

559. — Étoffe de soie. Oiseaux et ornements sur fond jaune.

xviie siècle.

560. — Étoffe de soie. Dessins de rosaces sur fond rouge.

xviie siècle.

561. — Étoffe de soie. Rinceaux d'or sur fond vert.
xviie siècle.

562. — Étoffe de soie. Rosaces sur fond rouge.
xviie siècle.

563. — Étoffe de soie. Fond d'argent avec réserves blanches décorées d'animaux.
xviie siècle.

564. — Étoffe de soie. Semis d'éventails sur fond écru.
xviie siècle.

565. — Étoffe de soie. Marguerites sur fond havane tramé d'or.
xviie siècle.

566. — Étoffe de soie. Grues d'or sur fond bleu tendre.
xviie siècle.

567. — Étoffe de soie. Carrelages rouges sur fond vert.
xviie siècle.

568. — Étoffe de soie. Ramages de fleurs sur fond écru.
xviie siècle.

569. — Étoffe de soie. Coquillages sur fond vert.
xviie siècle.

570. — Étoffe de soie. Dragons sur champs noirs réservés dans un fond d'ornements or et vert.
xviie siècle.

571. — Étoffe de soie. Chimères et fleurs sur fond havane.
xviie siècle.

572. — Étoffe de soie. Paons sur fond havane.
xviie siècle.

573. — Étoffe de soie. Palmettes vertes sur fond rouge.
XVIIe siècle.

574. — Étoffe de soie. Hirondelles sur fond rayé d'or.
XVIIe siècle.

575. — Étoffe de soie à fond d'or et personnages.
XVIIIe siècle.

576. — Étoffe de soie. Médaillons de tortues sur fond vermiculé.
XVIIIe siècle.

577. — Étoffe de soie. Médaillons décorés de cavaliers sur fond bleu.
XVIIIe siècle.

578. — Étoffe de soie. Ramages de fleurs sur fond clair.
XVIIIe siècle.

579. — Étoffe de soie. Fleurettes blanches dans un treillis rouge sur fond bleu.
XVIIIe siècle.

580. — Étoffe de soie. Dessin de courges sur fond gros bleu.
XVIIIe siècle.

581. — Étoffe de soie. Poissons dans un filet en or sur fond brun.
XVIIIe siècle.

582. — Étoffe de soie. Oiseaux dans les fleurs sur fond chamois.
XVIIIe siècle.

583. — Étoffe de soie. Bâtons rompus sur fond havane à reflets verts.
XVIIIe siècle.

584. — Étoffe de soie. Arabesques de fleurs sur fond bleuté.

xviiie siècle.

585. — Étoffe de soie. Rinceaux blancs sur fond bleu tendre.

xviiie siècle.

586. — Étoffe de soie. Ramages de fleurs sur fond chamois tramé d'or.

xviiie siècle.

587. — Étoffe de soie. Boîtes à coquillages sur fond chamois tramé d'or.

xviiie siècle.

588. — Étoffe de soie. Canards d'or sur fond gros bleu.

xviiie siècle.

589. — Étoffe de soie. Semis de fleurs de cerisier sur fond bleu.

590. — Étoffe de soie. Carreaux verts sur fond chamois.

xviiie siècle.

591. — Étoffe de soie. Semis de fleurs blanches sur fond vert tendre.

xviiie siècle.

592. — Étoffe de soie. Canards mandarins et fleurs sur fond gros bleu.

xviiie siècle.

593. — Étoffe de soie. Satin rouge damassé; au centre, une fleur blanche brodée à jour.

xviiie siècle.

594. — Étoffe de velours rasé. Dessins bleus sur fond vert.

xviiie siècle.

595. — Étoffe de soie. Ramages de fleurs sur fond havane.

xviiie siècle.

596. — Étoffe de soie. Arabesques de fleurs sur fond rayé.

xviiie siècle.

597. — Étoffe de soie. Paysages sur fond brun.

xviiie siècle.

598. — Étoffe de soie. Fleurs vertes jetées sur un fond rayé.

xviiie siècle.

599. — Étoffe de soie. Satin bouton d'or peint d'un éventail déployé.

xviiie siècle.

600. — Étoffe de soie. Satin rouge brodé de branches de sapin.

xviiie siècle.

601. — Étoffe de soie. Oiseaux dans les feuillages, en jaune sur fond vert.

xviiie siècle.

602. — Robe de femme en satin uni gris de fer.

xixe siècle.

VII

PEINTURES ET IMPRESSIONS.

I. — ALBUMS ET GRAVURES.

603. — Album contenant des dessins en couleurs pour des modèles d'ornements de sabre. Signé : *Hirotshika*.

604. — Album contenant des peintures de papillons et d'autres insectes. Signé : *Yoyousaï*.

605. — Album contenant des peintures de poissons. Signé: *Yoyousaï*.

606. — Collection de trente gravures en couleurs or et argent, composée d'œuvres de différents artistes.

607. — Petite boîte plate en laque décorée d'instruments de musique sur fond d'aventurine.

Diam. $0^{m},05$. — XVIIIe siècle.

608. — Deux portes de meubles à fond d'or, offrant des oiseaux noirs dans un paysage, peints en laque ; signées : *Ritsouò*.

XVIIe siècle.

II. — PARAVENTS.

609. — Paravent à deux feuilles. Singes grimpant à un arbre. Peinture à l'encre de Chine, sur papier, signée : *Sosen*.

XVIIIe siècle.

610 et 611. — Deux paravents en papier composés chacun de deux feuilles, portant un décor de grues blanches, sur fond d'or.

xviiie siècle.

612 et 613. — Deux paravents à quatre feuilles couvertes d'échantillons de vieilles étoffes.

III. — KAKÉMONOS.

614. — Déesse, par *Meïtshio*.

xive siècle.

615. — Paysage. Signé : *Sesshiu*.

xve siècle.

616. — Deux tourterelles sur une branche de prunier. Signé : *Sesson*.

xve siècle.

617. — Pêcheurs. Signé : *Kano Yeïtokou*.

xvie siècle.

618. — Oiseau perché sur une branche de prunier fleuri. Signé : *Kano Motonobu*.

xvie siècle.

619. — Aigle sur un rocher. Signé : *Soga Tshokouvan*.

xvie siècle.

620. — Paysage. Signé : *Sôami*.

xvie siècle.

621. — Paysage. Signé : *Sôami*.

xvie siècle.

622. — Paysage. Signé : *Shioungetzou*.

xvie siècle.

623. — Deux coqs posés sur une branche. Signé : *Tanyu*.

xviie siècle.

624. — Moineaux dans un panier (école de Kano).
xviie siècle.

625. — Moineaux sur une branche de bambous. Signé : *Toshioun.*
xviie siècle.

626. — Grue à l'encre de Chine. Signé : *Nishiokouan.*
xviie siècle.

627. — Paon blanc. Signé : *Tsounénobou.*
xviie siècle.

628. — Grue dans les roseaux. Signé : *Soushi.*
xviie siècle.

629. — Pigeon, d'après un empereur de la dynastie des Song. Signé : *Naônobou.*
xviie siècle.

630. — Faucon blanc. Signé : *Yasounobou.*
xviie siècle.

631. — Oiseaux posés sur des branches fleuries. Signé : *Namping.*
xviiie siècle.

632. — Passage de rivière; signé : *Itshio.*
Fin du xviie siècle.

633. — Coq et poule; signé : *Goshin.*
xviiie siècle.

634. — Faucon blanc; signé : *Yofoukou.*
xviiie siècle.

635. — Personnage assis, tenant une branche de chrysanthème; signé : *Minamoti Naotérou.*
xviiie siècle.

636. — Oiseaux sur une branche fleurie; signé : *Shosiheïki.*
xviiie siècle.

637. — Serpent dans les herbes; signé : *Sousetsou.*
xviiie siècle.

638. — Oiseau sur une branche de pivoine; signé : *Yosen.*

xviiie siècle.

639. — Singes; signé : *Sosen.*

xviiie siècle.

640. — Rat traînant une coquille; signé : *Sosen.*

xviiie siècle.

641. — Singe; signé : *Sosen.* 1782.

642. — Courtisane de Yédo; signé : *Kano Sosen.*

xviiie siècle.

643. — Deux kakémonos. Aigle se mirant dans une cascade ; signés : *Zeïshin.*

xixe siècle.

644. — Renard blanc; signé : *Itspô.*

Commencement du xixe siècle.

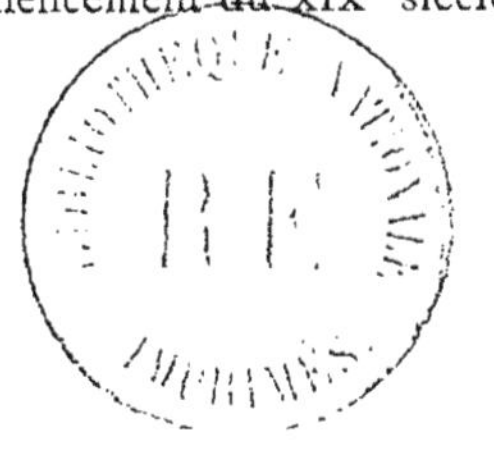

VIII

ARMES

645. — Lame de poignard incrustée en métaux précieux représentant une bataille navale ; signée : *Oumétada.*

xviie siècle.

646. — Lame de sabre en acier ciselé, ornée de la déesse Kouanon et du dieu Foudo, signée : *Naotané.* 1821.

Fin du xviiie siècle.

647. — Poignard à fourreau de laque imitant un tronc d'arbre et garni d'un serpent en argent et d'insectes en métaux variés. Lame ciselée et ajourée à dessins de dragons (xviie siècle). Monture signée : *Mitshiyoshi.*

648. — Poignard de dame à fourreau de laque vert foncé, garni d'argent.

xviiie siècle.

649. — Petit sabre à fourreau cannelé et laqué à fond rouge sablé d'or. Garniture d'argent ciselée d'ornements armoriés.

xviiie siècle.

650. — Poignard à fourreau de laque noir chagriné, à semis de fleurettes, monture en argent. Ornement signé : *Hirosada.*

xviiie siècle.

651. — Poignard à fourreau de bois naturel monté en or ciselé de feuilles de lotus et d'animaux. Lame d'argent à dessin ajouré ; signé : *Moritshika.*

xixe siècle.

652. — Poignard à fourreau de laque noir décoré de papillons, monture en argent; signé: *Moritshika.*

xixe siècle.

653. — Poignard en bois naturel cannelé, à monture d'argent ciselée et incrustée d'or, représentant des oiseaux planant au-dessus des vagues. Monture signée: *Kadzoutoshi.*

xixe siècle.

654. — Poignard à fourreau laqué, à l'imitation d'un bambou, avec incrustations d'ivoire et de bronze, représentant un singe suspendu à des branches. Monture d'argent, signée: *Kadzoutoshi.*

xixe siècle.

SUPPLÉMENT.

655. — Brûle-parfums en argent émaillé, représentant un poisson se tenant debout sur la queue.

H. 0^m,45. — xviiie siècle.

656. — Une feuille de lotus en bronze.

Diam. 0^m,18. — xviiie siècle.

657. — Une collection de vingt-sept épingles à cheveux.

658. — Vase à fleurs, en bronze de patine claire, formé d'une coupe circulaire à culot et piédouche, et supporté par un pied formé de trois éléphants. Signé: *Seimin.*

H. 0^m19; Diam. 0^m,26. — xviiie siècle.

659. — Deux appliques en bois laqué, représentant des divinités aériennes faisant de la musique.

L. 0^m,20. — xviie siècle.

COLLECTION

DE

M. HENRI BOUILHET

OBJETS DIVERS

1. — Figure de prêtre accroupi, en bronze.

L. 0m,40 ; H. 0m,35. — XVIIe siècle.

2. — Réchaud avec bouillotte, en forme de gourde, décoré de feuillages, bronze à cire perdue.

Diam. 0m,25 ; H. 0m,35.

3. — Pitong en bronze à cire perdue, représentant un tronc de bambou entouré de feuilles de vigne et de grappes de raisin.

Diam. 0m,10 ; H. 0m,25.

4. — Oie en bronze, formant brûle-parfums.

H. 0m,30.

5. — Poisson en bronze.

L. 0m,20.

6. — Fruit sur sa tige (mangue), bronze à cire perdue.

L. 0m,10.

7. — Vase en bronze, patine verte très ancienne, avec une gaine en soie brochée et cordelière violette.

8. — Figure de poète accroupi en grès de Bizen.

L. 0m,40 ; H. 0m,50.

9. — Daïkokou sur un sac de riz en grès de Bizen.

L. 0m,50 ; H. 0m,45.

10. — Présentoir à cinq pieds en laque aventuriné, avec vol d'oiseaux et fleurs de pêcher.

Diam. $0^{m},25$; H. $0^{m},20$.

11. — Bouteille à saké, deux enfants à cheval l'un sur l'autre, laque d'or à dessins en relief.

Diam. $0^{m},10$; H. $0^{m},22$. XVIIIe siècle.

12. — Masque de mort avec cheveux et barbe, sur coussin violet.

H. $0^{m},03$ 1/2.

13. — Masque comique (rieur).

H. $0^{m},03$ 1/2.

14. — Masque comique (pleureur).

H. $0^{m},03$ 1/2.

15. — Netzké servant de briquet, formé par un chien de fusil à pierre enfermé dans une noix en fer travaillé et rehaussé d'or.

H. $0^{m},04$.

16. — Netzké ivoire, Sennin portant un vase et sortant des flots de la mer.

H. $0^{m},04$.

17. — Coulant en argent, décoré d'un singe en or, avec tête de bronze et de platine disputant un fruit à un crabe en or vert.

18. — Coulant en or, décoré d'un colimaçon en bronze.

19. — Coulant en bronze avec incrustations d'or. Étoile de mer et plantes marines.

20. — Coulant en bronze, avec fleur de pêcher en argent et tige d'or.

21. — Coulant en or, représentant Daïkokou avec son sac; signé : *Shiomin.*

22. — Applique en or, acteur accroupi; la figure est à moitié cachée par un masque comique.

23. — Applique, fruit en corail revêtu d'une enveloppe d'or, que se disputent trois petits génies en or.

24. — Applique, Daïkokou jouant avec un rat en argent; la figure et le sac sont décorés d'incrustations de bronze et d'argent.

25. — Appliques, dont une en forme de plaque, en bronze incrusté d'or et d'argent (la légende du Charpentier).

26. — Couteau en argent, niellé d'un vol de grues; signé : *Shiourakou.*

27. — Couteau en bronze avec fleurs de chrysanthèmes en or.

H. 0^m,22.

28. — Râtelier d'outils, comportant :

1 Scie en acier nuancé d'or.
1 Couteau en acier nuancé d'or.
1 Ciseau en acier nuancé d'or.
1 Marteau, tête formée par un pavot d'argent.
1 Poinçon à butoir lobé à cinq feuilles en argent. (les manches sont en ivoire et en bois d'essences diverses incrustés de nacre et d'ivoire coloré).

L. 0^m,27; L. 0^m,10.

29. — Râtelier comportant :

1 Pince en argent ciselé en relief.

2 Poinçons en argent niellé.

2 Baguettes en bois et ivoire taraudé.

1 Époussetoir à plume de geai.

1 Polissoir en argent, formé par des fleurs de chrysanthèmes, ciselé en relief.

L. 0m,22; L. 0m,10.

COLLECTION

DE

M. PHILIPPE BURTY

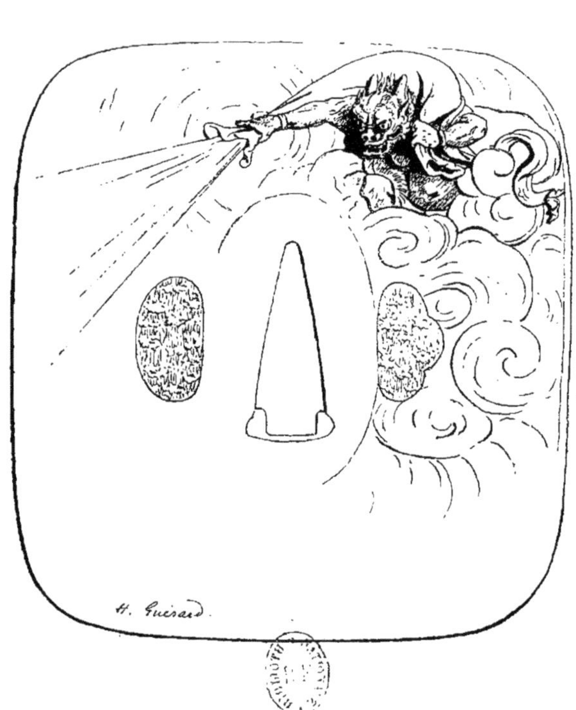
H. Guérard

I

MÉTAL

I. — BRONZES.

1. — Brûle-parfums en cuivre doré, à anses et anneaux de forme cylindrique, supporté sur trois pieds, cerclé et doublé d'argent. Sur le couvercle, ajouré de chrysanthèmes, tandis que le reste est un semis de chrysanthèmes, un chien de Fô en ivoire.

H. 0m,09. — XVIIe siècle.

2. — Bronze de shibouitshi. Brûle-parfums de forme ronde, à couvercle, décoré d'une cigogne volant dans les nuages.

XVIIe siècle.

3. — Chandelier de temple en bronze, figurant un pied de nelumbo, tige, feuilles, boutons et fleurs.

H. 0m,40. — XVIIe siècle.

4. — Vase cylindrique en bronze, avec tortues formant bordure, décoré en bas-relief de lions montant et descendant.

H. 0m,20. — XVIIIe siècle.

5. — Vase cylindrique en bronze en forme de bourse,

légèrement évasé au-dessus du col que serre un anneau. Deux têtes de lions en saillie. Le décor, en relief à peine sensible à l'œil, est formé de kikous parmi des vrilles de vigne. Patine brune.

H. 0m,16 1/2.

6. — Vase en forme de corbeille evasée par le haut, clissée en bambou. Bronze à patine écaille.

H. 0m,19. — XVIIIe siècle.

7. — Vase à six pans, décoré de compartiments dans lesquels sont semés en léger relief, avec le kirimon à sept boutons et la fleur de chrysanthème à seize pétales, des motifs anciens. Les anses sont formées de deux cyprins à queue trifide. Le métal est de cuivre rouge très pur, dit « à son de cloche ».

H. 0m,22.

8. — Une orange avec sa tige et ses feuilles. Bronze à cire perdue, patine noire.

L. 0m,13.

9. — Compte-gouttes fondu à cire perdue. Femelle de crapaud prête à pondre et portant un mâle sur son dos.

H. 0m,08.

10. — Vase en étain laqué de noir et de rouge. Il est en forme de tube à renflement terminal carré. Un lion menaçant s'y enroule. Sous les anciennes dynasties, c'était presque aussi rare que l'argent.

H. 0m,30, y compris le socle, en bois de fer ajouré.

11. — Brûle-parfums. Cerf marchant et portant sur son dos les attributs du génie protecteur des lettrés.

H. 0m,24.

12. — Boîte à parfums de forme cylindrique, en fer in-

crusté d'or. Le dessous est incrusté d'un cachet d'or contenant les caractères : *Sentôkou.*

H. 0m,07.

13. — Marmite supportée par trois pieds, en fer incrusté d'or.

H. 0m,06. — XVIIe siècle.

14. — Crabe en fer avec toutes les articulations mobiles.

L. 0m,10.

15. — Crabe en bronze plein.

16. — Crabe à pinces rouges. Ces pinces sont laquées et la carapace est tachée d'or.

17. — Un crabe ouvrant les pinces. Bronze formant boîte.

L. 0m,15.

18. — Chien de Fô se retournant pour japper. Bronze à patine noire incrusté d'argent.

H. 0m,09.

19. — Sennin dans un état de maigreur extrême, nu jusqu'au bas des reins, assis les jambes croisées. Bronze à cire perdue. Terrasse en racine de buis.

H. 0m,09.

20. — Pieuvre jouant de l'éventail. Bronze à patine écaille.

H. 0m,08.

21. — Bronze ancien. Mante prie-dieu les ailes ouvertes.

H. 0m,09.

22. — Bouteille à col très allongé. Bronze à patines rouges.

H. 0m,28.

23. — Bouteille à quatre pans, à col très allongé. Bronze à patine écaille foncée.

H. $0^m,30$.

24. — Héron debout.

H. $0^m,21$.

25. — Tortue marchant avec un enfant sur le dos, signée : *Seïmin*. Ce groupe a été fondu dans l'intervalle de 1818 à 1830.

L. $0^m,32$.

26. — Deux tortues, l'une grimpant sur le dos de l'autre. Bronze à cire perdue signé : *Seïmin*.

L. $0^m,07$.

27. — Chauve-souris. Bronze à cire perdue; signé : *Keïsaï*.

L. $0^m,07$.

28. — Tortue marchant avec une petite tortue sur le dos. Bronze signé · *Toguiokousaï*.

L. $0^m,16$.

29. — Vase de suspension pour contenir des fleurs, simulant le grès de Bizen, décoré de rochers et de bambous; signé : *Takousaï*.

H. $0^m,18$.

II. — OBJETS EN ARGENT.

30. — Blague de lutteur, avec netzké en ivoire et double plaque dorée et ciselée. L'intérieur est doublé de cuir de Cordoue à paillons.

XVIIe siècle.

31. — Blague de lutteur et étui à pipe, en cuir, avec

plaque et chaîne de suspension en argent, et netzké en ivoire.

XVIIIe siècle.

32. — Bouton serti dans un cadre rond en ivoire. Papillons voltigeant sur les herbes et les fleurs, en argent ciselé et doré.

33. — Pipe de femme, en argent ciselé.

L. 0m,13.

34. — Boîte à onguent, décorée de diverses variétés de coquillages, en argent repoussé et ciselé.

L. 0m,05.

35. — Porte-pinceaux simulant la forêt de bambous classique, en argent ciselé.

H. 0m,08.

36. — Porte-pinceaux hexagone en argent, décoré au burin d'un ornement ancien.

H. 0m,05.

37. — Pipe décorée d'un danseur à épaisse perruque rouge. En haut, la balustrade d'un temple, en argent et or.

38. — Pipe représentant le lion à travers les nuages, en argent ciselé, avec parties dorées. Le tuyau est en ivoire.

L. 0m,28.

39. — Pipe de femme, en fer incrusté d'argent et d'or.

L. 0m,14.

40. — Blague et porte-pipe en cuir avec suspension et plaque en argent.

41. — Coupe à saké en argent, décorée à l'intérieur d'une chauve-souris, les ailes ouvertes.

Diam. 0m,06 1/2.

42. — Compte-gouttes en argent en forme d'éventail ouvert.

43. — Compte-gouttes en argent avec parties dorées en forme de chrysanthème épanoui.

44. — Coupe à saké, en argent rehaussé d'or, décorée en bas-relief d'un daïmio à cheval traversant une rivière qui, au loin, passe au pied d'un village. Deux serviteurs l'accompagnent. Signée : *Toyoyoshi Kikoudjisaï.*

Diam. 0m,07.

III. — OBJETS DIVERS EN FER ET MÉTAUX INCRUSTÉS

45. — Compte-gouttes en forme de théière, en fer repoussé et incrusté d'argent dans le goût indien.

Anciennes dynasties.

46. — Théière en forme de fruit, en fer incrusté d'argent. Travail ancien au repoussé. L'ensemble ne pèse que 215 grammes. L'anse est une feuille qui s'ouvre.

47. — Théière en forme de fruit côtelé, en fer repoussé et incrusté d'argent. Quelques réparations ont été faites à cette pièce très ancienne, en y appliquant extérieurement des insectes et une feuille. Elle ne pèse encore que 215 grammes.

48. — Blague de lutteur ronde et aplatie en fer incrusté

d'argent, avec netzké qui contient un briquet formé d'un chien de pistolet s'abattant sur une platine.

XVIIIe siècle.

49. — Éventail de palais, en fer ciselé et poli, décoré de lions de Corée au milieu de pivoines, signé : *Ouda Kanéshighé.*

L. 0m,33. — XVIIIe siècle.

50. — Éventail d'intérieur, en fer incrusté de cachets en argent.

51. — Éventail d'officier, en bronze jaune incrusté d'argent; sur la feuille, des poésies manuscrites.

XVIIe siècle.

52. — Éventail de commandant. La feuille est aux armes du Japon. Fer incrusté d'argent.

XVIe siècle.

53. — Éventail de commandant aux armes de la famille princière de Naïto. Sur la feuille, les Sept sages dans la forêt de bambous.

L. 0m,40. — XVIIe siècle.

54. — Deux gantelets, en fer incrusté d'or.

XVIe siècle.

55. — Bouton en fer, gravé d'un trait presque imperceptible avec incrustation d'argent, d'un lettré chinois qui marche dans la campagne avec un enfant qui porte une brassée de rouleaux; signé : *Shiourakou.*

55 *bis.* — Diverses boîtes de netzké en fer incrusté d'or. Travaux anciens.

IV. — GARDES DE SABRE.

56. — Garde en fer, décorée de deux gardiens du ciel, l'un en laque noir, l'autre en laque brun.

Très ancien travail. — xve siècle.

57. — Garde en fer martelé, carrée, de dimensions inusitées (D. 0^m,12), décorée d'une courge en shakoudo et, en réserve, de Kirimon. La courge était le *mon* particulier à Taïkosama, et la triple fleur de paulownia le *mon* de la famille Tokougava.

Cette garde, conservée jusqu'à la révolution de 1868 dans un temple de Yédo, a complété un sabre du célèbre fondateur du pouvoir des Siogouns. Taïkosama est mort en 1598.

57 *bis*. — Deux gardes en fer, décorées de rinceaux et de fleurettes incrustées en divers métaux.

Très ancien travail. — xve siècle.

58. — Garde en fer sur laquelle sont figurées les différentes monnaies anciennes du Japon ; signée : *Kouniyoshi*.

Fin du xvie siècle.

59. — Garde en fer; le général chinois Tio-Fi défiant les ennemis ; signée : *Yasoutsouné*.

Fin du xvie siècle.

60. — Garde en fer damasquinée en or du Typhon, de l'orage ; signée : *Nidaï Môkou*.

Fin du xvie siècle.

61. — Plusieurs gardes en fer forgé représentant pour la plupart des oiseaux, des insectes. Elles datent du commencement du xviie siècle.

62. — Gardes en fer incrustées et damasquinées d'or de divers tons et d'argent, du XVIIe à la fin du XVIIIe siècle; l'une d'elles, représentant les rives du lac de Biva, est signée : *Atsouiyé.*

63. — Gardes en fer ajourées, relevées d'or et d'argent. Elles représentent des épisodes des guerres des XIIIe et XVIe siècles, et sortent presque toutes des ateliers de *Mounénòri Nioudò.*

XVIIIe siècle.

64. — Garde en cuivre rouge, gravée du *mòn* des Ovasima.

XVIIe siècle.

65. — Garde en shakoudo. Un des quatre gardiens du ciel; signée : *Norihissa.*

XVIIIe siècle.

66. — Garde en shibouitshi, rehaussé d'or et d'émaux de paillons. Un coq et une poule attaquant une mante prie-dieu, signée : *Tomoyassou.*

XVIIIe siècle.

67. — Garde en fer, représentant en fin relief un koughé avec un diable; signée : *Nori Jiomeï*, d'après le dessin de *Hasafoussa Itshio.*

XVIIIe siècle.

68. — Garde en fer décorée d'un tigre s'avançant sur le bord d'un ruisseau; signée : *Hidémassa*, et datée 1769.

69. — Garde en fer. Un prunier en fleurs; signée : *Oudjikava.*

XVIIIe siècle.

70. — Garde en fer avec détails en or. Un lion traversant les flots en furie ; signée : *Tsounémasa.*

xviiie siècle.

71. — Garde en fer avec détails en or. Des Tsidari s'envolant par-dessus les flots ; signée : *Masayoshi.*

xviiie siècle.

72. — Plusieurs gardes en fer, avec motifs en émaux cloisonnés translucides et émaux cloisonnés mats. L'une d'elles est signée : *Hiratanari Soukeï.*

xviiie et xixe siècles.

73. — Garde en fer avec détails en or et en shakoudo. Des oies sauvages s'abattant sur un lac où se reflète le pic neigeux du Fousiyama. D'après *Hokousai.*

xixe siècle.

74. — Garde en fer. Un pied de courge. Signée : *Youyeïsai.*

xviiie siècle.

75. — Garde en fer. Philosophe chinois pêchant à la ligne. Signée : *Tomonobou.*

xixe siècle.

76. — Garde en fer ajourée. Vol d'oies sauvages dans une averse.

xviiie siècle.

77. — Garde en fer. Papillons sur des feuilles. Signée : *Gôto Tsounémasa.*

xviiie siècle.

78. — Garde en cuivre jaune gravée en creux d'une libellule ; signée : *Kanéiya Goronobou.*

xviiie siècle.

79. — Garde en cuivre jaune. La prêtresse Nousasaki Shikibou et la lune. Signée : *Tôenji*.

xviiie siècle.

80. — Garde en métal rouge à patine orangée. Kouanghou et son écuyer. Signée : *Jôhi*.

xviiie siècle.

81. — Garde en fer aciéré, légèrement frottée d'or. Aigle dépiautant un singe. Signée : *Kavadji Tomomitsi*.

Fin du xviiie siècle.

82. — Gardes de sabre de dames de qualité, en argent, shakoudo et fer incrustés. Elles datent, en général, du xviiie siècle. L'une d'elles est signée *Kouansaï*.

83. — Garde en shibouitshi. Une grue descendant vers d'autres posées sur le bord d'une rizière. Signée : *Morihissa*.

xviiie siècle.

84. — Garde en shibouitshi. Un faucon posé sur un gros arbre. Signée : *Ishikouro Koréyoshi*.

xviiie siècle.

85. — Garde en shibouitshi. Une chauve-souris volant devant une palissade. Signée : *Tôou*.

xixe siècle.

86. — Garde en shibouitshi. Deux Sennins dont l'un fait naître de petits chevaux du souffle de son haleine; signée : *Shiôdzoui*.

xixe siècle.

87. — Garde en cuivre jaune incrustée de shakoudo. Un pied de vigne. Signée : *Outsoutada*.

xvie siècle.

88. — Gardes en métal *sentakou*, représentant l'une une agglomération de singes, l'autre une agglomération de sangliers ; signées : *Mitsouhiro*.

XVIIIe siècle.

89. — Deux gardes en métal jaune incrustées d'argent ; sur l'une, des pétales qui pleuvent de cerisiers en fleurs ; sur l'autre, un pied de courge. Signées : *Gôto Mitsouakira*.

XVIIIe siècle.

V. — KODZOUKAS (Manches de couteaux);

KOGHAI (Épingles de sabre) ; BOUTS DE SABRE.

90. — Kodzouka en fer incrusté de shibouitshi. Un mille-pattes, œuvre de *Youdjio*, artiste mort à la fin du XVe siècle.

91. — Quatre kodzoukas, à lame incrustée de paysages célèbres.

92. — Kodzouka ayant une lame dans laquelle est incrustée la figure de Dharma, avec une sentence.

93. — Kodzouka en fer, représentant un paysage de mer au soleil levant ; signé : *Sonobé Yoshihidé*. La lame, très ancienne, est signée : *Iyo Kounitérou*.

94. — Kodzouka en fer avec métaux. Une cravache et un bâton de commandant militaire. Signé : *Shiôdzoui*.

95. — Kodzouka en fer avec métaux. Deux flèches accouplées. Un lapin est évidé dans l'extrémité du manche ; signé : *Shighéyoshi*.

Commencement du XVIIe siècle.

96. — Kodzouka en fer et or. Un lapin dans la campagne au clair de la lune ; signé : *Yodzoten.*

XVIIIe siècle.

97. — Kodzouka en fer et or. Des oies sauvages dans des roseaux. Signé : *Seidzoui,* à l'âge de soixante-treize ans.

Fin du XVIIIe siècle.

98. — Kodzouka en fer damasquiné d'or. Une branche de sapin devant l'orbe du soleil levant. Signé : *Shiôdzoui.*

Commencement du XIXe siècle.

99. — Kodzouka en fer damasquiné d'or. Une branche de prunier devant le rond de la lune.

100. — Kodzouka en fer incrusté d'or. Une carpe dans l'eau. Signé : *Hasayoshi.*

101. — Kodzouka en fer incrusté d'or. Des insectes glissant sur la surface de l'eau. Signé : *Haméno Koudzoui.*

Commencement du XIXe siècle.

102. — Kodzouka en fer avec rehauts de métaux. Jeune Chinois lisant au clair de la lune. Signé : *Kikoumon Nampo.*

103. — Kodzouka en fer avec rehauts de métaux. Crabes au milieu d'herbes. Signé : *Hitonori.*

104. — Kodzouka en fer. Une oie sauvage et un roseau. Signé : *Seïseïkosai Nagoyouki.*

XIXe siècle.

105. — Kodzouka en fer. Un crabe sur la grève. Signé : *Taïriousaï Mitsouoki.*

106. — Koghaï en fer, décoré, en or, d'un pigeon sous un sapin ; signé : *Tôhô Sokou.*

107. — Koghaï en fer, décoré, en or, de deux chevaux galopant ; signé : *Mounémasa.*

108. — Koghaï en fer. Le bord de la mer et le Fousiyama. Signé : *Sonobé Yoshihidé* et daté 1863.

109. — Kodzouka en cuivre doré, de l'atelier de Gôto, au XVIIe siècle, représentant des guerriers dans l'eau, attaquant un pont. Sur la lame est gravée une sentence ; elle est signée : *Oumétada.*

XVIIe siècle.

110. — Deux Kodzoukas décorés d'émaux translucides, figurant des fleurs ; signés : *Harounari.*

XIXe siècle.

111. — Kodzouka en cuivre doublé d'or à revers patiné. Un lettré chinois, étendu à terre, accoudé et lisant. Signé : *Mitsouaki.*

XIXe siècle.

112. — Kodzouka en shibouitshi rehaussé d'argent et d'or, représentant le beau Norisidé ; signé : *Shioumin.*

113. — Kodzouka en cuivre doré. Cachets gravés sur de l'écorce de cerisier. Signé : *Rioutshiken.*

114. — Kodzouka en fer. Vol d'oies sauvages descendant, la nuit, sur un cours d'eau ; signé : *Hirotsougou.*

115. — Kodzouka en cuivre frotté d'or. Deux papillons dans un rayon de soleil.

116. — Kodzouka en shibouitshi rehaussé d'or. Un tigre sous une averse ; signé : *Shishissa Yoshi.*

117. — Kodzouka en fer, décoré d'une carpe posée sur des herbes ; signé : *Naofoussa.*

118. — Kodzouka en shibouitshi, rehaussé d'or, décoré d'un vase à fleurs et d'un éventail; signé : *Kadzoutomo.*

119. — Kodzouka en shakoudo, rehaussé d'or. Deux des gardiens du ciel essayant leurs forces. Signé : *Hiraté Harourari.*

120. — Deux Kodzoukas en argent incrusté d'or, représentant l'un une cascade, l'autre un lion dans les flots; signés : *Itijosai.*

121. — Kodzouka en argent. Une grue planant au-dessus de la grève.

122. — Kodzoukas et un koghaï laqués de divers tons; signés : *Tsounéyoshi.*

123. — Kodzouka en argent laqué d'or représentant le Fousiyama; signé : *Kouansaï* et daté 1868.

124. — Divers bouts de sabre en fer incrusté d'or et d'argent, en shakoudo et en shibouitshi.

xixe siècle.

125. — Divers Koghaï en divers métaux.

126. — Koghaï à manche de cuivre ciselé et doré figurant une courge et ses feuilles, sur laquelle est posée une mouche. Lame à deux tranchants, très ancienne. Pièce provenant de la famille princière de Nito.

Commencement du xviiie siècle.

127. — Koghaï en shakoudo, décoré, en or, de trois kirimons surnageant; signé : *Noboumada.*

Fin du xviiie siècle.

128. — Koghaï en fer incrusté d'or, décoré d'une langouste; signé : *Gôto Seijio.*

xviiie siècle.

128 *bis*. — Koghaï en cuivre doré, décoré d'un combat à l'entrée d'un pont; signé : *Gôto Lenjio*.

xviie siècle.

VI. — ARMES.

129. — Grand sabre à fourreau de laque noir et à monture en shakoudo incrusté d'or et d'argent ; signée, ainsi que celle du petit sabre qui l'accompagne : *Gôto Mitsoumasa* (première moitié de ce siècle). La grande arme est signée : *Kanétsougou;* la petite : *Haroumitsou, du village de Ossafouné, province de Bizen,* et datée *1522*.

129 *bis*. — Petit sabre ; monture du xviie siècle, en fer ciselé et rehaussé d'or; fourreau en bois de Tagayasan. Lame du xive siècle.

129 *ter*. Lame de lance à deux tranchants, dans un étui provisoire.

xve siècle.

II

FOUKOUSAS

130. — Deux carpes, nageant à fleur d'eau, rident la surface d'un étang au fond duquel on entrevoit quelques herbes. Elles sont brodées et nuancées au naturel sur fond de satin vert uni. Les yeux sont en verre. Sur la doublure, en damas rouge vif, est brodé en or un *mon*, une feuille de *pawlownia imperialis*. Signé : *Joïyô*, et un cachet en rouge.

131. — Un gros *taï* rose, vu par le ventre sur une branche de bambou d'or. Brodé sur soie de l'île de Firato, célèbre par sa force et par ce ton jaune qui était de mode à la cour sous les anciennes dynasties. L'œil est peint sur corne amincie.

132. — Les trente-six poètes célèbres du Japon, assis sous un cerisier, derrière une tenture enfilée dans un bâton laqué. Brodés avec la plus grande finesse sur fond de satin gros bleu.

133. — Un pêcher noueux s'épanouissant aux premiers rayons du soleil, sur le bord d'une onde qui court. Brodé en blanc et en or sur satin rose.

III

CÉRAMIQUE

I. — GRÈS DE BIZEN.

134. — Vase imitant un panier de pêcheur, clissé en bambou.

H. $0^m,23$.

135. — Vase à deux anses imitant le bambou clissé. Le couvercle est protégé par une armature de laque noir.

Très ancien travail, ainsi que le vase précédent.

H. $0^m,20$.

136. — Présentoir en forme d'écran, signé, sur le manche, d'un cachet.

L. $0^m,16$.

137. — Jardinière. Faucon posé sur un tronc de sapin.

H. $0^m,37$.

138. — Faucon posé, ne différant du précédent que par le mouvement des pattes posées l'une près de l'autre.

Même atelier. — H. $0^m,37$.

139. — Brûle-parfums. Statuette du génie de la longévité,

Foukou Rokou, debout, un écran dans la main ; signée : *Kitsi.*

H. 0m,27.

140. — Sennin, un éventail à la main, assis sur le dos d'une tortue de longévité qui marche ; signé : *Kitsi.*

H. 0m,22.

141. — Aigle de mer posé sur des rochers, les ailes un peu ouvertes, la tête retournée en arrière ; marqué en dessous d'un cachet.

H. 0m,43.

142. — Faisan doré posé sur un rocher.

H. 0m,30.

143. — Lion de Corée sautant sur une pivoine épanouie, sur un rocher.

H. 0m,23.

144. — Hoteï dansant accoudé à son sac.

H. 0m,13.

145. — Hoteï, à demi nu, riant en portant sur son dos le sac qui contient tous les désirs humains.

H. 0m,12.

146. — Diablotin sanglotant sur la main coupée de Hannia.

L. 0m,20.

147. — Bouteille en forme de tambour de guerre, décorée en demi-relief sur les deux faces d'un lion de Corée.

H. 0m,23.

148. — Bouteille laquée d'or, sur le col, d'un liquide qui coule en entraînant des fleurs de prunier. Le bouchon en argent. Marquée en dessous d'un cachet.

H. 0m,20.

149. — Compte-gouttes. Un lettré chinois étendu et appuyé sur son coude.

L. 0m,10.

150. — Compte-gouttes. Le poète du Fousiyama assis et méditant.

H. 0m,12.

151. — Compte-gouttes. Chien de Fô.

H. 0m,09.

152. — Brûle-parfums. Un Sennin, debout, dans une longue robe. La robe est émaillée de bleu.

H. 0m,24.

153. — Brûle-parfums[1]. Hoteï assis et riant. Le manteau est émaillé de blanc craquelé.

H. 0m,09.

154. — Gourdes en grès de Bizen ancien, marquées dessous de divers cachets.

155. — Petite coupe à trois pieds. Ancien blanc de Corée.

H. 0m,06.

156. — Petit présentoir en porcelaine de *Firato,* bleue et blanche, adroitement ajourée.

II. — FABRIQUES DIVERSES

157. — Brûle-parfums carré, en très ancien *Fizen;* le couvercle est formé d'un coq accroupi, en bronze.

H. 0m,08. — XVIe siècle.

1. Toutes ces statuettes sont des brûle-parfums; la fumée sort par la bouche, les oreilles, les narines.

158. — Pot à couvercle en verre d'*Idzoumo,* couleur crème, et finement craquelée, semé d'ornements ronds, dorés ; signé : *Minpei.*

H. 0m,18. — XVIIIe siècle.

159. — Tasses et boîtes, en terre de *Satsouma.*

XVIIIe siècle.

160. — Tasses, présentoirs et bouteilles en ancienne terre de *Kiôto.*

III. — OBJETS EN VERRE

161. — Coupe carrée en verre de couleur d'émeraude. On distingue en relief le lion japonais à trois griffes au milieu des nuages.

L. 0m,13. — XVIIIe siècle.

IV

OBJETS EN IVOIRE

---

162. — Netzké. Un homme soigne un des pieds de derrière d'un cheval qu'un betto tient par la bride. Signé : *Hokkio Sessaï*. Hokkio était un titre que la cour accordait aux artistes éminents.

H. 0m,04.

163. — Netzké. Un enfant chinois se cachant derrière un socle; signé : *Anrakou.*

164. — Génie chinois debout sur un nuage descendant sur la terre, son chapeau attaché à un bâton qu'il porte sur l'épaule. Cuillère pour mesurer le thé, en ivoire ancien.

H, 0m,15; L. 0m,04 1/2.

165. — Inrô en ivoire à fond teinté. Les sept sages dans la forêt de bambous.

Fin du XVIIIe siècle.

166. — Inrô en ivoire. Un Koughé, accompagné d'un samouraï et d'un page qui tient son sabre, regarde les efforts que fait un jeune garçon pour imiter un serviteur qui arrache des jeunes sapins. Signé : *Norisané.*

Commencement du XIXe siècle.

167. — Petit inrô en ivoire auquel est ajouté un netzké également en ivoire. On voit gravés à la pointe, sur l'un et sur l'autre, des sites célèbres et des koughés en promenade; signé : *Itiriou Tomoyossi.*

XVIIIe siècle.

168. — Étui à pipe en ivoire, incrusté d'une carpe en argent suivie de quelques petits poissons descendant le fil de l'eau.

XIXe siècle.

169. — Étui à pipe en corne de cerf, décoré de courges en argent et or. Pièce provenant de la famille princière de Nito. Signé d'un cachet.

L. 0m,22.

170. — Un presse-papier en ivoire figurant une garde de sabre, sur laquelle sont gravés des enfants chinois jouant à cache-cache dans un jardin.

Fin du XVIIIe siècle.

171. — Boîte de toilette en ivoire, ronde et plate, laquée d'un éventail ouvert.

Commencement du XVIIIe siècle.

172. — Boîte cylindrique en ivoire avec couvercle, décorée de graminées en laque d'or.

Commencement du XIXe siècle.

V

BOIS SCULPTÉ

---

173. — Netzké en bois : masque de Hannia ; signé : *Démi Jôman.*

174. — Netzké en bois représentant un démon debout, nu jusqu'à mi-corps, portant la main à son bonnet.

Ateliers de Nara, XVIIe siècle.

H. 0^m,10 1/2.

175. — Le génie du tonnerre agitant des baguettes de tambour.

Statuette en bois des ateliers de Nara.

XVIIe siècle.

176. — La poétesse Komati dans sa vieillesse, misérable et assise sur un tronc d'arbre. Les cheveux sont plantés au naturel et les yeux sont en verre. Signé : *Neshihon.*

177. — Statuette d'un président de tshiajin réunion de buveurs de thé (hommes de lettres et artistes). Il est assis, les jambes repliées; la tête, complètement rasée, est un peu tournée vers la droite; la physionomie est celle d'un vieillard grave qui écoute; les pupilles sont laquées. La main droite, à demi fermée, devait tenir un éventail.

Ces effigies d'hommes distingués et qui, souvent, exécutaient eux-mêmes leur portrait, étaient soigneusement conservées dans les familles.

H. $0^m,29$.

178. — Kouanghou, général des anciennes dynasties mongoles qui conquirent la Chine, assis et tenant un rouleau de lettres.

Bois sculpté et poli dans le style chinois.

179. — Dharma en méditation. Statuette en bois laqué de brun.

Ancien travail.

H. $0^m,15$.

180. — Dharma en méditation.

Statuette en bois, signée : *Shiousaï Sakéouri Hissakadzou.* Sur un socle en laque rouge découpé.

H. $0^m,55$.

181. — Statuette de bonze, assis, une main dans l'autre, les jambes repliées. Bois sculpté, signé : *Hissatama Oukousou.*

H. $0^m,09$.

182. — Foukou Rokou écrasé par le poids de sa tête. Statuette en bois.

183. — Chapelle bouddhique portative en laque noir, avec ornementation en cuivre ciselé et doré.

Dans l'intérieur, statuette en ivoire sur un éléphant couché, posée sur une petite estrade ciselée et dorée, sur les degrés de laquelle est, en shakoudo incrusté d'argent, l'emblème des Tokougava, deux fois répété.

H. $0^m,22$. — XVIIe siècle.

184. — Étui à pipe en bois noir poli, orné, en relief, de papillons d'or et d'argent voltigeant au-dessus d'une tige de pivoine épanouie. La bague de suspension est émaillée.

185. — Étui à pipe en bois sculpté, décoré d'une branche de prunier épanouie, avec anneau de suspension en fer forgé; signé : *Hômin*.

VI

LAQUES

---

186. — Coffret à couvercle bombé monté en cuivre doré, en laque noir, décoré d'un paysage avec habitations en laque aventuriné et laque d'or. Ornements sur les quatre faces. Laque de Kamakoura.

L. $0^{m},30$; H. $0^{m},10$. — XIIIe siècle.

186 *bis*. — Plateau en laque de Kamakoura, à fond aventuriné, à bords plats, décoré en laque d'or de filets séchant à l'air sur le bord de l'eau, de rochers simulés par des petits pavés d'argent.

L. $0^{m},28$. — Travail du XIIIe siècle.

187. — Boîte à cendre, pour entretenir le parfum, de forme octogonale, en laque fond noir, pavé d'or. Laque de l'époque de Yoshimasa.

H. $0^{m},08$. — XVe siècle.

188. — Petite boîte ronde à couvercle, fond presque noir, décorée de fleurs dont une est en argent ciselé. Laque de Kamakoura.

L. $0^{m},05$. — XVIe siècle.

189. — Bonbonnière cerclée d'étain, à fond rouge, décorée de tiges et de fleurs de chrysanthèmes en or. Intérieur noir écaille. Laque de Kamakoura.

Diam. 0^m,08. — XVIe siècle.

190. — Boîte rectangulaire, à fond aventuriné, décorée de l'emblème des Tokugawa; sur le dessus un menuoki en argent.

H. 0^m,05. — Commencement du XVIIe siècle.

191. — Boîte à trois compartiments en laque d'or, décorée de fougères sur tous les sens.

H. 0^m,07 1/2. — XVIIe siècle.

192. — Boîte plate, en forme d'une lettre pliée, en laque de différents ors incrustée de burgau, d'or, de corail. Époque de *Sandaï Shiogoun*.

L. 0^m,08. — XVIIe siècle.

193. — Boîte en forme d'écran, même travail que la précédente.

L. 0^m,06 1/2. — XVIIe siècle.

194. — Boîte à écrire, en laque noir, décoré d'un aigle de mer posé sur des rochers que battent les flots. A l'intérieur, un guerrier mongol à cheval, sur fond de laque blanc. Œuvre de *Shimidzou Youdô*. Époque de *Sandaï*, troisième Shiogoun.

XVIIe siècle.

195. Cantine de daïmio pour partie de campagne ou de théâtre, à fond aventuriné, décoré dans tous les sens de soixante-deux écrans, à sujets et à fonds variés. Les deux bouteilles sont en argent laqué. La poignée est en argent plein ciselé. Ateliers de *Kadjikava I*[er].

H. 0^m,32. — XVIIe siècle.

196. — Boîte plate rectangulaire, en laque noir décoré de

liserons d'or s'enroulant à une branche de bambou. Atelier de *Shiounshio.*

L. 0m,08. — XVIIe siècle.

197. — Boîte à parfums, avec recouvrement cerclé d'un filet d'argent, décorée dans tous les sens de feuilles de momidji, de trois tons ; œuvre de *Shiounshio Ier.*

H. 0m,08 1/2. — XVIIe siècle.

198. — Boîte carrée, en laque d'or, parsemée de sapins et de fleurs de prunier.

H. 0m,07. — XVIIe siècle.

199. — Boîte à écrire, en laque noir décoré d'une oie sauvage descendant sur un marais, dont l'eau est simulée en noir mat. Œuvre de *Seikaï Kansi Ti.*

L. 0m,28. — XVIIe siècle.

200. — Boîte plate à fond semé d'or en feuille, décorée de fleurs en bronze, or et corail.

L. 0m,06. — XVIIe siècle.

201. — Boîte en forme de coquille, avec bande de séparation en laque rouge. Même travail que la précédente.

L. 0m,07. — XVIIe siècle.

202. — Petite cantine à trois compartiments, laquée d'or sur bois de cerisier. Sur le couvercle, un bonze veut saisir une écrevisse sur le bord d'un ruisseau. Rehaut de burgau, de corail et de pierres de couleur.

H. 0m,11. — XVIIe siècle.

203. — Boîte rectangulaire figurant un damier japonais et contenant trois petites pommes à queue en corail.

L. 0m,07 1/2. — XVIIe siècle.

204. — Petite boîte à bijoux, à fond noir piqueté d'or ; décor formé de sacs d'étoffes brodées.

H. 0m,03 1/2. — XVIIe siècle.

205. — Une boîte à quatre pieds formée de deux boîtes qui se pénètrent, à décor d'étoffes anciennes. A l'intérieur, un plateau décoré d'un paysage.

H. 0m,04. — XVIIe siècle.

206. — Petite boîte quadrangulaire, à couvercle cerclé d'étain à la mode de Kamakoura, décorée à l'extérieur et à l'intérieur, sur fond aventuriné, de moineaux qui s'envolent en troupe par-dessus les vagues.

L. 0m,06. — XVIIe siècle.

207. — Boîte quadrangulaire, à dix compartiments superposés, en laque d'or, décorée d'une tige de mauve épanouie.

H. 0m,05. — XVIIe siècle.

208. — Boîte à cachets, en laque brun uni, décoré de poissons en laque de couleur et en relief, signée : *Yoseï-Yô.*

XVIIe siècle.

209. — Bonbonnière en laque corail figurant un chrysanthème épanoui dont les pétales alignées font saillie sur les deux faces. Atelier de *Yoseï.*

Diam. 0m,06. — XVIIIe siècle.

210. — Bonbonnière en laque noir uni décoré d'un semis de chrysanthèmes rouges. Atelier de *Yoseï.*

Diam. 0m,07 1/2. — Fin du XVIIe siècle.

211. — Bonbonnière, en laque noir uni, décorée d'un chrysanthème rouge chevauchant un chrysanthème blanc et d'une libellule avec un papillon. Atelier des successeurs de *Yoseï.*

Diam. 0m,07.

212. — Bonbonnière en laque rouge ciselé, décorée d'un lis épanoui, du genre dit *Tshouishiou*.

Diam. 0m,08. — XVIIe siècle.

213. — Boîte à poudre de thé, en laque brun uni, décorée intérieurement de sousouki d'or.

H. 0m,07. — XVIIe siècle.

214. — Boîte cylindrique, fond noir, à couvercle, décorée de plantes et d'arbustes en or.

H. 0m,07. — XVIIe siècle.

215. — Plateau en racine de mûrier, décoré d'un vieux sapin et de flots. Sur le marli, quatre dragons en laque d'argent.

L. 0m,23. — XVIIe siècle.

216. — Boîte carrée, couvercle à bords arrondis, semé des emblèmes de Naïto.

H. 0m,06. — Milieu du XVIIe siècle.

217. — Bonbonnière en laque rouge *tshouishiou*, décorée en ciselé d'un plan de fraisiers sauvages. L'intérieur est ciselé et doré ; signé : *Yômô*.

Fin du XVIIe siècle.

218. — Cigogne assise sur son ventre et formant boîte ; en laque d'or.

H. 0m,07. — XVIIe siècle.

218 *bis*. — Aubergine à fond aventuriné verdâtre, formant boîte.

H. 0m,07. — Commencement du XVIIIe siècle.

219. — Boîte à deux compartiments, à anneaux latéraux en argent, laque uni fond vert, décor formé de fleurs de chrysanthèmes emportées sur l'eau.

H. 0m,08. — Commencement du XVIIIe siècle.

220. — Bonbonnière cerclée d'étain et en bois ; à l'extérieur, petits anneaux en argent doré; à l'intérieur, en laque d'or, la mer tranquille et des rochers.

L. 0m,06. — Commencement du XVIIIe siècle.

221. — Cabinet en écaille à trois tiroirs, à monture en argent ciselé, décor sur toutes les faces de fleurs en laque d'or et incrustations de métaux.

L. 0m,10. — Commencement du XVIIIe siècle.

222. — Boîte figurant un gôto.

Commencement du XVIIIe siècle.

223. — Petite boîte en ivoire à quatre pieds, figurant un échiquier, laquée en or d'un chien de Fô sautant au milieu de pivoines.

Commencement du XVIIIe siècle.

224. — Bonbonnière en laque d'or, décorée d'un bouquet de chrysanthèmes.

Diam. 0m,08 1/2. — Commencement du XVIIIe siècle.

225. — Boîte quadrangulaire, en forme de bourse, à fond aventuriné, décorée de cerisiers en fleurs.

H. 0m,07 1/2. — Commencement du XVIIIe siècle.

226. — Boîte en forme d'éventail ouvert, décorée, sur le fond simulant du terreau, d'une pivoine blanche avec ses feuilles vertes en relief. L'aventuriné à l'intérieur est d'une extrême finesse. Laque du commencement du XVIIIe siècle, signé : *Horikoshi Masatsougou,* avec le mot *Sakouan* (maçon).

L. 0m,10.

227. — Boîte à miroir, à fond noir poudré d'or, décorée de deux rossignols au milieu d'une branche de pêcher en fleur.

Diam. 0m,07 1/2. — Milieu du XVIIIe siècle.

228. — Boîte figurant une étoffe pliée. Laque d'or à dessins anciens.

L. 0m ,8 1/2. — XVIIIe siècle.

229. — Boîte cylindrique à parfums, à trois compartiments, en laque noir, décorée de dessins en or à fleurs de cerisier.

H. 0m,07. — Milieu du XVIIIe siècle.

230. — Boîte en laque rouge figurant un fruit dont le pelucheux est figuré par une fine saupoudrure d'or.

Diam. 0m,07 1/2. — Milieu du XVIIIe siècle.

231. — Boîte à poudre de thé, à couvercle arrondi, fond noir décoré de roues dans les flots.

H. 0m,23.

232. — Boîte carrée à couvercle, à recouvrement, avec deux anneaux d'argent, en laque aventuriné très fin, glacé d'argent, décorée d'un Hotéi en riches habits, riant aux jeux de deux enfants.

H. 0m,05. — XVIIIe siècle.

233. — Boîte quadrangulaire en laque d'or, décorée, en relief, de deux oies qui vont plonger dans un cours d'eau agité par des roues hydrauliques.

L. 0m,06 1/2. — XVIIIe siècle.

234. — Plateau à fond aventuriné, décoré en relief de temples dans un paysage montueux.

Commencement du XVIIIe siècle.

235. — Boîte à miroir à main en laque brun ciselé, décorée en relief d'un canard qui plane.

Diam. 0m,08. — XVIIIe siècle.

236. — Hampe de pinceau à écrire en laque rouge sculpté.

L. 0m,22. — XVIIIe siècle.

237. — Encrier plat et ovale en laque noir, décoré d'une fougère d'or à feuilles terminales en rouge pourpre.

L. 0^m,15. — XVIIIe siècle.

238. — Boîte pour les jetons à jeu de gô, en laque noir décoré d'un vol de moineaux.

H. 0^m,04. — XVIIIe siècle.

239. — Boîte carrée à parfums, à trois compartiments superposés, dont le dernier est doublé d'argent; le décor, dit « à bâtons rompus », est en or de deux couleurs découpé et incrusté.

XVIIIe siècle.

240. — Une boîte à quatre pieds figurant un jeu de gô.

H. 0^m,03. — XVIIIe siècle.

241. — Jardinière en laque d'or, à trois pieds, décorée de branches de cerisier.

H. 0^m,05. — XVIIIe siècle.

242. — Boîte à cendres, en forme de tronc de bambou, à couvercle avec bouton en argent.

H. 0^m,06. — XVIIIe siècle.

243. — Boîte à couvercle rond, à fond d'or semé de fleurs de chrysanthèmes rouges et noirs. Intérieur noir poudré d'argent. Laque de *Kòrin.*

H, 0^m,06. — Commencement du XVIIIe siècle.

244. — Cabinet en écaille à trois tiroirs, à monture en argent ciselé, décoré sur toutes les faces de fleurs de cerisier d'or.

L. 0^m,09. — XVIIIe siècle.

245. — Cabinet en écaille blonde à trois tiroirs, à monture en argent, décoré sur toutes les faces de fleurettes d'or.

L. 0^m,09. — XVIIIe siècle.

246. — Boîte carrée en laque d'or, décorée d'une branche de momidji.

L. 0m,08. — XVIIIe siècle.

247. — Boîte en laque noir, décorée d'arbustes d'or, contenant un jeu de cartes « des cent poètes célèbres ».

H. 0m,15. — XVIIIe siècle.

248. — Boîte plate circulaire, fond aventuriné, à décor dit de « la danse des grues ».

Diam. 0m,07 1/2. — Laque de Kiôto, XVIIIe siècle.

249. — Petit vase à col allongé, à deux anses, laqué d'un peu de fer oxydé avec quelques rehauts d'or en feuille. Signé: *Bounriousaï*, avec le titre : *Kouankô* (artiste officiel).

H. 0m,13. — XVIIIe siècle.

250. — Plaque d'ornement pour les appartements d'un amateur, en laque imitant le bois qui a séjourné au fond des eaux, et décorée de présents de nouvelle année : deux oranges et une langouste. Sur la feuille de houx en burgau, une allusion à « ce que la pourriture même épargne », et à gauche, la signature de l'artiste : *Yioshin* et son cachet.

L. 0m,62. — XVIIIe siècle.

251. — Boîte en laque noir et rouge à reliefs, à quatre médaillons, du genre dit *Zonzeï*. Le couvercle est en émail cloisonné.

H. 0m,07. — XVIIIe siècle.

252. — Bonbonnière en laque rouge uni. L'intérieur est noir d'écaille, du genre appelé *Négoro*.

XVIIIe siècle.

253. — Boîte rectangulaire à fond aventuriné, décorée d'une branche de cerisier dont les fleurs sont en or incrusté.

L. 0m,06. — XVIIIe siècle.

254. — Cabinet à trois tiroirs, en laque d'or semé d'argent en relief, représentant une étoffe brodée d'arbres.

H. 0m,06. — XVIIIe siècle.

255. — Boîte à trois compartiments étagés, en bois de Sitan, semée de fleurs de prunier.

H. 0m,05. — Fin du XVIIIe siècle.

256. — Coupe à saké, en laque rouge vif, décorée d'une pivoine d'argent.

Diam. 0m,08 1/2.

257. — Coupe à saké, rouge éteint, semée de branches de sapin.

Diam. 0m,10. — XVIIIe siècle.

258. — Boîte de toilette en laque noir, décorée de dessins hexagonaux et des armes des Naïto, les trois fleurs de glycine.

H. 0m,07. — Fin du XVIIIe siècle.

259. — Une coquille bivalve, rouge à l'extérieur, laquée d'or. Un pêcheur étendu dans sa barque se chauffe le ventre aux rayons du soleil. A l'intérieur, paysage au bord de l'eau.

Fin du XVIIIe siècle.

260. — Plusieurs boîtes à fard pour les lèvres, carrées, plates, en ivoire, laquées d'or.

XVIIIe siècle.

261. — Plusieurs peignes de femmes, en laque d'or, en ivoire incrusté de burgau, en bois léger. La plupart sont signés et datent du commencement de ce siècle.

262. — Plusieurs barres en laque en burgau, pour soutenir les coques de la chevelure. La plupart sont signées.

263. — Plusieurs épingles à cheveux en divers métaux, en jade, en ivoire.

264. — Étui à pipe, en laque noir décoré de libellules d'or.

L. 0m,20, — Commencement du XIXe siècle.

265. — Inrô à fond aventuriné, décoré de chrysanthèmes, dans un jardin, chargés de neige; signé : *Kadjikava*.

XVIIIe siècle.

266. — Inrô décoré d'un semis de trente et un chrysanthèmes à seize pétales, et ors de plusieurs tons sur fond de peau de poire. La signature *Kadjikava* est suivie des mots *Kouankô* (artiste attaché à la cour.)

Fin du XVIIe siècle.

267 — Inrô en laque d'or de différents tons relevé de touches de laque rouge et noir et de burgau, décoré d'un épisode des guerres des Ghen et des Taïra. Pour coulant, le masque de Hannia; pour netzké, un groupe de champignons, en bois.

École de Koëtsou. — XVIIe siècle.

268. — Inrô figurant un cachet d'argent oxydé, sur les quatre côtés et les deux extrémités duquel sont gravé en relief des caractères anciens. Cette pièce est signée *Ritsouô*, et ce qui est fort rare, fournit le nengo, dans lequel elle a été exécutée : *Kiohô II*, c'est-à-dire 1726. Le netzké est signé *Zeïshin*.

L. 0m,07 1/2.

269. — Inrô en laque brun foncé décoré en relief d'un cheval qui boit dans une auge, en laque de différents tons; signé : *Yoseï*. Le netzké en bois représente un cheval couché, il est signé : *Han*, avec ces mots : « l'a fait en s'amusant ».

XVIIe siècle.

270. — Inrô en laque uni, fond très fin, poudré d'or, décoré

sur les quatre bandes de fleurs et de feuilles en or et en rouge de divers tons; signé : *Koma Yasoutada*. Le netzké est en laque aventuriné.

Milieu du XVIIe siècle.

271. — Inrô en laque d'or, décoré des douze animaux composant le zodiaque japonais. Signé d'un cachet en rouge. Pour netzké, un tigre en ivoire, colorié au naturel.

Commencement du XVIIIe siècle.

272. — Inrô en laque frotté fond noir decoré en deux tons d'or de fleurs et de feuilles de chrysanthèmes. Atelier des successeurs de *Shiounshio*.

Commencement du XVIIIe siècle.

273. — Inrô en laque vermillon décoré de pêcheurs hâlant un bâteau. Travail attribué à *Koma Kiouhakou*. Netzké en ivoire : un visage qui grimace.

Commencement du XVIIIe siècle.

274. — Inrô en laque noir, au bas duquel un limaçon, figuré au naturel, se dérobe à des gouttes de pluie; signé : *Toutsida Shôhitsou*.

Fabriqué à Yédo au milieu du XVIIIe siècle.

275. — Inrô en laque noir, décoré de libellules d'or et de libellules rouge pourpre.

XVIIIe siècle.

276. — Petit inrô en laque noir, décoré sur ses deux faces de Yébis faisant danser Daïkokou. École de Kôrin. Netzké en cristal de roche.

Commencement du XVIIIe siècle.

277. — Inrô en laque d'or décoré de chrysanthèmes épa-

nouis dont le pied est baigné par un ruisseau. Intérieur en laque d'or constellé.

Commencement du XVIIIe siècle.

278. — Inrô à fond noir uni représentant en or, avec tons rougés et incrustations de burgau, un panier à armure, signé : *Kadjikava* de la province de Mousashi.

XVIIIe siècle.

279. — Inrô à un seul compartiment pailleté d'or, semé de chrysanthèmes ; signé : *Jôkasaï*.

XVIIIe siècle.

280. — Inrô à fond aventuriné « peau de poire », décoré d'un dragon or et rouge qui passe à travers les nuages ; signé : *Jôkasaï*.

XVIIIe siècle.

280 *bis*. — Inrô à fond brunâtre, aventuriné très fin, décoré de ce qui orne les cours les temples bouddhiques. Intérieur en laque d'or ; signé : *Jôkasaï*.

XVIIIe siècle.

281. — Inrô en laque noir, décoré d'une vallée à l'automne et d'un fleuve que traverse le vol d'une bécasse ; signé : *Shiômi Masaakira*. Coulant : coquillage en argent ; netzké en bois, laqué de chrysanthèmes.

XVIIIe siècle.

282. — Inrô en laque noir frotté, décoré de la carte du Japon avec les noms des villes ; signé : *Shiomikohé*.

XVIIIe siècle.

283. — Inrô en laque d'or, décoré en reliefs des attributs de la longévité, avec rehauts de burgau et de corail ; signé : *Shioritsousaï*.

XVIIIe siècle.

284. — Inrô en laque d'or, décoré en relief, sur six bandes transversales, des douze animaux qui président aux mois de l'année japonaise. Le netzké est en ambre; signé : *Shiorit-sousaï.*

XVIIIe siècle.

285. — Inrô en laque d'or à reliefs, décoré, sur les deux côtés, de carpes, dont l'une essaye de remonter, et l'autre suit le courant écumeux. Pour netzké en ivoire, un vieux singe assis; signé : *Hidémasa.*

XVIIIe siècle.

286. — Inrô en laque frotté brun foncé, décoré en relief d'or d'un coq, d'une poule et d'un poussin. Pour coulant un anneau ciselé en or. Atelier de *Shiounshio.*

XVIIIe siècle.

287. — Inrô en laque aventuriné, incrusté de burgau et d'ors de différents tons. Feuilles, boutons et fleurs de cerisier. Le netzké est formé de deux lapins en ivoire; signé : *Jokasaï.*

XVIIIe siècle.

288. — Inrô en laque rouge ciselé, incrusté en burgau du signe de longévité. Travail des successeurs de *Yoseï.*

XVIIIe siècle.

289. — Inrô à fond d'or, décoré de libellules, de papillons, de mantes prie-dieu en burgau, corail et ivoire peint; signé : *Hiôheï Bakoushiouhan.*

XVIIIe siècle.

290. — Inrô en laque d'or, décoré des abords d'un temple sur le bord d'un lac. Intérieur en laque d'or et doublure en argent.

Fin du XVIIIe siècle.

291. — Boîte à cachets, laque noir décoré d'une forêt de

bambous et d'oiseaux. Elle contient trois cachets en jade et un compartiment plein de minium délayé d'huile.

Fin du XVIIIe siècle.

292. — Inrô en laque figurant un fruit rouge d'un côté et de l'autre; vert signé : *Kiouhô.*

Fin du XVIIIe siècle.

293. — Inrô à fond d'or, décoré des six poètes les plus renommés au Japon, ils sont vus à mi-corps, en laque de couleurs variées; signé : *Kouanshiosaï.* Le coulant est en argent doré, et le netzké, en bois, représentant des tortues grimpant sur le dos-les unes des autres; est signé : *Guiokoumin.*

Fin du XVIIIe siècle.

294. — Inrô en laque d'or, décoré en laques de divers tons des attributs de Daïkokou, et, au revers, d'un jouet à roulettes figurant un cheval de daïmio harnaché en guerre; signé : *Shiokosaï.*

Commencement du XIXe siècle.

295. — Inrô à fond vert pailleté d'or, semé d'insectes en laque d'or ou laque noir; signé : *Youtokousaï.*

XIXe siècle.

296. — Inrô à fond noir, décoré d'une poignée de graminées en boutons ou en fleurs ; signé : *Shikouyousaï.*

Commencement du XIXe siècle.

297. — Inrô en laque totalement noir, décoré en léger relief, d'un dragon sortant des flots; signé : *Kouanko Bounkiousaï*, et signé aussi du peintre japonais à qui est due la composition : *Yeïsen.*

Commencement du XIXe siècle.

298. — Inrô en laque frotté fond d'or, décoré en couleurs

vives du sujet légendaire, les sept lettrés dans la forêt de bambous.

XIXe siècle.

299. — Inrô en laque brun, décoré d'un taï rose ciselé dans du burgau.

XIXe siècle.

300. — Inrô en bois délicatement sculpté, décoré dans un cartouche d'une grue en burgau ; signé : *Yoshimitsou*.

XVIIe siècle.

VII

PEINTURES ET ESTAMPES

---

301. — *Heiké Monogatari*, roman de la poétesse Mourasaki Shikibou. Exemplaire manuscrit avec grandes vignettes à l'encre de Chine rehaussées d'or, œuvre d'un Kough̃é de la cour du Mikado.

xvie siècle.

302. — Autre roman ancien illustré de miniatures à travers texte.

xviie siècle.

303. — Manuscrit illustré de miniatures dans lesquelles des oiseaux de tout vol semblent traiter de graves affaires. C'est un pamphlet violent et satyrique contre une secte bouddhique.

xviie siècle.

304. — Poisson à l'encre de chine ; signé : *Sosen*.

305. — Plusieurs volumes d'œuvres imprimées en couleurs ou en noir, de paysagistes, de caricaturistes, de dessinateurs célèbres de fleurs et d'animaux.

306. — *Hokousaï*. Plusieurs épreuves de paysages et de

scènes familières, tirés à plusieurs tons sur des papiers de choix, et à très petit nombre, vers 1804, pour des sociétés de buveurs de thé.

307. — Plusieurs volumes des œuvres isolées ou des séries de *Hokousaï*; éditions originales, tirages avant les teintes et sur papier fort.

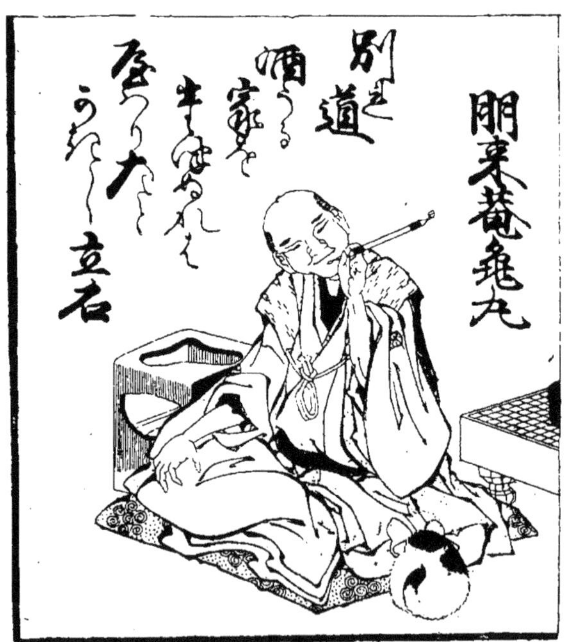

COLLECTION

DE

MME LOUIS CAHEN

I

LAQUES

1. — Boîte plate en forme de deux carrés liés ensemble, en laque noir décoré d'un personnage dans un paysage.

H. 0m,03; D. 0m,08. — Laque de Kamakoura, XIIIe siècle.

2. — Boîte ronde en laque noir aventuriné et mosaïqué d'or vert, décorée sur le dessus de deux personnages à cheval en laque de différents tons, en relief, et, sur les côtés, de paysages montagneux; plateau à trois pieds décoré de bandes concentriques de laques de couleurs. Travail de *Honnami Koëtzou* (XVIe siècle); à l'intérieur, neuf petites boîtes en forme de cerises (XVIIIe siècle); plateau intérieur décoré d'un paysage en laque frotté sur fond noir.

H. 0m,09; D. 0m,14. — Fin du XVIIe siècle.

3. — Boîte rectangulaire en laque noir aventuriné, incrustée d'un prunier à fleurs en relief d'or et d'argent.

H. 0m,07; D. 0m,05. — Commencement du XVIIe siècle.

4. — Petit cabinet à tiroirs en laque mosaïqué d'or, décoré de personnages dans des paysages.

H. 0m,09; L. 0m,11. — XVIIe siècle.

5. — Petite boîte ronde en laque noir, décorée de dessins réguliers en laque d'or; travail de *Shiounshio.*

H. 0m04 1/2; D. 0m,04 1/2. — XVIIe siècle.

6. — Petit gobelet en forme de coquetier en laque d'or brun, décoré d'oiseaux de Fô en laque d'argent, en relief et incrusté de nacre; à l'intérieur, dessins de feuilles réguliers.

H. 0m,05 1/2; D. 0m04. — XVIIe siècle.

7. — Petite boîte plate rectangulaire à fond brun aventuriné d'or vert et décorée de glycines en laque d'or et fleurs en relief d'or et d'argent.

L. 0m,06 1/2; L. 0m,04 1/2. — XVIIe siècle.

8. — Boîte en forme de losange à couvercle emboîtant, décorée de dessins réguliers en laque d'or sur fond noir; à l'intérieur, quatre compartiments.

H. 0m,05 1/2; L. 0m,04. — XVIIe siècle.

9. — Boîte carrée en laque rouge à couvercle emboîtant, décorée sur toutes ses surfaces d'un travail au pinceau simulant le remous des eaux, travail de *Shiounshio.*

H. 0m,04 1/2; D. 0m,08. — Fin du XVIIe siècle.

10. — Cabinet en forme de hotte à jour, en laque aventuriné, décoré de branchages en or avec incrustations de nacre.

H. 0m,24; L. 0m,11. — XVIIe siècle.

11. — Boîte à quatre lobes en laque d'or, décorée d'un personnage jouant de la flûte au milieu d'un paysage; même genre de décor à l'intérieur.

H. 0m,08; L. 0m,10. — XVIIe siècle.

12. — Boîte plate ronde en laque noir décoré d'un damier en laque d'or, avec deux fleurs de pivoine en laque; à l'inté-

rieur, quatre boîtes juxtaposées décorées de paysages sur fond d'or et d'argent.

H. 0m,03; D. 0m,11. — Fin du XVIIe siècle.

13. — Boîte ronde en laque rouge corail, décorée d'un motif de paysage, représentant des herbes et des insectes en laque d'or, mosaïqué de nacre ; à l'intérieur, jeu de sept petites boîtes rondes en laque vert décoré de sujets variés en laque d'or.

H. 0m,04; D. 0m,10. — Fin du XVIIIe siècle.

14. — Petite tirelire octogone en bois naturel, décorée de volubilis en laque d'or ; intérieur aventuriné peau de poire.

H. 0m,08; L. 0m,06. — Fin du XVIIe siècle.

15. — Quatre tableaux en cuivre laqué de noir, représentant des vues de Rome, en laque d'or, animées de personnages. Au dos, fleurs en nacre et les inscriptions suivantes :

Palais de M. le marquis Muti, derrière l'église des Saints-Apôtres;

Vue du palais Barberini;

Vue de l'église de Saint-Ignace;

Vue de la place de Monte-Cavallo.

Ces précieux panneaux, commandés au Japon par les jésuites de Rome à la fin du XVIIe siècle, ont été exécutés sur des dessins européens.

H. 0m,35; L. 0m,54. — Fin du XVIIe siècle.

16. — Encrier formé avec une plaque analogue aux précédentes, garni de godets en bleu turquoise et en cristal de roche.

17. — Boîte de pharmacie d'un seul compartiment en laque aventuriné, décoré d'un panier en laque rouge contenant des pivoines incrustées en ivoire vert et nacre, signée : *Totshiyeï*, d'après le dessin de *Kano Naonobou*.

Fin du XVIIe siècle.

18. — Plateau rectangulaire sur pieds, à pourtour aventuriné d'or vert; le fond décoré d'un damier or et rouge.

H. 0m,10; L. 0m,17. — Commencement du XVIIIe siècle.

19. — Boîte hexagonale à deux compartiments, plateau et couvercle en laque d'or, décorée de fleurs des champs et d'oiseaux; à l'intérieur, trois boîtes en losange emboîtées.

H. 0m,07 1/2 D. 0m,11 1/2. — Commencement du XVIIIe siècle.

20. — Petite boîte à deux compartiments, couvercle bombé et plateau intérieur, décorée de motifs de paysage en laque d'or incrusté de fleurs en relief d'or, d'argent et de nacre.

H. 0m,06; L. 0m,08. — Commencement du XVIIIe siècle.

21. — Petite boîte à plateau intérieur, de même laque et de même décor que la précédente.

H. 0m,03 1/2; L. 0m,08. — Commencement du XVIIIe siècle.

22. — Petite boîte à trois compartiments, en forme de hotte en laque d'or, décorée de feuilles et de fleurs.

H. 0m,07; L. 0m,07. — Commencement du XVIIIe siècle.

23. — Petite boîte plate en forme de deux carrés liés ensemble en laque d'or de tons différents, décorée de jeux d'enfants et de volubilis.

H. 0m,03; L. 0m,08 1/2. — Commencement du XVIIIe siècle.

24. — Petit cabinet à charnières d'argent, à trois tiroirs intérieurs, en laque d'or décoré de fleurs grimpantes.

H. 0m, 08; L. 0m,12 1/2; I. 0m,07. — Commencement du XVIIIe siècle.

25. — Petite boîte en forme d'écran, en laque noir pailleté d'or; dessus en or mat décoré de personnages.

H. 0m,04; L. 0m,07. — Commencement du XVIIIe siècle.

26. — Boîte quadrangulaire en laque aventuriné, décorée de scènes représentant la récolte du sel, avec incrustation d'ivoire et de corail; le couvercle représente un paysage avec la vue du Fousiyama.

H. 0m,12; L, 0m,18; L. 0m,11. — Commencement du XVIIIe siècle.

27. — Boîte hexagonale en forme de panier d'osier; plateau intérieur et jeu de sept boîtes en forme de cerises en laque d'argent d'un travail plus ancien (XVIIe siècle).

H. 0m,06 1/2; D. 0m,10. — Milieu du XVIIIe siècle.

28. — Petit cabinet à tiroirs et à charnières d'argent finement ciselées, décoré de vues de mer et de montagnes en laque d'or sur fond d'or vert mosaïqué et aventuriné.

H. 0m,09; L. 0m,13 1/2; L. 0m,08 1/2. — Commencement du XVIIIe siècle.

29. — Grande boîte carrée en laque noir, décorée d'arbustes et de rochers en laque d'or.

H. 0m,16; L. 0m,43; L. 0m,33. — Commencement du XVIIIe siècle.

30. — Boîte à écrire de même décor et de même travail que la pièce précédente.

31. — Boîte en laque noir en forme de nœud de papier, décorée de bégonias en laque d'or.

H. 0m,02; L. 0m,03. — Milieu du XVIIIe siècle.

32. — Petit pot à poudre de thé en laque noir, décoré de pousses de jeunes pins en laque d'or frotté.

H. 0m,05 1/2; L. 0m,04. — Milieu du XVIIIe siècle.

33. — Petite boîte en laque d'or vert en forme de nèfle.

H. 0m,05; D. 0m,04 1/2. — Milieu du XVIIIe siècle.

34. — Très petite boîte figurant un poisson en laque brun rehaussé d'or.

L. 0m,07 1/2. — Milieu du XVIIIe siècle.

35. — Boîte ronde en laque vert d'eau, à décor de fleurs en léger relief imitant le style européen (genre des vernis Martin); signée : *Teïyou*.

D. 0m,08. — XVIIIe siècle.

36. — Boîte plate en forme de porte-cartes, à bordure d'or mat et fond noir, décoré de deux poissons en laque rouge et d'une figure de Dharma.

L. 0m,15; L. 0m,08 1/2. — Pièce exécutée pour l'Europe au XVIIIe siècle.

37. — Boîte en forme de pêche, en laque d'or, décorée de deux personnages.

H. 0m,04; L. 0m,12. — Milieu du XVIIIe siècle.

38. — Boîte plate à huit lobes en laque d'or de différents tons, figurant des chrysanthèmes enchevêtrés; plateau intérieur décoré de pivoines et de chimères.

H. 0m,03; L. 0m,10. — Milieu du XVIIIe siècle.

39. — Brûle-parfums à quatre lobes bombés, en laque d'or décoré de bouquets de chrysanthèmes; couvercle à jour en argent.

H. 0m,10; D. 0m,08. — Milieu du XVIIIe siècle.

40. — Boîte plate rectangulaire en laque rouge, décorée d'un éventail en laque d'argent enveloppé de fleurs grimpantes; les côtés de la boîte en laque vert sablé d'or.

D. 0m,06. — Milieu du XVIIIe siècle.

41. — Bonbonnière plate en laque brun aventuriné d'or vert, décorée de mouches, d'insectes, de papillons et de feuilles en laque d'or de relief.

D. 0m,09 1/2. — Milieu du XVIIIe siècle.

42. — Boîte à parfums formée par un œuf, aventurinée à l'intérieur et décorée de branches de roseaux et de vagues.

H. 0m,07; L. 0m,11. — Milieu du XVIIIe siècle.

43. — Boîte plate, de forme losangée, figurant des radeaux de bois flotté, en laque d'or de différents tons, pailleté d'or et décoré sur le dessus d'une branche de cerisier fleurie.

H. 0m,01 1/2; L. 0m,12; L. 0m,08. — Milieu du XVIIIe siècle.

44. — Boîte plate en forme de coussin entouré d'une mince cordelette, en laque aventuriné d'or et décoré des deux côtés d'un paysage avec des biches.

L. 0m,10; L. 0m,06 1/3. — Milieu du XVIIIe siècle.

45. — Boîte figurant une carpe en laque d'or.

L. 0m,20; H. 0m,06 1/2. — Milieu du XVIIIe siècle.

46. — Petite boîte blanche formée avec des fragments de coquille d'œuf soudés ensemble et figurant un nœud de papier, décorée de petites grecques et d'algues en laque d'or.

H. 0m02; L. 8m,09 1/2. — Milieu du XVIIIe siècle.

47. — Coupe à saki en laque rouge, décorée à l'intérieur d'une jardinière en pâtes de couleurs.

D. 0m,09. — Milieu du XVIIIe siècle.

48. — Petite boîte plate en forme de coussin entouré d'une mince cordelette, en laque d'or décoré de reines-marguerites.

L. 0m,06; L. 0m,04 1/2. — Milieu du XVIIIe siècle.

49. — Boîte plate figurant deux éventails et un écran enlacés en laque d'or de différents tons, pailleté d'or et décoré de légers dessins.

H. 0m,03 ; L. 0m,12 1/2. — Milieu du XVIIIe siècle.

50. — Petit plateau rond en laque noir, décoré dans la bordure d'un dessin régulier et dans le fond d'un disque d'or sur fond d'argent.

D. 0m,09 1/2. — Milieu du XVIIIe siècle.

51. — Petite boîte plate à pans coupés en laque blanc, décorée de dessins réguliers en laque rouge.

H. 0m,03 ; D. 0m,06.

52. — Boîte carrée à trois compartiments, supportée par un plateau à quatre pieds et enveloppée par un couvercle formant cage ; à l'intérieur de l'un des compartiments se trouvent quatre petites boîtes juxtaposées ; le tout en laque d'or et en laque noir mosaïqué d'or.

H. 0m,17 ; L. 0m,11 ; L. 0m,12. — Pièce très riche du XVIIIe siècle.

53. — Petite boîte figurant trois boîtes rondes de différentes couleurs rentrant les unes dans les autres ; laque d'or semé d'œillets de couleur ; laque brun orné de dessins géométriques ; laque d'or vert dégradé, décoré d'une vue de rivière avec un bateau dans les roseaux.

H. 0m,03 ; L. 0m,07. — Milieu du XVIIIe siècle.

54. — Petite boîte plate à couvercle emboîtant, en laque d'or vert poudré d'or et décoré de vagues et de feuilles en laque d'or.

H. 0m,02 ; L. 9m,08 1/2. — Milieu du XVIIIe siècle.

55. — Petite boîte en forme de Biva en laque d'or de différents tons.

L. 0m,12 1/2. — Fin du XVIIIe siècle.

56. — Petite boîte à quatre lobes et couvercle bombé en laque d'or décoré de motifs de paysage.

H. 0m,03 1/2; L. 0m,05 1/2. — Fin du XVIIIe siècle.

57. — Grande boîte quadrangulaire à angles coupés et plateau intérieur, en laque d'or décoré de motifs de paysage.

H. 0m,17; L. 0m,25; L. 0m,19. — Fin du XVIIIe siècle.

58. — Boîte en forme de présentoir, à couvercle emboîtant, surmonté d'un plateau et à trois compartiments et plateau intérieurs, en laque d'or décoré d'oiseaux et de paysages en léger relief.

H. 0m11; L. 0m,12; L. 0m,08. — Fin du XVIIIe siècle.

59. — Boîte en forme d'éventail à deux compartiments et couvercle, en laque d'or décoré de paysages et d'oiseaux.

H. 0m,06 1/2; L. m,11 1/2. — Fin du XVIIIe siècle.

60. — Boîte figurant deux vases à thé rentrant l'un dans l'autre; en laque d'or et d'or vert décoré de jeunes pousses de pins.

H. 0m,03 1/2; L. 0m,09. — Fin du XVIIIe siècle.

61. — Petite boîte plate en laque brun imitant le bois naturel, décorée d'un bouquet de fleurs des champs dans un panier en laque d'or.

H. 0m,0 1/2; L. 0m,08 1/2; L. 0m.05 1/2. — Fin du XVIIIe siècle.

62. — Boîte rectangulaire à couvercle emboîtant deux compartiments et plateau intérieurs, en laque d'or décoré de figures de dames de la cour dans un paysage.

H. 0m,05 1/2; L. 0m,10. — Fin du XVIIIe siècle.

63. — Boîte plate à surfaces bombées en laque brun aven-

turiné d'or et décoré de trois médaillons en laque d'or de différents tons.

L. 0^m,20; L. 0^m,06 1/2. — Fin du XVIIIe siècle.

64. — Boîte plate octogonale en laque d'or, décorée sur le dessus d'un panier de fleurs en laque de différents tons.

H. 0^m,03; D. 0^m,09.—Commencement du XIXe siècle.

II

CÉRAMIQUE

---

65. — Deux grands vases à couvercle, décorés de deux faucons en *Imari* ancien.

H. $0^{m},85$. — XVIIe siècle.

66. — Singe accroupi tenant une pêche, en vieille porcelaine d'*Imari*.

H. $0^{m},20$. — XVIIe siècle.

COLLECTION

DE M. LE COMTE

ABRAHAM CAMONDO

BRONZES.

1. — Grand brûle-parfums en bronze, à patine noire rehaussée de touches d'or, figurant une sphère soutenue par deux chimères affrontées.

Cette admirable pièce, ainsi que le relate une inscription gravée sur la base, provient du temple de Riousen et a été fondue à *Hikoné* en 1673.

H. 0m,97; L. 46.

2. — Pagode brûle-parfums en bronze doré.

H. 0m,45. — XVIII siècle.

3. — Génie vêtu d'un riche costume de guerrier sortant des eaux de la mer et tenant dans ses mains une coupe en or. Figure de bronze à cire perdue incrustée d'or et d'argent; signée : *Sômin*.

H. 0m,82; L. 0m,54. — Milieu du XIXe siècle.

COLLECTION

DE M. LE COMTE

ISAAC CAMONDO

BRONZES.

1. — Grand brûle-parfums en bronze, à patine noire rehaussée de touches d'or, figurant une sphère soutenue par deux chimères affrontées.

Cette admirable pièce, ainsi que le relate une inscription gravée sur la base, provient du temple de Riousen et a été fondue à *Hikoné* en 1673.

H. 0m,97; L. 46.

2. — Pagode brûle-parfums en bronze doré.

H. 0m,45. — XVIII siècle.

3. — Génie vêtu d'un riche costume de guerrier sortant des eaux de la mer et tenant dans ses mains une coupe en or. Figure de bronze à cire perdue incrustée d'or et d'argent; signée : *Sômin*.

H. 0m,82; L. 0m,54. — Milieu du XIXe siècle.

COLLECTION

DE M. LE COMTE

ISAAC CAMONDO

OBJETS DIVERS.

1. — Cavalier en armure, tenant une lance, à cheval sur un tigre de Corée. Bronze à patine claire, de travail ancien et du plus beau style.

H. $0^{m},30$; L. $0^{m},25$.

2. — Petite jardinière ronde à trois pieds, en bronze clair, signé : *Seïmin.*

Diam. $0^{m},08$.

3. — Petite jardinière en fer, de forme chinoise, supportée par quatre pieds, damasquinée d'or et incrustée de dessins réguliers en burgau de la plus extraordinaire finesse. Travail très ancien.

H. $0^{m},12$; L. $0^{m},07$.

4. — Petite théière en or massif, formée par deux feuilles de nénuphars, décorées de crabes en relief.

H. $0^{m},05$ 1/2; L. $0^{m},11$. — XIXe siècle.

5. — Coulant en or massif, représentant Daïkokou, signé : *Shiômin.*

Commencement du XIXe siècle.

6. — Coulant représentant un diable en or montant après une colonne en fer, signé : *Toshimitsou.*

7. — Cinq grandes appliques en shakoudo incrusté d'or, d'argent et de bronze rouge, représentant cinq des dieux du bonheur, signées : *Sôrin.*

XVIIIe siècle.

8. — Applique en or, représentant Hoteï tiré par des enfants.

9. — Trois sabres à montures de métal ciselé.

10. — Deux boutons en bronze clair incrusté d'or, représentant des Lakans, signés : *Temmin.*

11. — Grande poche à tabac, en cuir, dont la garniture de suspension est formée par un guerrier articulé tenant une cloche ; curieux travail de fer et de bronze, incrusté d'ivoire vert et blanc et damasquiné d'or.

XVIIe siècle.

12. — Cabinet à trois tiroirs intérieurs, en laque noir aventuriné et mosaïqué d'or, décoré sur ses cinq faces extérieures de motifs de paysage, de fleurs et d'oiseaux en laque d'or, laque d'argent et laque rouge. Garniture en émail cloisonné.

H. 0m,22; L. 0m,22 ; L. 0m,14. — Fin du XVIe siècle.

13. — Boîte carrée en laque noir, à trois compartiments, décorée de fleurs en laque d'or.

14. — Boîte ronde à poudre de thé en laque noir pavé d'or.

H. 0m,08; Diam. 0m,05. — Fin du XVe siècle.

15. — Boîte en laque d'or en forme de biva.

L. 0m,14.

16. — Diable tenant un pinceau à la main et monté sur un poisson ailé, dans un cerceau entouré de vagues. Bois peint et doré.

Diam. 0m,30. — Commencement du XIXe siècle.

17. — Grand netzké en ébène, en forme d'aubergine, s'ouvrant et sculptée à l'intérieur d'une figure de cavalier traversant un pont défendu par un dragon. Travail d'une finesse extraordinaire, signé : *Tankaï*, prêtre.

L. 0m,09. — Fin du XVIIIe siècle.

18. — Quatorze netzkés en bois et en ivoire.

19. — Statuette de guerrier en faïence de *Kioto.*

COLLECTION

DE M. LE COMTE

NISSIM CAMONDO

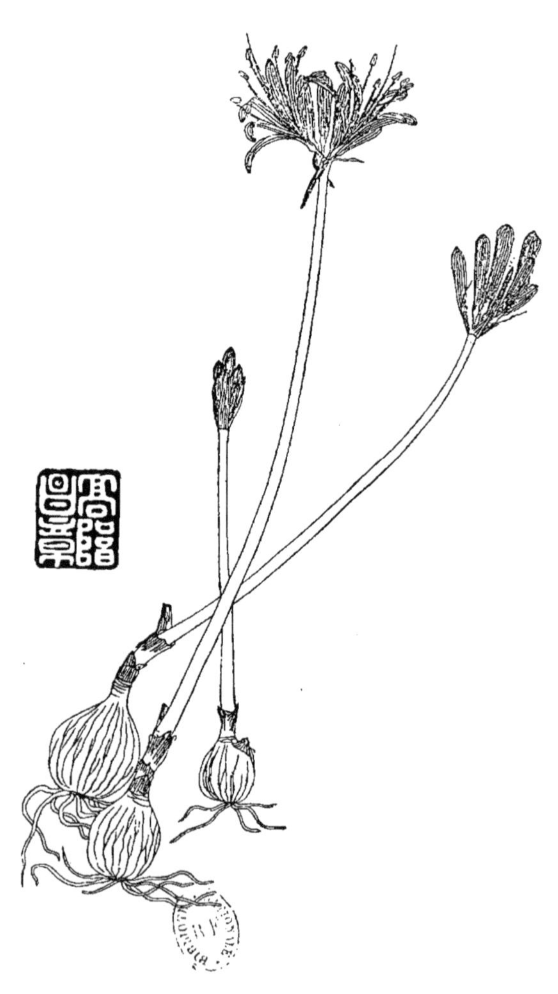

COLLECTION

DE M. LE COMTE

NISSIM CAMONDO

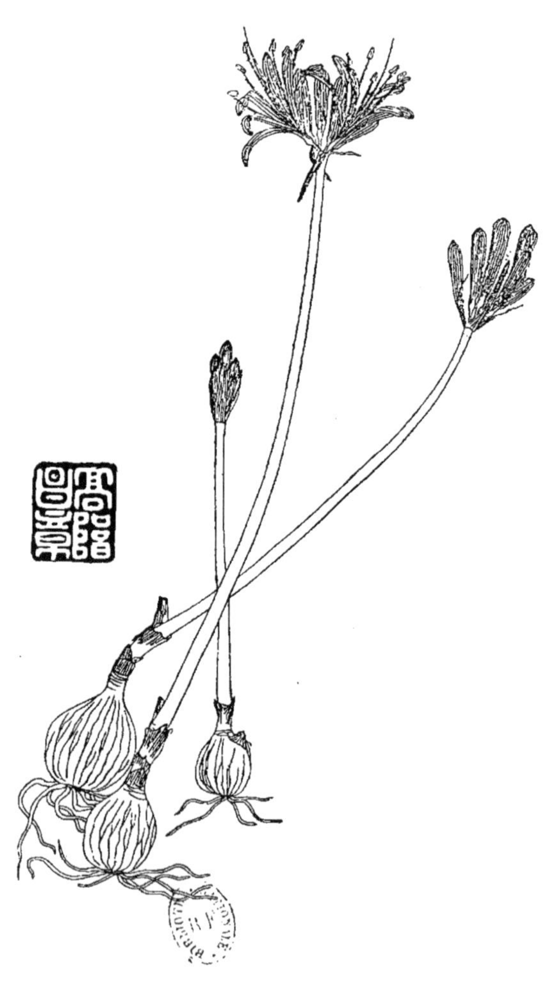

OBJETS DIVERS

1. — Vase de bronze en forme de gourde à deux anses; patine brune.

H. $0^m,34$; Diam. $0^m,19$. — XVIIe siècle.

2. — Vase en bronze vert à quatre pans, décoré de feuilles de chêne.

H. $0^m,29$; Diam. $0^m,29$. — XVIIe siècle.

3. — Deux vases carrés à col évasé en bronze noir, rehaussé d'or.

H. $0^m,33$; Diam. $0^m,33$.

4. — Nef en bronze portant les dieux du bonheur.

H. $0^m,26$; L. $0^m,28$. — XVIIe siècle.

5. — Tortue de longévité, brûle-parfums en bronze.

L. $0^m,19$.

6. — Grand brûle-parfums représentant Djiou-Rodjin monté sur sa biche. Bronze noir incrusté d'argent aux armoiries de Tokougava.

H. $1^m,90$; L. $1^m,10$. — XVIIIe siècle.

7. — Deux grandes torchères en bronze, en forme de grues tenant dans leur bec des feuilles de lotus.

H. $2^m,40$.

8. — Deux petits flambeaux de temple, en bronze.

H. $0^m,34$.

9. — Brûle-parfums en bronze, en forme de panier tressé.

H. 0m,13 ; Diam. 0m,13.

10. — Jardinière en bronze, en forme de panier suppporté par trois pommes de pin.

H. 0m,13 ; Diam. 0m,14.

11. — Deux grandes jardinières en bronze.

L. 0m,80 ; L. 0m,48.

12. — Deux petits flambeaux de temple en bronze figurant des dragons sortant des vagues de la mer.

H. 0m,21. — XIXe siècle.

COLLECTION

DE

M. DEUDON

OBJETS DIVERS

1. — Benten sur le dragon, au milieu des vagues de la mer; statuette en *Satsouma*, décorée à Tokio.

H. 0m,35. — Commencement du XIXe siècle.

2. — Jardinière en *Imari* ancien aux armoiries impériales de Kiri et de chrysanthème.

H. 0m,10; L. 0m,20. — XVIIe siècle.

3. — Bronze. Sennin sur le dos d'un poisson, posé sur un support à quatre pieds.

H. 0m,40; L. 0m,30. — XIXe siècle.

4. — Plateau carré en porcelaine d'*Imari* décoré d'une bordure polychrome à médaillons et de dessins réguliers.

D. 0m,20. — Commencement du XVIIIe siècle.

5. — Coupe en *Imari* bleu et rouge.

D. 0m,14. — Fin du XVIIIe siècle.

6. — Plateau oblong en *Imari* bleu décoré de chrysanthèmes et de dessins réguliers.

L. 0m,21; L. 0m,10. — Fin du XVIIIe siècle.

7. — Petit plat creux en *Imari* ancien décoré d'une bordure de fleurs rouges et bleues.

D. 0m,22. — XVIIIe siècle.

COLLECTION

DE

M. THÉODORE DURET

I

IMPRESSIONS

ŒUVRES DIVERSES GRAVÉES D'HOKOUSAI.

1. — Recueil d'épreuves en couleur de la première manière.

3. — Prospectus-affiche d'une montre d'animaux.

2. — Recueil d'épreuves de sa dernière manière.

4. — Planches en couleur de la dernière manière et de la dernière signature du maître.

5. — *Yehon Adsouma Asobi*, 3 vol., Vues des environs de Yedo.

6. — *Yama Matayama*, 3 vol., Promenades dans les environs de Yédo.

7. — *Adsouma Meïsho*, 3 vol., Promenades sur les bords de la rivière de Soumida.

8. — *Gouashiki*. Première édition en un vol., 1819.

9. — Vues et paysages, en deux tons noir et vert.

10. — *Saïyouki*. Voyage fantastique en Occident. Imitation japonaise d'un roman chinois en 40 volumes.

11. — *Shakia Ishida*. Biographie du bouddha Shakia Mouni, en 5 volumes.

12. — *Biographie de Nitshiren,* fondateur d'une secte bouddhique, en 6 volumes.

13. — *Les Stations du Tokaïdo entre Yédo et Kioto.*

14. — *Santaï Gouafou.*

15. — *Yehon Souikoden,* Histoire des héros chinois.

16. — *Yehon Sakigaké*, 1 vol.

17. — *Vakan Homaré,* 1 vol.

18. — *Yehon Mousashi Aboumi*, 1 vol.

19. — *Gouashiki*. Édition définitive en 3 volumes, tirage en couleurs.

20. — Petite encyclopédie.

21. — Volumes de la *Mangoua*, en premier tirage.

22. — Petite *Mangoua* en couleurs, l'un des derniers volumes publiés d'Hokousai.

23. — *Shin Hinagata*. Construction des charpentes et ornement des maisons, en 2 volumes.

24. — *Jojïo Hitogotogousa*. Dessins sur des sujets variés.

25. — Petit cours de dessin, 2 vol.

26. — Poses et mouvements d'acteurs, 1 vol.

27. — Petits croquis.

27 *bis*. — Série de cinq planches de fleurs, en couleurs, de grand format.

28. — *Fougakou Hyakoukei*. Les cent vues du Fousiyama, 3 vol., tirage en noir et rose.

GRANDES IMPRESSIONS EN COULEUR

(FIGURES D'ACTEURS, SCÈNES DE THÉATRE, OCCUPATIONS DES FEMMES, PAYSAGES).

29. — Katsoukava Shiounshio et son école.
Fin du XVIIIe siècle.

30. — Toyokouni l'Ancien.
Fin du XVIIIe et commencement du XIXe siècle.

31. — Toyokouni l'Ancien.
Fin du XVIIIe et commencement du XIXe siècle.

32. — Kounisada.

33. — Kounisada.

34. — Yesan.

35. —
36. — } Ecole d'Hokousaï.
37. —

38. — Kouniyoshi.

39. — Kouniyoshi.

40. — Hiroshighé.

41. — Toyokouni le Jeune.

42. — Hiroshighé, Toyokouni et Kouniyoshi.

DIVERS VOLUMES ILLUSTRÉS

FINES IMPRESSIONS EN COULEURS FAITES POUR DES AMATEURS OU DES SOCIÉTÉS D'ARTISTES.

43. — Kounisada.

44. — École d'Hokousaï.

45. — Hokkeï.

46. — Takékiyo.

47. — Tirage d'épreuves de divers artistes.

48. — Livre de silhouettes, par *Koua Setsou.*

49. — Petits sujets, par divers artistes.

50. — Liserons.

51. — *Kôrin Gouafou,* choix de compositions de Kôrin gravées en couleurs.

51 *bis.* — Album de dessins comiques. Recueil de compositions de *Itshio,*, le maître du XVIIe siècle, gravées en couleurs.

II

PEINTURES

---

52. — Dharma, kakémono. Signé : *Kôrin*.

Commencement du XVIIIe siècle.

53. — Makimono, décoré de sujets en broderies. Signé : *Mansaï*.

XIXe siècle.

54. — Makimono, décoré de scènes de l'école vulgaire, par *Miagava Tshioshioun*.

Commencement du XVIIIe siècle.

ALBUMS ET LIVRES DE PEINTURES.

55. — *Heïké Monogatari*. Roman illustré de miniatures.

56. — *Pse monogatari*. Roman illustré de miniatures.

57. — Albums d'aquarelles de *Kikoutshi Yosaï*, formant une partie de la suite des *Héros célèbres*.

58. — Cahier de dessins et d'études d'Hokkeï, élève d'Hokousaï.

59. — Autre cahier d'Hokkeï.

60. — Études et croquis pour gardes de sabre.

61. — Divers albums comprenant des suites de poésies illustrées et enluminées.

62. — Recueil de quinze grandes compositions de scènes historiques; signé : *Kohin*, de Kioto.

63. — Recueil de dessins de différents maîtres parmi lesquels se trouvent cinq aquarelles de Kôrin.

64. — Deux albums de figures comiques.

xixe siècle.

65. — Esquisses diverses à l'aquarelle, par *Kiôkô* de Kioto.

Commencement du xixe siècle.

66. — Esquisses diverses à l'aquarelle, par *Kikouando* de Kioto.

Commencement du xixe siècle.

67. — Album de poètes célèbres, par *Rioga Soumiyoshi.*

xviie siècle.

68. — Recueil d'esquisses en noir, par *Tessan*, élève d'Okio.

Commencement du xixe siècle.

69. — Album de paysages à l'aquarelle par *Lanshiu*, de Yédo.

xixe siècle.

70. — Recueil de peintures de l'école de Kioto du commencement du xixe siècle.

Commencement du xixe siècle.

71. — Recueil d'esquisses à l'aquarelle de l'école de Kioto.

Fin du XVIIIe siècle.

72. — Recueil d'esquisses à l'aquarelle de l'école de Kioto.

XIXe siècle.

73. — Recueil d'esquisses à l'aquarelle de maîtres du XVIIIe siècle.

74. — Histoire du géant Hoïyoma, miniature de l'école de Tosa.

Commencement du XVe siècle.

75. — Higouré Monogatari, roman en trois volumes illustré de miniatures à fond d'or.

Ecole de Tosa, XVIIe siècle.

76. — Album d'insectes, poissons et reptiles, par *Kouroukava.*

XVIIIe siècle.

77. — Album de peintures de l'école de Kioto.

78. — Petits modèles de Kakémonos.

79. — Album de grandes figures en applications d'étoffes.

80. — Plusieurs albums d'échantillons d'étoffes brodées et peintes de Kioto.

吉

COLLECTION

DE

M. CHARLES EPHRUSSI

I

LAQUES

1. — Petite boîte à trois compartiments en laque d'or vert mosaïqué, à couvercle bombé décoré de coquilles en relief.

H. 0^m,06 1/2; L. 0^m,04 1/2; L. 0^m,05. — Commencement du XVIe siècle.

2. — Petite boîte à quatre lobes, à trois compartiments en laque aventuriné d'or, décorée de dessins réguliers et sur le dessus d'une jardinière.

H. 0^m,06 1/2; L. 0^m,04; L. 0^m,04 1/2. — XVIIe siècle.

3. — Boîte à parfums en losange, à quatre pans décorés chacun d'un panneau saillant où se voit un paysage et entourés d'un bord de laque noir à dessins réguliers. Intérieur doublé d'argent.

L. 0^m,06 1/2; L. 0^m,05 1/2; H. 0^m,06 1/2. — XVIIe siècle.

4. — Petite boîte à parfums en laque d'or bruni de forme de cygne voguant; les plumes en relief sont serties d'un trait noir.

L. 0^m,06; H. 0^m,03 1/2. — XVIIe siècle.

5. — Boîte rectangulaire en laque de mosaïque noir et or, avec des branches de pommiers dont les fleurs sont en relief d'or et d'argent.

L. 0m,03 ; L. 0m,05. — Commencement du XVIIe siècle.

6. — Boîte carrée en laque d'or uni et mat, avec un paon en léger relief étalant sa roue aux yeux chatoyants.

D. 0m,06. — XVIIe siècle.

7. — Boîte rectangulaire en laque noir, mosaïqué d'or, décoré d'un saule pleureur en laque d'or autour duquel voltigent deux oiseaux.

L. 0m,04; L. 0m,05; H. 0m,02. — Fin du XVIIe siècle.

8. — Boîte quadrangulaire en laque d'or, à côtés concaves, avec couvercle découpé et emboîtant; trois compartiments intérieurs, décorés d'oiseaux de Fô et de branches de cerisier.

H. 0m,06; L. 0m,06 1/2. — Commencement du XVIIIe siècle.

9. — Boîte rectangulaire en laque d'or vert aventuriné sur quatre petits pieds, décorée d'un buisson de chrysanthèmes en métal et en laque de couleurs variées. Intérieur aventuriné, à deux compartiments, garni d'un plateau et de deux boîtes décorées de feuilles et semées en léger relief.

L. 0m,04; L. 0m,05; H. 0m,02 1/2. — Commencement du XVIIIe siècle.

10. — Boîte ovale à quatre lobes, en laque d'or uni, décorée de trois grues dans un paysage.

L. 0m,09; L. 0m,07. — Commencement du XVIIIe siècle.

11. — Boîte ronde hexagonale à fond noir mosaïqué d'or, avec médaillon central d'or bruni serti d'un cercle d'or où s'enroule un dragon d'or en relief avec appendices vermillons. Intérieur du couvercle décoré de deux casques d'or en relief et d'une

branche de prunier en fleurs de laque rouge. Petit plateau orné d'une guirlande de chrysanthèmes et de feuillages d'argent et d'or en relief.

L. 0^m,09 1/2; L. 0^m,08 1/2; H. 0^m,03 1/2. — Commencement du XVIIIe siècle.

12. — Boîte rectangulaire en laque d'or, portée par quatre petits pieds et décorée d'une figure de poète accroupi et tenant un pinceau à la main. Pourtour décoré d'un paysage d'or de différents tons sur fond brun foncé.

L. 0^m,07; L. 0^m,08 1/2; H. 0^m,03. — Commencement du XVIIIe siècle.

13. — Boîte plate figurant un éventail décoré d'un paysage d'or de différents tons, avec fleurs de cerisier en laque rouge.

L. 0^m,09; L. 0^m,06. — Commencement du XVIIIe siècle.

14. — Petit plateau carré en laque d'or bruni, orné d'un paysage de rivière en laque d'or avec deux oies sur le bord regardant un vol d'autres oies. Pourtour en laque d'or mosaïqué.

L. 0^m,07; L. 0^m,07 1/2. — XVIIIe siècle.

15. — Boîte cintrée et plate en laque d'or bruni, décorée de fleurs de pivoines en relief, d'un rocher et de deux chimères.

L. 0^m,08; L. 0^m,03; H. 0^m,02. — XVIIIe siècle.

16. — Inrô en laque d'or décoré de paysages très fins en léger relief, avec vues de rivières. D'un côté la récolte, de l'autre l'exploitation du riz. Signé : *Kadjikava.*

XVIIIe siècle.

17. — Boîte ovale en forme de rognon, en laque d'or, décorée de grandes gerbes en relief devant un prunier en fleurs sur lequel est posé un oiseau chantant.

L. 0^m,06; L. 0^m,03. — XVIIIe siècle.

18. Boîte en laque d'or en forme de deux papillons les ailes déployées, supportée par quatre petits pieds. Pourtour en laque d'or vert bruni. Plateau intérieur orné d'un cheval harnaché broutant.

Diam. 0^m,08. — XVIIIe siècle.

19. — Boîte en laque d'or en forme de chouette accroupie.

H. 0^m,07. — XVIIIe siècle.

20. — Boîte ronde et bombée en laque d'or mat uni, décorée d'un vase à long col, en relief, rempli de fleurs de cerisier en laques de différents tons.

Diam. 0^m,06 1/2. — XVIIIe siècle.

21.— Boîte plate cintrée, en laque brun, décorée sur le couvercle d'un paysage en laque d'or représentant une rivière que traverse un pont de bambous.

L. 0^m,08 1/2; L. 0^m,04 1/2. — Milieu du XVIIIe siècle.

22. — Boîte carrée et plate à coins coupés, ornée d'un paysage en laque d'or, sur fond d'or glacé.

L. 0^m,09 1/2; L. 0^m,08 1/2; H. 0^m,03 1/2. — XVIIIe siècle.

23. — Boîte carrée à fond d'or vert aventuriné, à base échancrée et ornée d'un paysage en relief d'or de tons différents sur fond glacé et sablé d'or, représentant des montagnes, une rivière où manœuvrent des bateliers, et, sur les rives, des maisons dans des bouquets d'arbres; à l'intérieur, quatre petites boîtes; sur le fond du couvercle, deux grues dans des roseaux.

L. 0^m,09 1/2; L. 0^m,15; H. 0^m,03. — XVIIIe siècle.

24. — Boîte rectangulaire à fond noir sablé d'or, décorée de chaînes de montagnes couvertes de cerisiers en fleur en laque d'or. Plateau intérieur orné d'un paysage analogue à

celui du couvercle; au-dessous, quatre boîtes en laque d'or, décorées de fleurs de cerisier.

L. 0^m,07 1/2; L. 0^m,09 1/2; H. 0^m,03 1/2. — XVIIIe siècle.

25. — Boîte en forme de hotte, à trois compartiments, décorée de feuilles de vigne et de momidji en laque d'or frotté.

H. 0^m,06 1/2. — Milieu du XVIIIe siècle.

26. — Boîte à poudre de thé de forme quadrangulaire, à angles arrondis, en laque d'or, décorée de branches de cerisiers en fleur, de pins et de rochers.

L. 0^m,06; H. 0^m,07. — XVIIIe siècle.

27. — Boîte rectangulaire et plate décorée d'un paysage d'or en relief de tons variés et d'une cascade sur fond brun.

L. 0^m,05; L. 0^m,07. — XVIIIe siècle.

28. — Boîte en forme du Fouziyama en laque bruni et frotté, ornée d'un paysage boisé sur un ciel nuageux. A l'intérieur du couvercle, paysage avec maisonnette et rizière.

L. 0^m,11; L. 0^m,06. — Fin du XVIIIe siècle.

29. — Boîte plate contournée en forme de robe pliée, en laque d'or, décorée de glycines avec laque rouge simulant la doublure de la robe.

H. 0^m,02; L. 0^m,08 1/2; L. 0^m,06 1/2. — Fin du XVIIIe siècle.

30. — Boîte hexagonale à couvercle emboîtant et à deux compartiments et plateau intérieur en laque aventuriné, décorée de médaillons de paysages sur les côtés et sur le dessus de pivoines en laque d'or.

H. 0^m,07; Diam. 0^m,11 1/2. — Fin du XVIIIe siècle.

31. — Boîte ronde en laque d'or uni en forme de kaki. Plateau intérieur décoré d'un éventail et de trois chiens.

Diam. $0^m,06\ 1/2$; H. $0^m,06$. — Fin du XVIIIe siècle.

32. — Boîte ronde bombée, à fond d'or uni, décorée de deux fagots et de fleurs de cerisier en or et en argent.

Diam. $0^m,08$; H. $0^m,03\ 1/2$. — Fin du XVIIIe siècle.

33. — Boîte en forme d'aubergine en laque brun légèrement sablé d'or.

Diam. $0^m,05$; H. $0^m,08$. — Commencement du XIXe siècle.

II. — GRÈS DE BIZEN

34. — Petite boîte à poudre de thé, de forme hexagonale bombée, décorée de fleurs de pivoine en relief. Grès de Bizen de la plus ancienne époque.

H. $0^m,08$; Diam. $0^m,08$. — Fin du XVIe siècle.

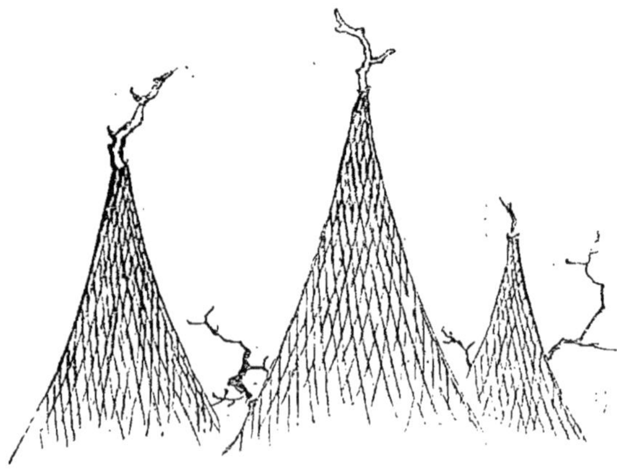

COLLECTION

DE

M. LOUIS GONSE

I

PEINTURE

I. — KAKÉMONOS.

1. — Daïmio monté sur un cheval blanc, par *Tosa Miitsou-nobou.*

Fin du XIVe siècle.

2. — Grues à la gouache et bambous. Signé : *Ogouri Sôjô.*

Commencement du XVe siècle.

3. — La déesse Kouanon, à l'encre de Chine. Signé : *Tshiouan.*

XVe siècle.

4. — Lakan. Signé : *Sesshiu.*

XVe siècle.

5. — Idem, pendant du précédent. Signé : *Sesshiu.*

XVe siècle.

6. — Grue au repos sur un rocher. Signé : *Sesshiu.*

XVe siècle.

7. — Branche de prunier fleuri, à l'encre de Chine. Signé : *Jasokou.*

Milieu du XVe siècle.

8. — Crabe et navet à l'encre de Chine, nature morte signée : *Sôami*.

Fin du XVe siècle.

9. — Vol d'oies, à l'encre de Chine. Signé : *Sanlakou*.

Fin du XVe siècle.

10. — La déesse Monjiu. Signé : *Shiotokou*.

École de Sesshiu, XVe siècle.

11. — Corbeaux perchés sur un pin, à l'encre de Chine. Signé : *Shioungetsou*.

XVe siècle.

12. — Faucon posé sur un tronc d'arbre. Signé : *Soga Tshokouvan*.

Fin du XVIe siècle.

13. — Paysan monté sur un âne et bambous sous la neige. Signé : *Tanyu*.

Milieu du XVIIe siècle.

14. — Oie endormie, esquissée à l'encre de Chine. Signé : *Tanyu*.

Milieu du XVIIe siècle.

15. — Coq à l'encre de Chine. Signé : *Kano Naonobou*.

Milieu du XVIIe siècle.

16. — Primevères et fleurs de printemps. Signé : *Sôtatsou*.

Milieu du XVIIe siècle.

17. — Poète travaillant devant sa fenêtre, sous les bambous couverts de neige. Signé : *Sansetsou*.

Fin du XVIIe siècle.

18. — Saltimbanques dans un bateau. Signé : *Itshio*.

Fin du XVIIe siècle.

19. — Aigle blanc dévorant une grue blanche dans un paysage de neige, par *Tsounénobou*.

Fin du XVIIe siècle.

20. — Faucon laissant tomber sa proie, un pigeon, dans l'eau glacée, par *Tsounénobou*.

Fin du XVIIe siècle.

21. — Le philosophe Jittokou, figure plus grande que nature, à mi-corps, à l'encre de Chine. Signé : *Shiôhakou*.

Fin du XVIIe siècle.

22. — Le dieu de la longévité, Foukourokou, id., id.

Fin du XVIIe siècle.

23. — Le philosophe Kanzan, id., id.

Fin du XVIIe siècle.

24. — Dame de Yédo. Signé : *Miagava Tshioshioun*.

Fin du XVIIe siècle.

25. — La poétesse Komati, jeune. Signé : *Mitsouoki*.

Fin du XVIIe siècle.

26. — Pied de momidji aux feuilles rouges. Signé : *Kôrin*.

Commencement du XVIIIe siècle.

27. — Cerf, imité d'un bronze. Signé : *Kôrin*.

Commencement du XVIIIe siècle.

28. — Tronc de saule. Signé : *Kôrin*.

Commencement du XVIIIe siècle.

29. — Daim broutant. Signé : *Sosen*.

Commencement du XVIIIe siècle.

30. — Singe, à l'encre de Chine. Signé : *Sosen*.

Commencement du XVIIIe siècle.

31. — Jeune fille japonaise en robe de cérémonie. Signé : *Ishikawa Motonobou.*

Commencement du XVIIIe siècle.

32. — Daim. Signé : *Tetsousan.*

Fin du XVIIIe siècle.

33. — Cerf couché, vu de dos. Signé : *Tetsousan.*

Fin du XVIIIe siècle.

34. — Singe tenant une guêpe, pendant du précédent. Signé : *Tetsousan.*

35. — Corbeau et jeunes pousses de pin. Signé : *Tetsousan.*

Fin du XVIIIe siècle.

36. — Papillons volant au-dessus des fleurs.

École de Tosa, XVIIIe siècle.

37. — Petits ours dans la neige. Signé : *Zaïtiou.*

Fin du XVIIIe siècle.

38. — Mésange sur un brin d'herbe s'apprêtant à dévorer une cigale. Signé : *Okio.*

Milieu du XVIIIe siècle.

39. — Chiens esquissés à l'encre de Chine. Signé : *Okio.*

Milieu du XVIIIe siècle.

40. — Aïnos. Signé : *Okio.*

Fin du XVIIIe siècle.

41. — Carpe dans l'eau. Signé : *Gouakoureï.*

Fin du XVIIIe siècle.

42. — Papillon et pivoine brodés sur fond de soie.

Fin du XVIIIe siècle.

43. — Cailles dans les graminées. Signé : *Mitsouyoshi.*
xviiie siècle.

44. — Tourterelles perchées sur une branche de pin. Signé : *Lenzan.*
Kioto, fin du xviiie siècle.

45. — Coq et poule. Signé : *Lenzan.*
Kioto, fin du xviiie siècle.

46. — Bouvreuils sur un églantier. Signé : *Lenzan.*
Kioto, fin du xviiie siècle.

47. — Vol d'oies vu par reflet dans l'eau, au clair de la lune. Signé : *Kano Yousen.*
Fin du xviiie siècle.

48. — Bambous sous la neige. Signé : *Seïsen.*
Fin du xviiie siècle.

49. — Chaumière dans les montagnes sous la neige. Signé : *Itspo.*
Fin du xviiie siècle.

50. — Grues perchées sur un pin. Signé : *Itspo.*
Fin du xviiie siècle.

51. — Tigre. Signé : *Gankou.*
Fin du xviiie siècle.

52. — Gélinottes dans la montagne. Signé : *Mourakou.*
Fin du xviiie siècle.

53. — Moineaux et pivoines sous la neige. Signé : *Kaïsen.*
Kioto, fin du xviiie siècle.

54. — Jeune femme montée sur un bœuf au bord de la mer. Signé : *Toyokouni Ier.*
Fin du xviiie siècle.

55. — Groupe de jeunes filles en robes blanches et rouges au milieu des fleurs. Signé : *Oseï.*

Fin du XVIIIe siècle.

56. — Daims, par *Nankokou.*

Kioto, fin du XVIIIe siècle.

57. — Femme battant du linge au bord d'une rivière. Signé : *Hokousaï.* Un des très rares kakémonos peints par le célèbre artiste.

Commencement du XIXe siècle.

58. — Femme du Yoshivara regardant une araignée dévidant son fil. Signé : *Teïsaï.*

Commencement du XIXe siècle.

59. — Jeunes femmes faisant du bois dans la montagne. Signé : *Hokouba.*

Commencement du XIXe siècle.

60. — Moineaux volant vers une branche de pin couverte de neige. Signé : *Keïboun.*

Commencement du XIXe siècle.

61. — Grue posée sur un pin. Signé : *Kouado.*

Commencement du XIXe siècle.

62. — Poule d'eau et roseaux. Signé : *Seïki.*

Commencement du XIXe siècle.

63. — Descente des sennins sur la terre. Signé : *Yosaï.*

XIXe siècle.

64. — Grande figure de la déesse Kouanon. Signé : *Mokouga.*

XIXe siècle.

65. — Groupe d'un homme et d'une femme accroupis, regardant un makimono. Signé : *Toyokouni II.*

XIXe siècle.

66. — Daïmio jouant de la flûte devant la maison de sa belle. Signé : *Zeïshin.*

xixe siècle.

II. — PARAVENTS.

67. — Deux grands paravents à six feuilles de l'école de Kioto, décorés de voitures de fleurs peintes en léger relief sur fond d'or. Signés : *Morioki*, de Tosa.

Commencement du xviiie siècle.

68. — Paravent à deux feuilles encadrées d'or. Trois grues au repos sur papier, à l'encre de Chine, légèrement relevée de rouge dans les têtes. Signé : *Okio*. Chef-d'œuvre de l'artiste le plus célèbre du xviiie siècle.

xviiie siècle.

69. — Deux grands paravents à six feuilles décorés de chrysanthèmes blanches géantes, en relief sur fond d'or ; œuvres importantes de *Hôhitzou.*

Fin du xviiie siècle.

70. — Paravent à deux feuilles, en couleurs, sur papier. représentant en tiers de nature les 36 poètes célèbres du Japon. Signé : *Kano Sosen.*

Fin du xviiie siècle.

III. — ÉVENTAILS.

71. — Éventail décoré de chrysanthèmes en relief. Signé : *Kôrin.*

Commencement du xviiie siècle.

72. — Écran de main à l'usage de la cour impériale. Signé : *Seïsen.*

Fin du XVIIIe siècle.

73. — Éventail sur papier décoré d'une figure de femme. Signé : *Hokouga.*

XIXe siècle.

IV. — MAKIMONOS (Rouleaux).

74. — Makimono représentant des danseuses de la cour impériale. Signé : *Yoshimaron.*

École de Tosa fin du XVIe siècle.

75. — Makimono représentant en douze scènes, à l'aquarelles, les occupations des douze mois de l'année. OEuvre d'*Hokousaï* de la plus exquise délicatesse antérieure à la *Mangoua* (circà 1800).

76. — Makimono renfermant quarante-six aquarelles d'*Hokousaï* (1810-1846) provenant de sa succession et ayant appartenu à sa fille. Ensemble unique en Europe et d'une valeur inestimable.

77. — Makimono représentant les jeux comiques, en vingt-deux sujets, attribué à *Keisaï.*

Commencement du XIXe siècle.

78. — Makimono de paysages et d'oiseaux. Signé : *Tôsan, élève d'Okio.*

Commencement du XIXe siècle.

79. — Makimono représentant, en cinq scènes, des fêtes à

Yédo, par *Hiroshighé;* deux des compositions représentent des fêtes de nuit.

Premier quart du XIXe siècle.

80. — Makimono représentant les mésaventures d'un artiste, par *Kounisada.*

V. — ÉTUDES DÉTACHÉES, FRAGMENTS D'ALBUMS.

81. — Tigre. Signé : *Sosen.*

XVIIIe siècle.

82. — Renard habillé en pélerin, esquisse à l'encre de Chine. Signé : *Tshikoudo.*

Commencement du XVIIIe siècle.

83. — Paysage d'hiver. Signé : *Sosen.*

Fin du XVIIIe siècle.

84. — Vue du Fousiyama au lever du soleil, étude à l'aquarelle. Signée : *Sessaï.*

Fin du XVIIIe siècle.

85. — Tête de supplicié. Signée : *Hokousai Taméïki.*

Fin du XVIIIe siècle.

86. — Mésange effrayée par la chute des feuilles rouges du Momidji, à l'automne. Signé : *Hôhitzou.*

Commencement du XIXe siècle.

87. — Six aquarelles, insectes et paysages, par *Shiôeïki* (école de Yédo).

Commencement du XIXe siècle.

88. — Études diverses en feuilles détachées.

VI. — RECUEILS DE PEINTURES ET ALBUMS PEINTS.

89. — Recueil de légendes bouddhiques; miniatures exécutées au commencement du XVIe siècle sous l'influence chinoise, par *Bounkô*.

90. — Recueil des douze signes du zodiaque, accompagnés de pièces de poésie, par *Shiokouado*.

Œuvre très rare d'un des artistes les plus célèbres de la fin du XVIe siècle.

91. — Six peintures gouachées, en relief sur fond d'or, par *Ritsouô*; personnages et fleurs.

Fin du XVIIe siècle.

92. — Recueil, en 1 volume, de diverses peintures de maîtres du XVIIe et du XVIIIe siècles.

93. — Voyage illustré du Tokaïdo, manuscrit en 7 volumes peint par *Tanénobou*, de Yédo, écrit par *Masakatsou* et terminé en 1795. Ce recueil, infiniment précieux pour l'étude des mœurs et des costumes japonais à la fin du XVIIIe siècle, ne comprend pas moins de 200 miniatures en couleurs.

94. — Recueil, en 2 volumes, d'anciennes copies d'après les maîtres célèbres de l'école de Kano, des XVe, XVIe et XVIIe siècles.

95. — Recueil, en 2 gros volumes, de 324 peintures (croquis et esquisses à l'aquarelle des artistes les plus célèbres de la fin du XVIIIe siècle et du commencement du XIXe). Ce recueil, si intéressant pour l'époque la plus raffinée de la peinture japonaise, a été formé, en l'année 1804, par un amateur de Yédo

qui a fait accompagner chaque peinture d'une petite pièce de poésie. Parmi les maîtres représentés, il faut citer *Hokousaï, Kôrin, Hohïtzou, Toyokouni Ier, Tanshin, Kyoden,* le célèbre poète, *Temmin,* le grand ciseleur, *Itspo, Hokoumeï, Ountan, Oiyen, Yoshin,* etc., etc.

96. — Recueil de onze peintures de maîtres célèbres de l'école de Kioto, à la fin du XVIIIe siècle.

97. — Recueil, en 2 volumes, d'études de personnages à l'encre de Chine.

98. — Recueil, en 1 volume, de 53 peintures en esquisse accompagnées de poésies, par différents maîtres connus de l'école de Kioto.

XVIIIe siècle.

99. — Douze grandes compositions traitées en miniatures, sur soie, représentant des scènes de théâtres et de maisons de thé, par *Toyoharou*. Série d'un intérêt unique pour l'histoire des mœurs et du costume à la fin du XVIIIe siècle.

Fin du XVIIIe siècle.

100. — Recueil, en 1 volume, d'études diverses de l'école vulgaire.

101. — Album d'études d'oiseaux en esquisses rapides à l'aquarelle, par *Kouakousen*.

Commencement du XIXe siècle.

102. — Recueil d'études, en esquisse de différents maîtres de l'école de Kioto.

Commencement du XIXe siècle.

103. — Recueil de croquis pour la gravure, par *Kouniyoshi*.

104. — Recueil de larges esquisses de l'école de Yédo.

105. — Recueil, en 2 volumes, de 40 peintures de *Yosaï*, pour l'ouvrage des *Héros célèbres*.

105 *bis*. — Album de croquis par un élève d'Hokousaï.

106. — Recueil, en 3 volumes, de peintures représentant des paysages et des scènes historiques ou religieuses, par *Kouasan*.

II

SCULPTURE

I. — BRONZES.

107. — Vase de temple en bronze gris à alliage d'argent représentant la naissance des trois signes du zodiaque, le bœuf, le tigre et la souris, correspondant aux trois premiers mois de l'année. Bronze archaïque de la plus grande rareté et très probablement antérieur au xe siècle.

H. 0m,18 ; D. 0m,16. — viiie ou ixe siècle.

108. — Porte-bouquet à cire perdue en forme de vieille nasse trouée, d'où sort un crabe couvert d'une patine de laque rouge passée au feu.

Commencement du xviie siècle.

109. — Brûle-parfums en forme de coq.

H. 0m,27. — xviie siècle.

109 *bis*. — Cylindre porte-bouquet décoré de bandes de dessins réguliers.

H. 0m,25 ; D. 0m,15. — xviie siècle.

110. — Vase à long col avec anses.

H. 0m,30. — xviie siècle.

111. — Vase balustre à goulot étroit garni de deux anses en forme de salamandres.

H. 0^m,26. — XVIIe siècle

112. — Cendrier en forme de pêche.

113. — Porte-pinceaux à cire perdue formé par des feuilles à jour.

H. 0^m,13.

114. — Presse-papier à cire perdue représentant un bouquet de fruits.

115. — Porte-bouquet représentant un tronc de bambou fendu et raccommodé par des attaches.

H. 0^m,25.

116. — Groupe de deux figures de guerriers sur un rocher semblant guetter un ennemi lointain.

H. 0^m,26. — XVIIe siècle.

117. — Brûle-parfums en bronze doré et incrusté figurant une maison à jour.

H, 0^m,14; L. 0^m,14. — Fin du XVIIe siècle.

118. — Grue au repos sur une feuille de lotus en bois.

H. 0^m,31. — Commencement du XVIIIe siècle.

119. — Vase applique porte-bouquet en forme de panier tressé, à anses.

H. 0^m,17; L. 0^m,11. — XVIIIe siècle.

120. — Brûle-parfums en forme d'aubergine, à patine noire. Signé : *Jiouguiokou.*

H. 0^m,25. — XVIIIe siècle.

121. — Bouteille en bronze jaune hexagonale et tournée en hélice.

H. 0^m,22.

122. — Pomme de pin à cire perdue (netzké).

xviiie siècle.

122 *bis*. — Encrier de ceinture, en bronze jaune, imitant la paille tressée.

123. — Porte-bouquet en forme de courge, à pampres et grosse mouche en relief.

H. 0m,18. — xviiie siècle.

124. — Porte-bouquet en forme de méduse portant un scarabée en relief.

L. 0m,17. — Fin du xviiie siècle.

125. — Grand vase concave à anses.

126. — Bouteille à long col.

H. 0m,30.

127. — Colimaçon en alliage de bronze et d'argent, incrusté de shakoudo.

Dim. 0m,06. — xviiie siècle.

128. — Grosse mouche. Signée : *Nakoshi*.

Dim. 0m,07. — Fin du xviiie siècle.

129. — Groupe de deux tortues à cire perdue. Signé : *Seïmin*.

L. 0m,22. — Fin du xviiie siècle.

130. — Petites tortues à cire perdue. Signées : *Seïmin*.

Dim. 0m,08. — Fin du xviiie siècle.

131. — Paire de flambeaux. Signée : *Saïfou*. Deux guerriers tout équipés.

H. 0m,25. — Commencement du xixe siècle.

132. — Vase cylindrique à cire perdue, décoré, en relief, d'un oiseau sur une branche.

H. 0^m,18. — XIXe siècle.

133. — Figure de Lakan en bronze laqué d'or à reflets rutilants.

H, 0^m,38. — XVIe siècle.

II. — BOIS SCULPTÉS.

134. — Personnage bouddhique, debout dans l'attitude de la prière, en bois sculpté et laqué avec des yeux d'émail vert.

H. 0^m,22. — XVe siècle.

135. — Bouteille à saké en forme de gourde entourée de feuillage, sculptée dans une racine de bambou ; pied en bois de fer.

H. 0^m,13. — XVIIe siècle.

136. — Personnage agenouillé braquant un pistolet en fer.

H. 0^m,09. — Fin du XVIIe siècle.

137. — Porte-bouquet en racine de histan, représentant un tronc de pin nain, incrusté d'aiguilles et de fourmis en métal. Signé : *Gamboun*, et dans la légende : *Pin de mille ans*.

H. 0^m,27. — XVIIIe siècle.

138. — Fermeture de blague, en bois clair incrusté d'ivoire et de nacre, représentant un aigle emportant un singe dans ses serres. A l'envers, perroquet sur une branche de pin. Signé : *Ikkô*.

XVIIIe siècle.

139. — Panneau long en bois naturel sculpté, décoré

d'une branche de prunier en relief et d'un oiseau perché sur un ajourement du panneau.

H. 1m,25; L. 0m,11. — Fin du XVIIIe siècle.

140. — Porte-bouquet en bois brun figurant un panier à jour après lequel grimpe une grenouille. Signé : *Minkokou.*

H. 0m,16. — Fin du XVIIIe siècle.

140 *bis.* — Appui-mains en bambou sculpté représentant un masque comique.

L. 0m,18. — Fin du XVIIIe siècle.

141. — Personnage chantant en tenant une coupe à la main. Signé : *Masayouki.*

H, 0m,12 1/2. — Commencement du XIXe siècle.

142. — Petite boîte ronde à couvercle emboitant, laquée à l'intérieur de grecques d'or ; couvercle entaillé en creux d'une figure de Sennin, par *Tessaï.*

D. 0m,07. — Commencement du XIXe siècle.

III. — MASQUES DE THÉATRE DES XVIe, XVIIe ET XVIIIe SIÈCLES.

143. — Masque de femme aux yeux baissés, exprimant la souffrance.

144. — Masque de jeune fille à l'expression souriante.

145. — Masque de vieillard avec cheveux et barbiche.

146. — Masque comique de vieillard à houpettes sur les sourcils et mâchoire mobile.

147. — Petit masque de diable ouvrant la bouche.

148. — Masque de femme au teint cuivré.

149. — Masque comique en bois brun levant les yeux au ciel.

150. — Masque de diable en bois laqué d'or.

151. — Masque de guerrier.

152. — Masque de vieille femme.

153. — Masque de diable exprimant la terreur.

154. — Masque de jeune fille noble.

IV. — NETZKÉS EN BOIS SCULPTÉ

(XVIIIe ET COMMENCEMENT DU XIXe SIÈCLE).

155. — Cinq netzkés primitifs de Nara, en bois laqué et peint.

156. — Sorcière à queue de serpent sur une cloche, en bois laqué et doré.

157. — Pélerin tenant un bâton.

158. — Chasseur à l'affût couvert d'un vêtement de paille et d'un grand chapeau, chef-d'œuvre de *Miva Ier*.

159. — Acteur faisant la danse du lion. Signé : *Miva Ier*.

160. — Dieu de la longévité portant un enfant sur sa tête; laqué et doré. Signé : *Miva Ier*.

161. — Sennin avec une grenouille sur la tête. Signé : *Miva II*.

162. — Pieuvre enlaçant un singe. Signé : *Minkô*.

162 *bis*. — Diable pleurant sur la main coupée de Hannia.

163. — Shoki en bois laqué rouge et or, à masque d'ivoire. Signé : *Norikadzou.*

164. — Acteur sous un masque de jeune fille en ivoire.

165. — Petite gourde sculptée à goulot d'argent.

166. — Champignons avec des fourmis d'or et un colimaçon en argent. Signé : *Gamboun.*

167. — Danseur du Cambodge. Signé : *Bokousaï.*

168. — Shoki accroupi portant sur son dos un sac, d'cù sort une tête de diable en malachite. Signé : *Rioukeï.*

168 *bis.* — Singe mordant un fruit de Kaki. Signé : *Tomoïtshi.*

169. — Chanteur accroupi, tenant un livre. Signé : *Riômin.*

170. — Pècheur emporté par le poisson qu'il vien de prendre.

171. — Personnage effrayé par un rat invisible.

172. — Grosse mouche endormie sur une feuille en bois noir veiné de Kaki. Signé : *Tomiharou*, 1789.

173. — Crapaud montant sur le dos d'un personnage couché. Signé : *Masanao.*

174. — Bouton en bois sculpté. Signé : *Masanao.* Lutte d'un guerrier avec le dragon.

175. — Crapaud. Signé : *Masanao.*

176. — Danseur avec un éventail, en bois de citronnier. Signé : *Masanao.*

177. — Coq sur une tuile. Signé : *Masanao.*

178. — Groupe de champignons. Signé : *Masanao.*

179. — Serpent enroulé. Signé : *Masanao.*

180. — Personnage fantastique aux longues jambes. Signé : *Masanao.*

181. — Acteur tenant un bâton. Signé : *Masatsané.*

182. — Groupe de deux tortues. Signé : *Tomoïtshi.*

183. — Conque marine de la bouche de laquelle s'échappe un Sennin microscopique.

184. — Chauve-souris, les ailes repliées. Signé : *Hôrakou.*

185. — Personnage avec un bol et une gourde.

186. — Fruit de Hodzouki, renfermant une graine en corail. Signé : *Assoumitsou.*

187. — Sorcière déshabillant Yemma le dieu de l'enfer. Signé : *Kiokoumin.*

188. — Deux petits personnages, lisant et balayant. Signé : *Tôoun.*

189. — Dieu de la longévité tenant une pêche. Signé : *Norisané.*

190. — Femme portant trois marmites renversées sur la tête. Signé : *Norisané.*

191. — Personnage accroupi se grattant le cou. Signé : *Norisané.*

192. — Personnage faisant tourner une meule. Signé : *Norisané.*

193. — Personnage déguisé en renard. Signé : *Jiouguiokou.*

194. — Manzaï, la figure cachée par un masque noir. Signé : *Jiouguiokou.*

195. — Enfant tenant un chien.

196. — Groupe de tortues. Signé : *Tomoïtshi.*

197. — Personnage raccommodant un panier. Signé : *Rioukeï.*

198. — Le Dieu de l'enfer et le sauveur des âmes, luttant sur une feuille de lotus. Signé : *Jiouguiokou.*

199. — Diable sur le dos du guerrier Shoki. Signé : *Rioukeï.*

200. — Shoki caché sous une corbeille et poursuivi par le diable. Signé : *Tomoïtshi.*

201. — Shoki emportant dans son sac trois diables à têtes de bois, d'ivoire blanc et d'ivoire vert. Signé : *Jiouguiokou.*

202. — Frelons sur un gâteau de miel. Signé : *Toyomasa.*

203. — Nichée de souris. Signé : *Tomoïtshi.*

204. — Souris. Signé : *Ikkouan.*

205. — Serpent enroulé autour d'une tortue. Signé : *Shôïtski.*

206. — Groupe de trois souris. Signé : *Ikkouan.*

207. — Enfant sciant une gourde. Signé : *Shiougetsou.*

208. — Paysan s'enivrant de saké.

209. — Chasseur caché sous un sac et poursuivi par un ours. Signé : *Ittan.*

210. — Colimaçon. Signé : *Tadatoshi.*

211. — Enfant sciant une gourde. Signé : *Shiougetsou.*

212. — Shoki poursuivant le diable au fond d'un puits. Signé : *Kiguiokou.*

213. — Crapaud sur une tuile. Signé : *Riôshiô.*

214. — Enfant jouant avec un chat. Signé : *Riômin.*

215. — Singe se grattant. Signé : *Tomotshika.*

216. — Noix sculptée.

217. — Personnage sciant une noix. Signé : *Shiougetsou.*

218. — Enfant avec une toupie. Signé : *Masayouki.*

219. — Personnage se grattant l'oreille. Signé : *Hidémasa.*

220. — Personnage accroupi, avec un masque sur l'oreille et tenant une écuelle. Signé : *Riôshiô.*

221. — Shoki éguisant son sabre. Signé : *Tadatoshi.*

222. — Personnage accroupi, à tête de diable, lisant. Signé : *Masayouki.*

223. — Pêche de longévité, contenant le dieu et la déesse de la longévité.

224. — Nègre, pêchant une branche de corail. Signé : *Kouaïguiokou.*

225. — Sculpteur de masques. Signé : *Shiômin.*

226. — Bouton en bois peint et laqué. Dharma s'ennuyant dans sa grotte. Signé : *Ritsouô.*

227. — Bouton en bois, incrusté d'ivoire blanc et vert. Personnage accroupi tenant une coupe.

228. — Bouton en bois brun à sertissure d'etain, décoré d'une fleur de camélia en argent et laque d'or. Signé : *Hôhitzou*.

229. — Bouton en bois jaune laqué, incrusté d'une fleur en argent et d'un dragon en or. Signé : *Kouansaï*.

230. — Quatre masques en bois brun.

231. — Un masque en bois laqué et doré.

232. — Trois masques en bois peint et laqué

233. — Quatre masques en ivoire.

141. — Singe accroupi, netzké en ambre rouge, représentant les cinq sens. Signé : *Kouaïguiokou*.

V. — NETZKÉS EN IVOIRE

(XVIIIe ET COMMENCEMENT DU XIXe SIÈCLE).

234. — Groupe formé par une blague et une boîte de pharmacie avec son netzké. Signé : *Hidémasa*.

235. — Lapin mangeant une nèfle.

236. — Groupe de masques. Signé : *Hidétshika*.

237. — Deux personnages lisant. Signé : *Hidémasa*.

238. — Paysan jouant de la flûte. Signé : *Tomotada*.

239. — Shoki portant le diable dans son sac. Signé : *Ohyôsaï*.

240. — Lutte de deux griffons. Signé : *Tomotshika*.

241. — Cheval s'échappant d'une gourde.

242. — Souris sur un nœud de cordes.

243. — Petite gourde ornée de branches de bambou, creusée et contenant cinq personnages à l'intérieur.

244. — Philosophe lisant, monté sur un bœuf. Signé : *Anrakousaï.*

245. — Crapaud.

246. — Deux enfants jouant ensemble.

247. — Danseur. Signé : *Norikadzou.*

248. — Un autre danseur avec un masque noir. Signé : *Lanteì.*

249. — Cornichon en ivoire verdi, avec un colimaçon.

250. — Phoque dans les flots.

251. — Homme entouré et emprisonné par une chimère. Signé : *Yasoushidé.*

252. — Guerrier tenant un encrier et un pinceau. Signé : *Masatsougou.*

253. — Sennin monté sur un poisson. Signé : *Anrakousaï.*

254. — Pièces de monnaie.

255. — Singe sortant à moitié d'une châtaigne.

256. — Aubergine, orange et châtaigne.

257. — Paysage ajouré, carré.

258. — Petite boîte ronde décorée de dragons et s'ouvrant.

259. — Grand neztké de Nara. Le guerrier Kouanghou caressant sa barbe.

260. — Sorcière à queue de serpent sur une cloche.

261. — Manzaï jouant du tambourin. Signé : *Hirotada.*

262. — Le guerrier Kouanghou. Signé : *Minkokou.*

263. — Petit personnage s'échappant d'une bouteille. Signé : *Mitsouhighé.*

264. — Deux petits personnages cachés sous un berceau de pivoines. Signé : *Kaghétoshi.*

265. — Singe portant une grenouille sur son dos. Signé : *Gouiokoushiou.*

266. — Gardien de temple assis dans une chaussure qu'il raccommode.

267. — Chien aboyant à la lune. Signe : *Okatomo.*

268. — Montreurde marionnettes. Signé : *Hidémasa.*

269. — Sanglier accroupi. Signé : *Ikkosaï.*

270. — Crapaud sur une sandale de paille. Signé : *Masakadzou.*

271. — Enfant tirant l'oreille d'Hoteï.

272. — Kappa à carapace de tortue, assis, tenant dans ses mains un cornichon en ivoire vert.

273. — Deux souhaiteurs de nouvelle année. Signé : *Hômin.*

274. — Bouton sculpté en creux. Enfant sur un bœuf. Signé : *Norisané.*

275. — Bouton sculpté en creux. Enfant jouant avec une tortue. Signé : *Sôya.*

276. — Bouton à jour. Piège à perdrix. Signé : *Masaminé.*

277. — Bouton sculpté en creux. Diables faisant bouillir dans leur marmite du saké au lieu des coupables qu'ils croyaient tenir. Signé : *Norimasa.*

278. — Le roi des enfers et le génie sauveur, allant à la pêche, accompagnés d'un diable domestique. Signé : *Riômin.*

279. — Bouton en corne. Salamandre sur une marmite. Signé d'une fleur de nénuphar.

280. — Bouton carré décoré d'un coq en incrustation de matières précieuses. Signé : *Kisouï.*

281. — Bouton avec incrustations d'or et de saphirs. Fleurs et insectes.

282. — Bouton avec incrustations de métal. Personnage faisant broyer ses couleurs par un diable. Signé : *Mounékadzou.*

VI. — GROUPES EN IVOIRE

(FIN DU XVIIIe ET XIXe SIÈCLE).

283. — Deux personnages luttant avec un grand poisson. Signé : *Tôoun.*

H. 0^m,073.

284. — Deux personnages. Le Mikado en voyage suivi de son serviteur. Signé : *Noboyouki.*

H. 0^m,063.

285. — Daïmio monté sur le cheval d'un paysan qu'il a renversé et qu'il frappe de sa baguette. Signé : *Noboyouki.*

H. 0^m,065.

286. — Jeune garçon jouant avec deux singes habillés; il tient une grosse pêche au-dessus de sa tête. Signé : *Shibayama*. Œuvre sculptée très rare de Shibayama Ier.

H. 0m,090.

287. — Shoki terrassant quatre diables. Signé : *Shiokousaï*.

H. 0m,120.

288. — Le guerrier Kôou écrivant en tenant d'une main une marmite en l'air. Signé : *Noboyouki*.

289. — Jeune femme avec deux enfants, dont l'un est dans ses bras et l'autre s'amuse avec des jouets par terre. Signé : *Guiokouhô*.

H. 0m,087.

290. — Sept personnages, dont un à tête de chien, et un à tête de singe, marchant sur les vagues de la mer (arrivée du bouddhisme au Japon). Signé : *Massahiro*.

H. 0m,040.

291. — Les sept dieux du bonheur dans leur barque. Signé : *Massahiro*.

H. 0m,065.

292. — Marchand, roulant un sac de riz.

H. 0m,053.

293. — Deux philosophes, dont l'un debout, caressant sa barbe, l'autre assis écrivant sur une table. Signé : *Rakouyeïsaï*.

H. 0m,040.

294. — Personnage enseignant le jeu de flûte à une dame. Signé : *Rakouyeïsaï*.

H. 0m,033.

295. — Trois guerriers, dont un verse du thé à un autre. Signé : *Rakouyeïsaï*,

H. 0m,046.

296. — Quatre personnages, dont un enfant, autour d'une fontaine (légende Giouboun Taï). Signé : *Massahiro.*

H. 0m,066.

297. — Cinq sages. Signé : *Massahiro.*

H, 0m,038.

298. — Grande boîte ronde en ivoire sculpté et incrustée de figures en différents métaux, représentant les sept sages du bambou; le couvercle est décoré de dragons et dessins réguliers, et de trois petits personnages en ronde bosse buvant du thé; à l'intérieur, branche de pêcher en shibouitshi avec son fruit en or. Signé pour l'ivoire et le métal : *Sômin*

H. 0m,08; D. 0m,11 1/2.

299. — Plaque en ivoire sculptée de branches de prunier et d'oiseaux à jour.

xviiie siècle.

300. — Pinceau en ivoire gravé de figures en creux.

xviie siècle.

VII. — SCULPTURE EN PIERRE.

300 *bis*. — Épervier dévorant un oiseau, sculpture en pierre lithographique. Signée : *Thikashighé.*

Commencement du xixe siècle.

III

LAQUES

I. — PIÈCES DIVERSES EN LAQUE.

301. — Boîte plate ronde, en laque brun serti d'étain, décorée d'une figure de la déesse Monjiu nimbée, tenant un livre et un sceptre, en laque d'or frotté pour les chairs, en laque brun pour les cheveux et les contours, et en laque aventuriné de différents tons pour les vêtements. Pièce unique en Europe. Travail de l'époque dite de l'*Empereur Shioumoun*.

D. 0m,08 1/2. — IXe siècle.

302. — Boîte de temple de forme ronde en laque noir, décorée intérieurement d'une figure de Bouddha en relief, en laque d'or.

D. 0m,10. — Kamakoura, XIIe siècle.

303. — Petite boîte à parfums de forme cylindrique en laque noir pailleté d'or et décoré de lotus en laque frotté.

H. 0m,04; D. 0m,05. — Kamakoura, XIIIe siècle.

304. — Boîte à écrire en laque noir mosaïqué de parcelles d'or légèrement en relief, décorée d'une chaumière et d'un coin de jardin en relief en laque d'or et laque d'argent incrustés

d'argent. A l'intérieur, faisan sur un rocher devant une cascade en laques d'or et d'argent incrustés d'or et d'argent.

D. 0m,21. — xve siècle.

305. — Boîte ronde figurant un miroir métallique, en laque d'or vert aventuriné, décorée de laque d'or et de mosaïque d'or et d'argent. A l'intérieur du couvercle, qui représente la glace du miroir, on voit une figure de musicien aveugle jouant de la biva, en costume de cour. Cette figure, en laque frotté et dégradé de différents tons, se détache sur un fond de laque d'argent et imite d'une manière admirable une image vue en reflet sur la surface du miroir.

D. 0m,11 1/2. — Milieu du xve siècle.

306. — Boîte rectangulaire à un tiroir en laque d'or vert mosaïqué, et décorée de dessins réguliers en laque d'or; plaque d'ivoire à jour aux armoiries de chrysanthèmes sur le dessus et fermoir en bronze doré.

H. 0m,07; L. 0m,10; L. 0m,07. — Fin du xve siècle.

307. — Boîte cylindrique en laque noir aventuriné, décorée d'une grecque et de pieds d'iris en laque d'or frotté.

H. 0m,06; D. 0m,07. — Commencement du xvie siècle.

308. — Boîte à écrire de forme allongée, en laque noir, décorée d'une nuée de libellules en laque d'or, laque d'étain et nacre; genre imité plus tard par Kôrin.

Cette pièce se trouve dessinée par Yoyousaï dans un des albums de dessins de laqueurs appartenant à M. Ch. Haviland.

L. 0m,21; L. 0m,10. — xvie siècle.

309. — Boîte à lettre en laque noir aventuriné, décorée d'une branche de pêcher à fleurs doubles en laque rouge en relief; à l'intérieur semis de fleurs de même travail.

L. 0m,22; L. 0m,07. — Fin du xvie siècle.

310. — Boîte ronde en bois de pin, décorée au XVIIIe siècle de branches de prunier fleuries en laque de différentes couleurs; intérieur aventuriné or mat.

H. 0^{m},07; D. 0^{m},06. — XVIe siècle.

311. — Boîte rectangulaire en laque rouge pailleté d'or et décoré de feuilles de mauve (armoiries des Tokougawa.).

Spécimen des premiers essais de laque rouge appliqué à la décoration de petits objets.

H. 0^{m},04; L. 0^{m},07; L. 0^{m},05 1/2. — Yédo, fin du XVIe siècle.

312. — Boîte rectangulaire à coins arrondis, à couvercle emboîté et bombé et à deux compartiments, en laque noir mosaïqué d'or décoré de chrysanthèmes en laque rouge.

H. 0^{m},05; L. 0^{m},06 1/2. — Fin du XVIe siècle.

313. — Boîte à écrire carrée, en laque noir miroir encadré d'une fine bordure en aventurine d'or, et décorée d'un prêtre et et de deux enfants endormis près d'un tigre, en laque d'or de haut relief. L'artiste a exprimé d'une manière admirable le calme du sommeil au milieu de la nuit. Chef-d'œuvre signé : *Hôkio Kôëtzou.*

D. 0^{m},20. — Extrême fin du XVIe siècle.

314. — Grande boîte carrée, à écrire, en laque noir incrusté de paillettes d'or et décoré d'une figure de paysan conduisant un enfant par la main et portant un fagot sur son dos, en laque d'or de haut relief; travail de l'atelier de *Kôëtzou.*

D. 0^{m},023. — Commencement du XVIIe siècle.

315. — Petite boîte à écrire à deux compartiments, en laque noir mosaïqué de parcelles d'or légèrement en relief et décoré, sur le dessus, d'un éventail en laque d'or incrusté d'or et, à l'intérieur, de dessins réguliers en laque d'or.

H. 0^{m},10; D. 0^{m},14. — Commencement du XVIIe siècle.

316. — Boîte à écrire en bois naturel veiné décoré de bambous en laque d'or vert. A l'intérieur, motifs de paysages en laque d'or frotté sur or vert.

Commencement du XVIIe siècle.

317. — Petite boîte à jeu en forme de tirelire, en laque noir, décorée de dessins réguliers en laque d'or vert.

H. 0^{m},05 1/2 ; D. 0^{m},04 1/2. — Commencement du XVIIe siècle.

318. — Boîte en forme d'écran, en laque d'or à bordure mosaïquée d'or, décorée d'oiseaux au-dessus des vagues de la mer. A l'intérieur fleurs de chrysanthèmes et papillons en ivoire, corail et nacre.

L. 0^{m},08 ; L. 0^{m},07. — Commencement du XVIIe siècle.

319. — Boîte à écrire en laque noir décoré de canards mandarins en laque d'or de relief.

L. 0^{m},23 ; L, 0^{m},21. — Commencement du XVIIe siècle.

320. — Bouteille à saké représentant Shôjò, esprit du saké, accroupi et brandissant une écuelle d'argent, en laque d'or, laque aventuriné, laque d'argent; la robe, en laque rouge, est décorée de chrysanthèmes en or et de feuilles de momidji.

H. 0^{m},16 ; L. 0^{m},18. — Commencement du XVIIe siècle.

321. — Boîte plate rectangulaire à coins arrondis, à sertissure d'étain, en laque aventuriné, décorée de petits dessins losangés formés par des grues symboliques.

L. 0^{m},09; L. 0^{m},07 1/2. — Commencement du XVIIe siècle.

322. — Petite boîte plate à six pans, en laque noir, décorée d'un Hoteï accroupi en incrustation de nacre.

D. 0^{m},05 — Commencement du XVIIe siècle.

323. — Grande boîte à lettres, mi-partie en damier noir et or et en laque d'or, décorée de fleurs des champs et incrustée de caractères en argent. Intérieur en mosaïque d'or.

H. 0^{m},08; L. 0^{m},22. — Commencement du XVIIe siècle.

324. — Petite pagode en laque d'or aventuriné, peau de poire, à garniture de bronze doré ciselé avec la plus grande délicatesse.

H. 0^{m},10. — Commencement du XVIIe siècle.

325. — Boîte à écrire carrée, à coins arrondis, en laque noir miroir décoré d'un éventail en laque d'argent frotté, incrusté de nacre et relevé de feuilles d'aristoloche en laque d'or.

D. 0^{m},20. — XVIIe siècle.

326. — Boîte à pans coupés et couvercle emboîté, en laque noir aventuriné, décorée de chrysanthèmes en laque d'or.

H. 0^{m},05 1/2; D. 0^{m},06 1/2. — XVIIe siècle.

327. — Petite boîte rectangulaire en laque d'or, décorée d'œillets et de rochers en relief.

H. 0^{m},02 1/2; L. 0^{m},04; L. 0^{m},05. — XVIIe siècle.

328. — Boîte ronde plate de temple, en laque d'or aventuriné, décorée d'un croissant de lune en cristal de roche dans des nuages d'or pailletés et dégradés. A l'intérieur figure de Bouddha en bois de sandal, sculpté avec la plus grande finesse.

D. 0^{m},10. — XVIIe siècle.

329. — Petite boîte hexagonale en laque rouge sculpté, décorée de pêches. Signée : *Yoseï*.

H. 0^{m},02 1/2; D. 0^{m},06 1/2. — XVIIe siècle.

330. — Étui de pinceau en laque rouge sculpté; travail de *Yoseï*.

L. 0^{m},22. — XVIIe siècle.

331. — Petit coffret à compartiments et couvercle emboîtés, en laque d'or aventuriné, semé de mosaïque d'or, et décoré de fleurs en relief avec incrustations de nacre, de corail et d'argent.

H. 0m,05 ; L. 0m,04 1/2. — XVIIe siècle.

332. — Petite boîte plate à parfums, à Kirimons en laque d'or frotté et paillettes d'or sur fond noir. Signée : *Shiounshio.*

D. 0m,05 1/2. — Yédo, XVIIe siècle.

333. — Petite boîte à parfums en forme de fruit de Kaki en laque brun pailleté d'or ; intérieur en mosaïque d'argent.

L. 0m,06. — XVIIe siècle.

334. — Boîte ronde plate en laque noir, décorée d'un paysage de rizières en laque d'or incrusté de nacre. Signée : *Shiounshio.*

D. 0m,12. — Yédo, XVIIe siècle.

335. — Boîte à lettres en laque noir pailleté d'or ; branches de momidji sous la pluie, en laque rouge et or frotté.

L. 0m,21 ; L. 0m,06. — XVIIe siècle.

336. — Boîte à lettres en laque brun aventuriné ; chrysanthèmes et cours d'eau en laque d'argent.

L. 0m,23 ; L. 0m,07. — XVIIe siècle.

337. — Boîte à lettres en laque noir, décorée de fagots en laque d'or et d'argent.

L. 0m,23 ; L. 0m,08. — XVIIe siècle.

338. — Petit cabinet à tiroirs et compartiments, en laque noir, aventuriné à l'intérieur et décoré de sujets : fleurs,

oiseaux et personnage en incrustation de nacres de différents tons. Chef-d'œuvre de *Kôhi*.

H. 0m,09 1/2; L. 0m,11 1/2; P. 0m,07. — Kioto, XVIIe siècle.

339. — Plateau carré en laque noir, sculpté sur fond rouge sombre. Travail de *Zonzeï*.

XVIIe siècle.

340. — Boîte à pinceaux en laque noir, décorée de fleurs et de papillons en laque polychrome incrusté de nacre et d'écaille. Style de *Ritsouô*.

L. 0m,16; L. 0m,09. — Fin du XVIIe siècle.

341. — Boîte à lettres décorée d'imbrications symétriques et d'un pied d'orchidée en laque d'or sur fond noir.

L. 0m,21; L. 0m,06 1/2. — XVIIe siècle.

341 *bis*. — Petite boîte plate rectangulaire, en laque noir, décorée de reines-marguerites en laque d'or frotté de différents tons.

L. 0m,07; Diam. 0m,05. — Fin du XVIIe siècle.

342. — Bouteille à saké figurant Hoteï portant son sac, le costume en laque d'or et laque aventuriné, les chairs en laque d'argent.

H. 0m,17. — Fin du XVIIe siècle.

343. — Petite boîte plate rectangulaire en laque rouge, décorée d'armoiries en laque d'or en relief et en laque d'or frotté, de différents tons.

L. 0m.07 1/2; L. 0m,05. — Fin du XVIIe siècle.

344. — Boîte ronde plate, en laque noir mosaïqué d'or, décorée d'un coq en laque d'or et laque rouge.

L. 0m,08 1/2. — Fin du XVIIe siècle.

345. — Petite boîte carrée, en laque noir mosaïqué d'or, décorée d'une branche de pêcher fleuri en laque rouge.

D. 0m,05 1/2. — Fin du XVIIe siècle.

346. — Boîte plate rectangulaire en laque noir, décorée d'un cerf au milieu des herbes en laque d'or incrusté de nacre.

L. 0m,09; L. 0m,04. — Fin du XVIIe siècle.

347. — Boîte de miroir en laque d'or aventuriné décoré de graines en laque rouge. Signée : *Koma Kioriu.*

D. 0m,27. — Fin du XVIIe siècle.

347 *bis.* — Petite boîte plate carrée, en laque d'or, décorée de fleurs des champs en laque d'or et d'argent mosaïquées d'argent.

D. 0m,05 1/2. — Fin du XVIIe siècle.

348. — Petite boîte carrée en laque noir aventuriné, à coins arrondis, à plateau intérieur et couvercle emboîtés, décorée de fleurs des champs en laque d'or frotté.

H. 0m,06; D. 0m,07. — Fin du XVIIe siècle.

349. — Petite boîte à poudre de thé, ovoïde, en laque noir poudré d'or et décoré de fagots et de branches fleuries en laque d'or frotté; travail de *Shiounshio.*

H. 0m,07; D. 0m,04 1/2. — Yédo, fin du XVIIe siècle.

350. — Plateau carré en laque noir, décoré de coquilles et d'une branche fleurie en laque frotté polychrome. Signé : *Hakousensaï.*

D. 0m,28. — Fin du XVIIe siècle.

351. — Petite boîte figurant une poule couvant, en laque d'or de différents tons.

H. 0m,04 1/4; L. 0m,04. — Fin du XVIIe siècle.

352 — Petit plateau de forme losangée à anse, en laque d'or vert décoré de glycines.

H. 0^{m},09; L. 0^{m},16. — Fin du XVIIe siècle.

353. — Boîte ronde en laque noir, incrustée de laques polychromes d'ivoire et de nacre, représentant un poète à la fenêtre de sa maison, signée en dessous : *Ritsouô, d'après Sesshiu.*

D. 0^{m},07. — Fin du XVIIe siècle.

354. — Boîte cylindrique en laque d'or décoré de graminées en laque d'étain et en incrustations d'argent et de nacre. Signée : *Kôrin.*

H. 0^{m},07; D. 0^{m},08. — Fin du XVIIe siècle.

355. — Boîte à écrire en écorce de prunier encadrée d'aventurine sur fond rouge et décorée d'un coq en relief en laque d'argent et laque rouge. Intérieur laque noir aventuriné. Signé : *Koma Kouansaï.*

L. 0^{m},24; L. 0^{m},19. — Commencement du XVIIIe siècle.

356. — Petite boîte plate à cinq lobes en laque rouge clair décorée de poissons et d'herbes en laque d'or de différents tons. Travail de *Koma Kouansaï.*

D. 0^{m},06 1/2. — Commencement du XVIIIe siècle.

356 *bis.* — Boîte figurant un chien accroupi, avec des yeux d'émail. Laque d'or mat à taches d'or vert; collier en laque rouge décoré d'une grecque en laque frotté. Chef-d'œuvre de *Koma Kouansaï.*

L. 0^{m},16. — XVIIIe siècle.

357. — Petite boîte à écrire carrée en laque d'or mat, décorée à l'extérieur d'un tori en laque d'étain en relief et à l'intérieur d'un semis de campanules en incrustations de nacre. Pièce signée : *Kôrin.*

D. 0^{m},019. — Commencement du XVIIIe siècle.

358. — Boîte forme haricot en laque d'or décorée de fleurs variées.

H. 0^m,03; D. 0^m,06 1/2. — Commencement du XVIIIe siècle.

359. — Petite table présentoir à deux tiroirs en laque noir décorée de feuilles de momidji en laque frotté de différents tons; travail de l'atelier de *Shiounshio*.

H. 0^m,15; L. 1^m,25; L. 0^m,21. — Commencement du XVIIIe siècle.

360. — Selle et étriers en laque noir, décorés de grands papillons en relief en laque d'or, en argent et en or incrustés. Pièces de provenance princière.

Commencement du XVIIIe siècle.

361. — Arçons de selle en laque noir, montés en argent et décorés de fleurs de cerisier en relief en laque d'or et en argent.

362. — Grand bol à thé en laque noir, décoré de grandes feuilles en laques de différentes couleurs.

D. 0^m,14. — Commencement du XVIIIe siècle.

363. — Boîte à lettres en laque noir pailleté d'or, décorée de feuilles de momidji en relief en laque rouge et or.

L. 0^m,22; L. 0^m,08. — Commencement du XVIIIe siècle.

364. — Boîte à parfums en forme de coquille en laque d'argent incrusté d'or; intérieur aventuriné.

D. 0^m,15. — Commencement du XVIIIe siècle.

365. — Petite coupe à vin de saké, en laque rouge vif, décorée de canards mandarins en laque polychrome. Signée : *Koma Kouansaï*.

D. 0^m,09 — Commencement du XVIIIe siècle.

366. — Petite boîte ronde plate, en laque noir pailleté

d'or, décorée, sur le dessus, d'un enfant à cheval sur une gourde en laque de différents tons; intérieur finement aventuriné d'or.

D. 0m,08. — Commencement du XVIIIe siècle.

367. — Boîte ronde en laque noir chagriné, décorée de trois figures de poète en or mat, en relief. Signée : *Hanzan.*

D. 0m,08. — Commencement du XVIIIe siècle.

367 *bis.* — Cabinet de forme quadrangulaire à tiroirs en laque noir décoré d'un semis d'herbes affectant un dessin régulier, poignée d'argent.

H. 0m,30; D. 0m,18. — Commencement du XVIIIe siècle.

368. — Bonbonnière en laque d'or mat décorée d'une fleur de camélia en nacre. Travail de *Kôrin.*

D. 0m,07. — Commencement du XVIIIe siècle.

369. — Petite boîte rectangulaire à coins arrondis, à deux compartiments et plateau en laque d'or vert aventuriné, décorée de fleurettes en laque d'or, d'oiseaux et de papillons en or et en argent.

H. 0m,05; L. 0m,06. — Commencement du XVIIIe siècle.

370. — Petit support carré en laque brun, entièrement aventuriné et mosaïque de nacre; sur le dessus, branche de prunier en laque d'or incrusté d'ivoire.

H. 0m,06; D. 0m,05 1/2. — Commencement du XVIIIe siècle.

371. — Petit plateau carré à pieds en laque noir décoré de ruisseaux en laque d'or frotté. Travail de l'atelier de *Shiounshio.*

D. 0m,11. — Commencement du XVIIIe siècle.

372. — Plateau carré en laque noir à sertissure d'argent, décoré de fleurs de cerisiers en laque d'argent sur une toile

d'araignée en laque d'or frotté. A l'envers : pièce de poésie en laque d'or.

D. 0m,25. — XVIIIe siècle.

373. — Petite boite en forme d'éventail en laque d'or, décorée de fleurs grimpantes en laque et d'un cordonnet à glands en laque rouge.

D. 0m,05 1/2. — XVIIIe siècle.

374. — Petite boîte ronde en laque d'or, décorée de cailles au milieu des herbes.

H. 0m,3 1/2; D. 0m,07. — Chef-d'œuvre de Kioto, milieu du XVIIIe siècle.

375. — Boîte rectangulaire en laque d'or, figurant deux boîtes chevauchant, décorée de nuages et d'un semis de fleurs.

H. 0m,04; D. 0m,08 1/2. — XVIIIe siècle.

376. — Boîte plate représentant un bâton d'encre de chine en laque d'or, décorée d'un dragon dans les nuages en laque de différents tons encadré de laque noir.

L. 0m,09; L. 0m,05 1/2. — XVIIIe siècle.

377. — Petite boîte en forme de panier tressé en laque d'or, décorée de fleurs en laque de différents tons.

H. 0m,06; D. 0m,07. — XVIIIe siècle.

378. — Boîte à lettres en laque rose veiné, incrusté sur le dessus d'une plaque en laque d'or. Intérieur en laque noir. Fabrication très rare.

L. 0m,20; L. 0m,06. — XVIIIe siècle.

379. — Petite boîte plate carrée en laque d'or, décorée de chrysanthèmes.

D. 0m,05 1/2. — Milieu du XVIIIe siècle.

380. — Boîte carrée à écrire, en laque noir, décorée d'arbres

sous la neige coupés par le brouillard, en laque d'or et laque d'argent. Travail de l'atelier de *Kôrin*.

D. 0m,23. — XVIIIe siècle.

381. — Plateau carré à quatre pieds, aux armoiries des Tokougava en laque aventuriné, décoré de fleurs en laque d'or.

H. 0m,13; D. 0m,18. — XVIIIe siècle.

382. — Plateau carré en laque noir décoré de dessins en laque d'or.

H. 0m,10; D. 0m,14. — XVIIIe siècle.

383. — Flûte en laque noir décoré de bambous en laque rouge. Signé : *Hatshida*, *1758*.

L. 0m,23. — XVIIIe siècle.

384. — Meuble rectangulaire à trois tiroirs, en marqueterie de bois naturel veiné, décoré d'azalées en laque d'or de relief.

H. 0m28; L. 0m,40; L. 0m,28. — Milieu du XVIIIe siècle.

385. — Plateau de forme hexagonale, à trois pieds, en laque noir, décoré de dessins réguliers et de grues affrontées en laque d'or; style de *Shiounshio*.

H. 0m06 1/2; D. 0m,16 1/2. — XVIIIe siècle.

386. — Cabinet de fumeur à tiroirs, figurant une corbeille à anse, en laque noir décoré de laque d'or.

H. 0m,34; L. 0m,32. — XVIIIe siècle.

387. — Netzké en laque d'or figurant un morceau de bois mort.

L. 0m,07. — Milieu du XVIIIe siècle.

388. — Netzké en laque d'or figurant un melon d'eau.

L. 0m,04. — Milieu du XVIIIe siècle.

389. — Boîte de forme haricot en laque noir aventuriné, décorée d'iris en laque d'or.

H. 0m,04 ; D. 0m,10 1/2. — XVIIIe siècle.

390. — Petite boîte plate rectangulaire en laque d'or aventuriné, à charnières et fermoir d'argent, décorée de feuilles de momidji et caractères en laque d'or.

L. 0m,07; L. 0m,05 1/2. — XVIIIe siècle.

391. — Petite boîte plate à quatre lobes en laque d'or décorée de branches de cerisier fleuries.

L. 0m,07 1/2; L. 0m,05 1/2. — XVIIIe siècle.

392. — Boîte ronde en laque d'or nuancé d'or vert, décorée de chrysanthèmes en laque d'or.

H. 0m,03 1/2; D. 0,m09. — XVIIIe siècle.

393. — Boîte à parfums de forme rectangulaire à trois compartiments emboîtés; fleurs de pivoine en or sur fond d'or aventuriné.

H. 0m,08; D. 0m,05 1/2. — XVIIIe siècle.

394. — Boîte plate de forme rectangulaire à coulisse; fagots et branches de cerisier fleuries en or sur un cours d'eau ; fond d'or aventuriné.

L. 0m,09; L. 0m,06 1/2. — XVIIIe siècle.

395. — Boîte plate rectangulaire à deux encoches en laque d'or vert dégradé ; troncs de bambou en relief.

L. 0m,09 1/2; L. 0m,05 1/2.—Milieu du XVIIIe siècle.

396. — Boîte à parfums de forme rectangulaire à trois compartiments emboîtés en laque d'or, décorée de jeunes pousses de pins.

H. 0m,05 1/2 ; D. 0m,05. — XVIIIe siècle.

397. — Petite boîte en laque rouge figurant un coq.

H. 0m,04 1/2; L. 0,08 1/2 — XVIIIe siècle.

398. — Boîte à lettres en laque noir, décorée d'un arbuste à fleurs rouges en laque frotté.

L. 0^{m},20; L. 0^{m},05 1/2. — XVIIIe siècle.

399. — Petite boîte en laque d'or en forme de cerise, décorée d'une fleur de cerisier en laque d'argent.

D. 0^{m},04 1/2. — XVIIIe siècle.

400. — Coupe à saké en laque rouge, décorée de deux personnages assis dans le creux d'un tronc d'arbre en laque d'or et en laque de différentes couleurs. Signée : *Kashosaï.*

D. 0^{m},09. — XVIIIe siècle.

401. — Coupe à saké en laque rouge, décorée de tortues symboliques en laque d'or et d'argent. Signée : *Guiokousen.*

D. 0^{m},11 1/2. — XVIIIe siècle.

402. — Coupe à saké en laque rouge, décorée de trois dieux du bonheur regardant un makimono en laque d'or et d'argent. Signée : *Guiokousen.*

D. 0^{m},09 1/2. — XVIIIe siècle.

403. — Boule en marbre noir, décorée d'un héros combattant le dragon de la tempête, en laque d'or et laque noir.

D. 0^{m},08. — XVIIIe siècle.

404. — Netzké en forme de boîte à lettres en laque rouge, décoré de fleurs en laque d'or.

L 0^{m},04 1/2. — XVIIIe siècle.

405. — Petite boîte en forme de canard, en laque d'or.

H. 0^{m},04 1/2; L. 0^{m},06 1/2. — XVIIIe siècle.

406. — Boîte carrée à trois compartiments emboîtés à sertissures d'argent, en laque noir, décorée de feuilles de momidji en laque polychrome.

H. 0^{m},06, D. 0^{m},07 1/2. — XVIIIe siècle.

407. — Petite boîte à quatre lobes en laque noir aventuriné, décorée de fleurs et papillons en laque d'or.

D. 0m,05 1/2. — XVIIIe siècle.

408. — Bonbonnière en laque d'or, décorée d'armoiries de chrysanthèmes en laque de différentes couleurs.

D. 0m,07 1/2. — XVIIIe siècle.

409. — Grande boîte de forme arrondie à sertissure d'argent en laque noir miroir décoré de papillons en laque frotté; intérieur en laque noir pailleté d'argent. Pièce signée : *Yoyousaï.*

H. 0m,10; D. 0m,12. — Fin du XVIIIe siècle.

410. — Boîte à écrire en bois naturel, décorée d'une branche de lis rouge et d'un papillon en laque de relief polychrome, ivoire et nacre ; intérieur aventuriné.

L. 0m,24; L. 0m,20. — Fin du XVIIIe siècle.

411. — Petite boîte en laque marron incrusté d'argent et de laque vert imitant un pied de bambou sous la neige ; intérieur aventuriné peau de poire.

H. 0m,07 ; D. 0m,04 1/2. — Fin du XVIIIe siècle.

412. — Peigne et épingle en laque d'or décorés de chrysanthèmes.

Fin du XVIIIe siècle.

413. — Petite boîte de toilette en bois naturel, décorée de bouquets de crysanthèmes en laques de différentes couleurs. A l'intérieur, deux petites boîtes en vieille faïence de Kioto et en laque aventuriné. Travail des successeurs Kôrin.

H. 0m,10; L. 0m,07; L. 0m,12. — Fin du XVIIIe siècle.

414. — Grande boîte à écrire en forme d'éventail en laque noir décoré en laque polychrome; à l'intérieur se trouve un éventail de *Kôrin* peint et gouaché, décoré de chrysanthèmes

en relief; le fond de l'encrier reproduit en laque frotté avec une précision merveilleuse l'image refletée de l'éventail. Les papillons portent la signature d'*Hôhitzou*. Il est probable que cette boîte a été exécutée par *Yoyousaï* d'après le dessin de Hôhitzou.

Commencement du XIXe siècle.

415. — Grande coupe à saké, en laque rouge, décorée d'un plateau chargé de fruits en laque d'or. Signée : *Yoyousaï*.

D. 0^m,18. — Commencement du XIXe siècle.

416. — Petit plateau oblong en laque noir imitant le bronze décoré, coq chantant sur le toit d'une chaumière, en relief. Signé : *Zeïshin*.

L. 0^m,20 ; L. 0^m,13. — XIXe siècle.

416 *bis*. — Boîte à écrire en laque vert foncé, peau de poire, encadrant sur le couvercle un médaillon en relief de Dharma, en faïence et en laque rouge sur fond d'or (travail de *Ritsouô*, commencement du XVIIIe siècle) ; incrustations à l'intérieur. Signées : *Kéniya* (XIXe siècle.)

L. 0^m,19; L. 0^m,16. — XIXe siècle.

416 *ter*. — Esquisse de cheval peint en laque peint sur fond d'or, par *Zeïshin*.

II. — BOITES DE PHARMACIE (*Inrôs*).

417. — Inrô carré à enveloppes de laque noir incrusté de nacre, intérieur en laque d'or jaune et vert décoré de paysage de la plus extraordinaire finesse. Chef-d'œuvre de *Kôhï*.

Fin du XVIIe siècle.

418. — Inrô en laque brun gravé des vagues de la mer et décoré d'une langouste en laque rouge à haut relief. Signé : *Yoseï*.

Coulant en bronze : crabe sur un coquillage. Netzké en bois sculpté : grenouille sur la moitié d'une noix. Signé : *Riotshio.*

xviie siècle.

419. — Inrô en laque d'or, décoré d'une langouste en laque rouge à haut-relief. Signé : *Yoseï.*

xviie siècle.

419 *bis.* — Inrô en laque brun, décoré de deux médaillons figures de Sennins), en laque rouge sculpté. Travail de *Yoseï.*

xviie siècle.

420. — Inrô en laque noir avec application d'une maison chinoise en faïence, laque d'or et nacre. Signé : *Ritsouô.*

Commencement du xviiie siècle.

421. — Inrô en laque noir aventuriné, décoré de coqs sous les bambous en laque d'or. Signé : *Mitsoushiro.*

Coulant en ivoire représentant un personnage s'enlevant sur ses mains.

Commencement du xviiie siècle.

422. — Inrô en laque noir, décoré d'un paysage en laque d'or avec des cerisiers dont les fleurs sont incrustées en argent.

Commencement du xviiie siècle.

423. — Inrô en laque noir aventuriné, décoré de branches de chrysanthèmes en laque frotté, en couleurs. Signé : *Koma Kioui.* Enveloppe en argent oxydé et gravé de deux dieux du bonheur. Signé : *Goto Lenjio.*

Coulant : petit singe en or.

Commencement du xviiie siècle.

424. — Inrô en laque brun décoré d'un gland composé de fruits, de fleurs et de rubans, en laque frotté de différentes couleurs et incrusté de nacre. Signé : *Tshioyheï.*

Coulant : petit cube en bronze rouge incrusté de fleurs en argent.

Commencement du XVIIIe siècle.

425. — Inrô en laque burgauté représentant des oies au bord de la mer, encadré de laque rouge à dessins géométriques.

XVIIe siècle.

426. — Inrô en laque d'or, décoré de trois singes en laque frotté, représentant les sens de l'ouïe, de la vue et de l'odorat. Signé : *Seïseï.*

Coulant en argent décoré d'ombres chinoises en shakoudo.

Commencement du XVIIIe siècle.

427. — Inrô en laque noir décoré d'un paysage montagneux en laque d'or avec des cerfs et des arbres à feuillage rouge. Signé : *Kadjikava.*

Commencement du XVIIIe siècle.

428. — Inrô annelé en laque d'or et laque mosaïqué de différents tons d'or, décoré des armoiries impériales de chrysanthème, en laque d'or. Signé : *Kadjikava Hanleï.*

Coulant en porcelaine.

Commencement du XVIIIe siècle.

429. — Inrô mi-parti en laque noir et en laque d'or rouge, décoré de frelons en laque polychrome frotté. Signé : *Toshimitsou.*

Coulant en agate.

Commencement du XVIIIe siècle.

430. — Inrô de forme carrée en laque noir, décoré d'un côté d'un perroquet en nacre, de l'autre côté d'une branche de prunier fleurie en laque rouge et laque d'or. Signé : *Jokasaï.*

Coulant en agate.

XVIIIe siècle.

431. — Inrô en laque aventuriné, décoré d'un dragon en laque d'or.

XVIIIe siècle.

432. — Inrô de forme ronde, en laque noir décoré d'un Dharma en laque rouge et en relief dans des rochers en laque brun ; dans le style de *Ritsouô.*

Coulant en argent.

XVIIIe siècle.

433. — Inrô en laque d'or, décoré d'un paysage esquissé en noir, d'après le dessin de *Tsounénobou.*

XVIIIe siècle.

434. — Inrô en bois brun, décoré de jeux d'enfants sculptés en relief. Signé : *Hakoushi.*

Coulant en bois sculpté, signé : *Kosan.*

XVIIIe siècle.

435. — Inrô en laque aventuriné incrusté de fleurs de haricots et d'une cigale en nacre rosée, ivoire vert et laque d'or. Signé : *Ritsouô.*

Commencement du XVIIIe siècle.

436. — Inrô en laque noir décoré de branches de magnolia fleuries en laque frotté. Signé : *Toshihidé.*

Coulant en verre.

Commencement du XVIIIe siècle.

435 *bis.* — Inrô en laque noir, décoré d'un masque de Rô en laque polychrome et, à l'envers, d'un coucher derrière les montagnes, en laque frotté. Signé : *Toshihidé.*

Commencement du XVIIIe siècle.

437. — Inrô en laque noir décoré de branches de chrysanthèmes en laque d'or et de papillons en émail. Signé : *Fousen.*

XVIIIe siècle.

438. — Inrô en bois sculpté, décoré de dragons en relief. Signé : *Hidari Issan.*

xviiie siècle.

439. — Inrô en forme de cloche en laque brun décoré d'un dragon dans les nuages en laque d'or et de couleur.

xviiie siècle.

440. — Inrô en laque brun, incrusté d'un côté d'un poisson sec et de l'autre côté d'une fleur de narcisse en nacre et laque d'or. Signé : *Jokasaï.*

xviiie siècle.

441. — Inrô en laque noir décoré des sept sages du bambou en laque frotté. Signé : *Shiounshio IV.* Enveloppe en shibouitshi incrusté d'un philosophe assis sur un tronc d'arbre en différents métaux. Signé : *Hirosada.*

Coulant en argent.

xviiie siècle.

442. — Inrô en laque d'or décoré d'un cheval en laque de couleur et d'ombellifères en laque d'or. Signé : *Kiôrinsaï.*

xviiie siècle.

443. — Inrô en laque d'or incrusté de libellules et insectes en nacre de différentes couleurs, laque d'or et laque rouge, par *Hansan.*

Coulant en laque rouge. Netzké en écaille représentant un poisson sec.

xviiie siècle.

444. — Inrô en laque noir à mosaïque d'or vert, décoré de marrons et navet en laque d'or et de shibouitshi. Signé : *Jôka.*

Coulant en émail cloisonné.

xviiie siècle.

445. — Inrô en laque noir, à mosaïque d'or, décoré de fleurs de chrysanthèmes en laque d'or de différents tons.

xviiie siècle.

446. — Inrô annelé en laque noir, décoré d'un panier de fruits et de fruits de Kaki en laque d'or et laque rouge. Signé : *Kadjikava.*

xviiie siècle.

447. — Inrô en laque noir décoré d'une étagère en laque d'or avec un vase en nacre. Signé : *Kadjikava.*

xviiie siècle.

448. — Inrô en laque d'or vert, décoré de chrysanthèmes en laque d'or.

Coulant en shibouitshi gravé.

xviiie siècle.

449. — Inrô en argent gravé d'une pivoine et signé : *Mitsouyoshi,* enchâssé dans une enveloppe en laque mosaïqué et laque aventuriné, décorée d'un enfant en laque d'or. Coulant en argent décoré de pampres.

xviiie siècle.

450. — Inrô en laque noir et laque aventuriné, décoré d'un coq et d'une poule en laque noir rehaussé de laque rouge. Signé : *Jokasaï.*

Coulant : fleur de camélia en argent.

xviiie siècle.

451. — Inrô en laque noir, décoré d'un côté d'un panier de fruits, de l'autre, de vases remplis de fleurs en laque d'or, laque d'argent et laque rouge. Signé : *Kadjikava.*

xviiie siècle.

452. — Inrô en laque d'or, décoré d'un perroquet sur une branche de magnolia fleuri. Signé : *Kadjikava.*

xviiie siècle.

453. — Inrô en écorce de cerisier, décoré de fleurs de cerisier et de chapeaux de cérémonie en laque d'or. Signé : *Kiokava.*

Coulant en corail.

Fin du XVIIIe siècle.

454. — Inrô couvert de feuilles en laque de différentes couleurs. Signé : *Hakousaï.*

Netzké en bambou avec un colimaçon.

Fin du XVIIIe siècle.

455. — Inrô en laque noir aventuriné, couvert de feuilles de momidji en laque frotté et décoré de cerfs en laque de shibouitshi. Signé : *Koma Yasoutada.*

Coulant en agate. Netzké en laque de shibouitshi incrusté de nacre représentant un panier.

Fin du XVIIIe siècle.

456. — Inrô en laque d'or, décoré d'un cavalier en laque de couleurs. Envers en laque de shibouitshi, gravé d'un chasseur rapportant sur son dos une pièce de gibier.

Coulant en argent. Signé : *Tojiou.*

Fin du XVIIIe siècle.

457. — Inrô en laque d'or vert décoré d'un paysage, une vue de rivière traversée par un bac rempli de figures microscopiques en laque frotté. Signé : *Kioriousaï.*

Fin du XVIIIe siècle.

458. — Inrô en laque noir décoré d'un dragon dans les nuages, en laque d'or à haut relief.

Commencement du XIXe siècle.

459. — Inrô en forme de grelot, en bois sculpté, incrusté d'emblèmes de temples funéraires en nacre, ivoire et métal.

Coulant en agate.

Commencement du XIXe siècle.

460. — Inrô en laque brun aventuriné, décoré d'herbes en laque d'or et incrusté d'une oie en argent. Signé : *Kouanshiosaï.*

Coulant en argent incrusté de sauterelles en shakoudo.

Commencement du XIXe siècle.

461. — Inrô en laque noir à mosaïques d'or, décoré de fleurs en laque d'or et laque rouge et incrusté d'une pivoine en nacre. Signé : *Kômin.*

Commencement du XIXe siècle.

462. — Inrô en laque d'or décoré d'une oie en laque de shibouitshi en haut relief volant sur le soleil. Signé : *Yoyousaï.* A l'envers : roseaux.

Commencement du XIXe siècle.

463. — Inrô en largeur à un seul compartiment en laque de shibouitshi décoré de grues en relief en laque de même espèce rehaussé de laque de couleur. Signé : *Tôyo.*

Coulant en argent filigrané.

Commencement du XIXe siècle.

464. — Inrô en laque couleur rouille de fer décoré de médaillons en laque d'or et laque mosaïqué. Signé : *Kashosaï.*

Commencement du XIXe siècle.

465. — Inrô en laque noir, décoré d'une grande fleur d'azalée en laque rouge frotté. Signé : *Tôyo.*

Commencement du XIXe siècle.

466. — Inrô en laque d'or vert aventuriné décoré de branches de pin et feuilles de momidji sur la lune, en laque frotté de différentes couleurs. Signé : *Kadjikava Hissataka.*

Commencement du XIXe siècle.

467. — Inrô en laque d'or aventuriné. La déesse Séobo

en laque d'or et de couleur, la tête incrustée en argent, or et shakoudo. Envers : enfant portant un panier de fruits, de même travail. Signé : *Nikkosaï*.

Coulant en or filigrané.

Commencement du XIXe siècle.

468. — Inrô en laque brun imitant le bronze. La nuit à la campagne. Signé : *Zeïshin*.

Coulant en argent à jour.

XIXe siècle.

469. — Inrô en laque de shibouitshi, décoré d'un côté d'une danseuse, de l'autre, de coqs gravés. Signé : *Kouan shiosaï*.

Commencement du XIXe siècle.

470. — Inrô en laque d'or, encadré de laque d'or mosaïqué, et incrusté d'un côté d'un prince accroupi en argent, or et autres métaux, de l'autre côté d'un acteur avec une figure en bronze rouge, perruque et jupe en or, vêtement en shakoudo incrusté d'or et d'argent. Signé : *Shiokosaï*.

Coulant en argent : dragon et tigre dans la tempête. Signé : *Mitsoukouni*.

XIXe siècle.

IV

CISELURE

ET TRAVAIL DES MÉTAUX

I. — ARMES.

471. — Sabre de négociant avec kodzouka, à fourreau tressé en corne. Garniture en cuivre rouge ornée de jouets d'enfants. Appliques en or. Lame très belle et très ancienne.

472. — Grand poignard avec deux kodzoukas, en bois rouge à garniture d'argent et de laque aventuriné. Monture signée : *Tôgan Itijio*. Lame très ancienne portant les armoiries à la fleur de Kiri.

473. — Poignard avec deux kodzoukas, à fourreau de bois laqué brun et garniture d'argent. Appliques représentant un prêtre frappant sur un gong. Bout d'argent ciselé, représentant les deux dragons impériaux affrontés, par *Oumétada*. Lame splendide du XIIIe siècle. Signée : *Kanésané*.

474. — Poignard à deux kodzoukas, à fourreau en laque noir. Garniture en argent et shibouitshi ; couteau orné d'un dragon, appliques en or. Rond et bout portant des jeux d'enfants. Lame très ancienne, signée : *Seïki*. Menouki d'un des *Goto* du commencement du XVIIIe siècle. Monture par *Sessaï*.

475. — Petit poignard à un Kodzouka, en bois brun. Monture en argent formée de dragons traversant le bois. Lame du XVIe siècle.

476. — Petit poignard à deux Kodzoukas, en laque rouge imitant l'écorce de cerisier. Garniture en argent. Magnifique lame du commencement du XVe siècle; signée : *Ossatsouné Soukésada.*

477. — Petit poignard de dame, en bois veiné, uni avec anneau d'argent représentant une branche de cerisier. Très belle lame du XIVe siècle.

478. — Poignard à fourreau en bois brun. Appliques en ivoire vert et argent. Manche en ivoire incrusté de nacre, style persan. Petite lame en fer de lance.

479. — Petit poignard de dame, à fourreau en ivoire sculpté de poissons. Monture en argent. Lame exceptionnelle gravée d'un dragon en creux par *Oumétada.*

480. — Grand sabre de prince de la famille impériale, à fourreau de laque noir aventuriné et armorié à froid de fleurs de Kiri. Garniture en argent incrusté d'or. Appliques représentant des dragons. Poignée garnie de soie bleu tendre. Admirable lame du XVIe siècle. Monture signée : *Mitsouyoshi.*

481. — Sabre de prince à un couteau, à fourreau de laque noir uni. Garniture en shakoudo et appliques représentant les sept dieux du bonheur, signée : *Yoshinao.* Lame du commencement du XVIe siècle, signée : *Joumio.*

482. — Poignard à deux Kodzoukas à fourreau de bois brun imitant un vieux tronc d'arbre. Garniture en argent représentant un dragon dans les nuages; signée : *Katsoumi.* Lame du XVIIe siècle gravée d'un dragon en creux; signée : *Takahira.*

483. — Petit sabre à un Kodzouka, à fourreau en laque noir aventuriné d'argent; garniture en bronze jaune et Kodzouka en shibouitshi décoré d'une figure de femme en haut relief; signée : *Seïdzouï.*

484. — Sabre à un Kodzouka à fourreau en laque noir imitant le cuir. Garniture en fer argent et bronze doré, formée par les attributs de Dharma, Kodzouka en bronze rouge représentant un Dharma; lame du XVIe siècle.

484 *bis.* — Grand sabre à fourreau de laque rutilant, sur métal, imitant l'écorce de cerisier; monture en argent. Splendide lame de Bizen, du XVe siècle.

485. — Sabre de médecin en bois brun à poignée de galuchat, incrusté de diverses matières; signé : *Gamboun.*

486. — Poignard à un Kodzouka, à fourreau de bois laqué imitant le bambou clair. Garniture en argent incrusté d'or représentant des branches de bambou et des colimaçons. Lame exceptionnelle décorée de deux figures gravées en creux, Yébis et Daïkokou, signée : *Foujivara Oujifoussa*, artiste célèbre de la fin du XIVe siècle.

486 *bis.* — Petit poignard de dame à fourreau de laque rouge chagriné; monture en fer damasquiné de toiles d'araignée en or.

Fin du XVIIIe siècle.

487. — Grand sabre à fourreau de laque noir et monture en shakoudo incrusté d'or et d'argent, signé : *Yasoutshika.*

Commencement du XIXe siècle.

488. — Lame décorée d'une figure de Bishamon ciselée en creux et incrustée d'or de différentes couleurs; chef-d'œuvre signé : *Taïkeï Naotané* (XVIe siècle).

488 *bis*. — Masque d'armure en fer forgé.

Ateliers d'Etshizen, XVIIe siècle.

II. — GARDES DE SABRE.

GARDES EN FER.

489. — Garde en fer, signée : *Kanaïyé*. Touffe de primevères à nervures incrustées d'or.

Fin du XIVe siècle.

490. — Garde en fer incrustée de laiton. Armoiries à jour et dessins géométriques dans le style persan.

XVe siècle.

491. — Garde en fer, avec incrustation de shakoudo, d'argent et de bronze; signée : *Masatoshi*. Chat poursuivant des lézards.

Fin du XVe siècle.

492. — Garde en fer cerclée d'or; signée : *Kounishiro*. Ornements en or et en émaux translucides.

XVIe siècle.

493. — Garde en fer à jour; signée : *Shinkodo*. Homme accoudé, lisant dans un makimono déroulé, qui l'entoure et qui forme la garde.

XVIe siècle.

494. — Garde en fer de forme allongée, à jour, avec ornements dorés de style persan. Signature illisible.

XVIe siècle.

495. — Garde en fer de forme concave, incrustée de gouttelettes d'argent, imitant la peau de crapaud.

XVIe siècle.

496. — Garde en fer. Fagots à jour.

xvie siècle.

497. — Garde en fer; signée : *Toshimitsou.* Singe tenant un gâteau de miel. Revers : cerf en métal feu et or.

xvie siècle.

498. — Garde en fer. Criquet en or accroché à des feuilles de roseau en shakoudo.

Fin du xvie siècle.

499. — Garde en fer avec rehauts d'or; signée : *Kinaï.* Langoustes à jour.

Commencement du xviie siècle.

500. — Garde en fer; signée : *Oumétada.* Libellules intaillées en creux.

xviie siècle.

501. — Garde en fer; signée : *Oumétada.* Cheval en liberté dans la prairie; travail à jour. Chef-d'œuvre du plus grand artiste ciseleur du Japon.

xviie siècle.

502. — Garde en fer. Oudzoumé agitant ses grelots. Revers : Entrée de temple et forêt de pins.

xviie siècle.

503. — Garde en fer damasquinée d'or. Harnachement de cheval à jour.

xviie siècle.

504. — Garde en fer; signée : *Kadzoutsouné.* Gourdes grimpantes.

xviie siècle.

505. — Garde en fer incrustée d'or, d'argent et de shibouitshi. Bouddha dans les nuages présidant au Commerce

représenté par un diable comptant des pièces de monnaie. Envers : Fleurs de lotus en or.

Fin du XVIIe siècle.

506. — Garde en fer damasquinée d'or et d'argent; signée : *Ossashiro.* Oiseau de Fô, dragon, renard blanc et fleur d'églantier.

Commencement du XVIIIe siècle.

506 *bis.* — Garde en fer à fond martelé, incrustée d'or, d'argent et de bronze; signée : *Yousan.* Figure de diable debout tenant un feuille de lotus. Revers : cloche de temple.

Fin du XVIIe siècle.

507. — Garde en fer à quatre lobes, incrustée d'or et d'argent; signée : *Yétsougo.* Reine des prés au bord d'un ruisseau se détachant sur le disque de la lune.

XIXe siècle.

508. — Petite garde en fer en forme de crapaud incrustée et damasquinée d'or et d'argent. — Personnage grimpant sur le dos du crapaud.

Commencement du XVIIIe siècle.

509 — Grande garde carrée en fer, provenant d'un trésor de temple; signée : *Mitsitoshi.* Dragon en or massif à grand relief dans les flots.

Commencement du XVIIIe siècle.

510. — Garde en fer damasquinée d'or; signée : *Ossashiro.* Grappes de fleurs de Kikio.

Commencement du XVIIIe siècle.

511. — Garde en fer; signée : *Harounari.* Nénuphars en émaux translucides.

Commencement du XVIIIe siècle.

512. — Garde en fer; signée : *Tsouneïyo*. Jeunes pins sous le croissant de la lune.

Commencement du XVIIIe siècle.

513. — Grande garde en fer; signée : *Yoshitané*. Dharma discutant avec un philosophe. Revers : pin avec un nid de cigognes.

Commencement du XVIIIe siècle.

514. — Petite garde en fer incrustée d'or, d'argent et de shakoudo; signée : *Seïdzoui*. — Sennin sur un makimono.

XVIIIe siècle.

515. — Garde en fer incrustée d'or, d'argent et de shibouitshi. — Dieu du bonheur appuyé sur un tronc de pêcher fleuri; grue et enfant.

XVIIIe siècle.

516 — Garde en fer, avec rehauts d'or; signée : *Takouti*. Carpes à jour.

XVIIIe siècle.

517. — Garde en fer incrustée d'or, d'argent, de shibouitshi et de bronze rouge à grand relief; signée : *Konkouan*, *1783*. Guenon épluchant son petit. Revers : cascade.

XVIIIe siècle.

518. — Garde en fer; signée : *Yeïju*. Reines-marguerites à jour.

XVIIIe siècle.

519. — Garde en fer incrustée d'or et d'argent; signée : *Kadzoumori*. Pâquerettes au bord d'un ruisseau.

XVIIIe siècle.

520. — Petite garde en fer; signée : *Masayoshi*. Deux ce-

risiers fleuris se détachant sur la lune en argent. Revers : poteaux au bord de la mer.

XVIIIe siècle.

521. — Garde en fer, incrustée d'or; signée : *Mototaka*. Store entouré de volubilis à jour.

XVIIIe siècle.

522. — Garde en fer, imitant le bois; signée : *Kadzoutsouné*. Mouche incrustée d'or.

XVIIIe siècle.

523 *bis*. — Garde en fer avec incrustations en argent doré; signée : *Hidékouni*. Gardien des rizières dans sa hutte.

XVIIIe siècle.

523. — Garde en fer à quatre lobes; signée : *Fousamitsou*. Libellules en shakoudo incrustées d'or.

XVIIIe siècle.

524. — Garde en fer de forme concave, imitant le nœud d'un sac à bordure d'argent; signée : *Tsounénori*.

XVIIIe siècle.

525. — Garde en fer incrustée d'or, d'argent et de laiton; signée : *Masasada*. Paysage du Fousiyama.

XVIIIe siècle.

526. — Garde en fer damasquinée d'or; graminées en or et étriers à jour.

XVIIIe siècle.

527. — Garde en fer à huit lobes, incrustée de différents métaux; signée : *Jousan*. Quatre signes du zodiaque. Revers : les quatre éléments.

XVIIIe siècle.

528. — Garde en fer; signée : *Itshio*. Branche de prunier à fleurs d'argent. Revers : branche de crysanthème et libellule.
XVIIIe siècle.

529. — Garde en fer; signée : *Mitshitaka*. Touffes de narcisses.
XVIIIe siècle.

530. — Garde en fer avec rehauts d'or; gousses et feuilles de haricots à jour.
XVIIIe siècle.

530 *bis*. — Deux gardes en fer, incrustées d'or et d'argent, non signées. Pêcheurs dans la rivière et tigre à jour.
XVIIe et XVIIIe siècle.

531. — Garde en fer avec rehauts d'or. Fleurs de pivoines.
XVIIIe siècle

532. — Garde en fer à huit lobes, incrustée de différents métaux; signée : *Jousan*. Armoiries et signes du zodiaque.
XVIIIe siècle.

533. — Garde en fer avec incrustations en argent doré; signée : *Hidékouni*. Gardien des rizières dans sa hutte.
XVIIIe siècle.

534. — Garde en fer incrustée d'or; signée : *Masayoshi*. Personnage endormi au pied d'un arbre.
XVIIIe siècle.

535. — Grande garde octogone en fer; signée : *Yeïjiu*. Dragon ciselé en creux.
XVIIIe siècle.

536. — Garde en fer; signée : *Yeïju*. Grue volant au-dessus de la mer.
XVIIIe siècle.

537. — Petite garde en fer, formée par deux dragons à jour et signée d'un cachet illisible.

xviiie siècle.

538. — Garde en fer; signée : *Tomoyoshi.* Grappes de raisins à jour.

xviiie siècle.

539. — Garde en fer à jour, formée par deux pivoines épanouies.

xviiie siècle.

540. — Garde en fer; signée : *Youkitoshi.* Poisson volant.

xviiie siècle.

541. — Petite garde en fer, cerclée d'argent, incrustée d'argent avec rehauts d'or; signée : *Naotoshi.* Grue volant au-dessus d'un prunier fleuri (arrivée du printemps). Revers : Intérieur d'une maison japonaise vu par la fenêtre.

xviiie siècle.

542. — Garde en fer à jour, formée par un pêle-mêle de fleurs de cerisier à rehauts d'or ; signée : *Masatshika.*

xviiie siècle.

543. — Garde en fer, signée : *Tomoyoshi.* Dragon à jour, dans une bordure décorée d'une grecque damasquinée en argent.

Fin du xviiie siècle.

544. — Grande garde en fer incrustée d'or et d'argent et de shakoudo à grand relief; signée : *Shindzoui.* Casque et masque de guerrier. Revers : fleurs de crysanthèmes et attributs.

Fin du xviiie siècle.

545. — Garde en fer. Tronc et branches de cerisier fleuri.

Fin du xviiie siècle.

546. — Garde en fer incrustée d'or et d'argent; signée : *Fousatoki*. Cinq guerriers dans un tronc d'arbre.

Fin du XVIIIe siècle.

547. — Garde en fer, signée : *Nishinari*. Dragon en relief. Envers : vague en argent; signée : *Tomoyoshi*.

Fin du XVIIIe siècle.

548. — Garde en fer. Sennin portant une grenouille sur la tête. Revers : tronc et branche de pin.

Fin du XVIIIe siècle.

549. — Garde en fer, signée : *Teïkan*. Pivoine en argent, courbée par la pluie.

Fin du XVIIIe siècle.

550. — Garde en fer. Tortue en shibouitshi, et signe symbolique en or.

Fin du XVIIIe siècle.

551. — Garde en fer incrustée d'ors de diverses couleurs et d'argent à grand relief; signée : *Nagatsouné*. Philosophe chinois pêchant au bord d'un fleuve. Revers : drapeaux et étendards d'une procession cachée par les nuages.

Commencement du XVIIIe siècle.

552. — Garde en fer avec rehauts d'or; signée : *Masanori*. Branches d'iris à jour.

Commencement du XIXe siècle.

553. — Garde en fer incrustée d'or et de bronze; signée : *Toshihidé*. Image d'une belle soirée japonaise, représentée par une fleur de prunier dans la neige, et le croissant de la lune.

Commencement du XIXe siècle.

554. — Garde en fer incrustée d'or et d'argent; signée :

Harouakira. Forêt de pins couverte de neige devant le disque du soleil.

Commencement du XIXe siècle.

555. — Garde en fer incrustée d'or, d'argent et de shakoudo, à grand relief. — Grues au repos, au milieu des lotus. Revers : plantes d'eau.

XIXe siècle.

556. — Garde en fer décorée de deux oiseaux picorant sur le sol, en or et argent incrustés et ciselés, de la plus grande finesse; signée : *Natsouô.*

XIXe siècle.

557. — Garde en fer, incrustée d'or et d'argent; signée : *Yoshiterou.* Tronc et branche de bambou, crysanthèmes. Revers : branche de prunier fleuri et orchidée.

XIXe siècle.

558. — Garde en fer; signée : *Kadzouharou.* Tigre dans une tourmente de neige.

XIXe siècle.

559. — Garde en fer; signée : *Kadzoutomo.* Libellules en or et shibouitshi.

XIXe siècle.

560. — Garde en fer incrustée d'or et d'argent, signée : *Atsouakira Itiyousaï,* processionnaires sur une roue. Revers : lune dans les nuages.

XIXe siècle.

561. — Garde en fer incrustée d'ors jaune, rouge et vert. Dragon dans les nuages.

XIXe siècle.

562. — Grande garde en fer à grands reliefs; signée : *Masatsouné*. Chevaux en liberté, en fer et en shakoudo.

XIXe siècle.

563. — Garde en fer incrustée d'or et d'argent; signée : *Katsoughi*. Poète à sa fenêtre contemplant la lune.

XIXe siècle.

564. — Garde en fer incrustée d'or; signée : *Toshifoussa*. Pêcheur dans sa barque, par la pluie, retirant son filet. Revers : paysage.

XIXe siècle.

565. — Grande garde en fer, incrustée d'or et d'argent; signée : *Shinrô*. Diable fuyant dans les nuages, en emportant une boîte. Revers : Paysage avec une branche de prunier.

XIXe siècle.

566. — Garde en fer avec incrustations d'or et d'argent; signée : *Kanjiu*. Cerisier fleuri laissant tomber ses pétales en pluie d'argent. Poésie gravée sur le pourtour de la garde : « Les fleurs bien fleuries peuvent tomber, mais le parfum reste. » (allusion à la mort du Samouraï).

XIXe siècle.

567. — Garde en fer à quatre lobes, incrusté d'or et d'argent; signée : *Yeisougô*. Reines des prés au bord d'un ruisseau se détachant sur le disque de la lune.

XIXe siècle.

III. — GARDES EN MÉTAUX DE COULEURS

568. — Petite garde carrée, en bronze rouge, à jour, incrustée de shakoudo et d'argent, avec quatre gourdes dans les coins; signée : *Oumétada*.

XVIIe siècle.

569. — Garde en shakoudo, à grand relief; signée : *Takanori*. Pivoines sous le vent. Revers en or massif : même sujet gravé en creux.

XVIIIe siècle.

570. — Garde en shakoudo plein, incrustée de grands troncs de bambou en or rouge et or vert.

XVIIIe siècle.

571. — Garde en shakoudo grenu à grand relief, incrustée d'or, d'argent et de bronze rouge; signée : *Foussamasa*. Pivoines et papillons.

XVIIIe siècle.

572. — Garde en bronze jaune incrustée d'argent et de bronze rouge; signée : *Ekijiò*. Panier de pêcheur intaillé en creux et feuilles de bégonia. Revers : râteau en creux et coquillages.

XVIIIe siècle.

573. — Garde en shakoudo grenu incrustée de shibouitshi, d'or et d'argent; signée : *Konkouan*. Aigle perché sur une branche et guettant trois petits singes cachés dans le creux d'un vieux tronc de chêne.

XVIIIe siècle.

574. — Garde en shakoudo grenu à grand relief, incrustée d'or et de shibouitshi. Tigre près d'une cascade.

XVIIIe siècle.

575. — Garde en shibouitshi, incrustée d'or, d'argent et de shakoudo; signée : *Toshihiro*. Kouanon, la déesse de la grâce dans sa grotte, adorée par un enfant. Revers : nénuphars.

XVIIIe siècle.

576. — Garde en argent massif à grand relief, incrustée d'or; signée : *Jomeï*. Tigres au-dessus d'une cascade.

XVIIIe siècle.

577. — Garde carrée en bronze jaune à jour; signée : *Toshitoshi*. Shoki regardant les oiseaux.

XVIIIe siècle.

578. — Garde en shakoudo grenu, incrustée d'or, d'argent et de bronze (école de Goto). Arrivée des Mongoliens au Japon.

XVIIIe siècle.

579. — Garde en shakoudo grenu, incrustée d'or, d'argent et de bronze rouge (école de Goto). Défaite des Mongoliens par les Japonais, protégés par le dieu du tonnerre.

XVIIIe siècle.

580. — Garde en bronze jaune, incrustée d'or et d'argent; signée : *Mitsouoki*. Roseaux sous la neige.

XVIIIe siècle.

581. — Grande garde en bronze jaune, ciselée en creux; signée : *Mitsoushiro*. Même sujet à deux personnages. Revers : pêcheur tenant son panier au bout d'une perche.

Fin du XVIIIe siècle.

582. — Garde carrée en bronze jaune, incrustée de différents métaux; signée : *Mitsoushiro*. Lapin à jour, au milieu des fleurs, dans un paysage éclairé par la lune (la nuit d'automne aux champs).

Fin du XVIIIe siècle.

583. — Garde carrée en bronze jaune à fond martelé, incrustée d'or, d'argent, et de shakoudo; signée : *Mitsoushiro*. Grue dans les roseaux, la nuit.

XVIIIe siècle.

584. — Garde en bronze jaune; signée : *Mitsouhiro*. Lapin à jour au milieu des herbes par une belle nuit d'automne.

XVIIIe siècle.

585. — Garde carrée, en bronze jaune, incrustée de shakoudo et d'argent; signée : *Mitsoushiro*. Deux lapins en relief dans les herbes. Revers : herbes en creux au clair de la lune.

Fin du XVIIIe siècle.

586. — Garde en bronze jaune, incrustée de différents métaux; signée : *Toshitoshi*. Guerrier causant avec un philosophe. Revers : serviteur attachant le cheval à un arbre.

XVIIIe siècle.

587. — Garde en argent massif; signée : *Mounémitsou*. Deux oiseaux de Fô à jour.

XVIIIe siècle.

588. — Garde en bronze doré, formée par les vagues de la mer; signée : *Youdzouï*.

XVIIIe siècle.

589. — Garde en shakoudo, incrustée d'or, d'argent et de bronze; signée : *Masakiyo*. Martin-pêcheur perché sur une branche au-dessus d'un cours d'eau.

XVIIIe siècle.

590. — Petite garde en bronze rouge, formée par un personnage assis sur un makimono déroulé; signée : *Foussamitsou*.

XVIIIe siècle.

591. — Garde en bronze jaune, incrustée d'or, d'argent et de shakoudo; signée : *Jôï*. Shoki poursuivant le diable, qui se trouve à l'envers de la garde, grimpant sur un arbre.

XVIIIe siècle.

592. — Garde en bronze jaune d'or, à grand relief, incrustée d'or, de shakoudo et de shibouitshi; signée : *Riouô*. Cor-

moran perché sur un épieu au bord de la mer. Revers : grue volant au-dessus de la mer.

Fin du XVIIIe siècle.

593. — Petite garde en émail cloisonné, à sertissure d'argent. Fleurs sur fond bleu ciel.

XVIIIe siècle.

594. — Garde en shakoudo, incrustée d'or; signée : *Masafoussa*. Retour d'un guerrier japonais après sa visite à la reine des mers, apportant la cloche de Miidera.

Fin du XVIIIe siècle.

595. — Garde en bronze jaune, en forme de coquille, incrustée d'argent et de shakoudo; signée : *Hissafoussa*. Coquillages en relief sur le sable de la mer.

Fin du XVIIIe siècle.

596. — Garde en bronze jaune; signée : *Yasoutshika*. Maison de paysan à toit de chaume.

Commencement du XIXe siècle.

597. Garde en shibouitshi incrustée d'or, d'argent et de shakoudo; signée : *Ossatsouné*. Aigle sur une branche au-dessus d'une cascade.

Commencement du XIXe siècle.

598. — Grande garde à grand relief en argent oxydé à fond neigeux, incrustée de shakoudo, d'or et d'argent; signée : *Yoshitsougou*. Vieillard appuyé à un tronc de pêcher fleuri.

Commencement du XIXe siècle.

599. — Petite garde, même métal, incrustée de différents métaux; signée : *Yoshitsougou*. Diable en fer, effrayé par une tête de hareng accrochée dans un arbre comme talisman. Revers : Jeune pin en fer.

Commencement du XIXe siècle.

600. — Garde en shibouitshi, formée par deux dragons enlacés, emblème impérial ; signée : *Seïdzouï.*

Fin du XVIIIe siècle.

601. — Garde en shibouitshi incrustée d'or et de bronze ; signée : *Hissafoussa.* Plumes de paon dans un vase sur une table. Revers : Vieux tronc de pin.

Commencement du XIXe siècle.

602. — Garde carrée en argent massif; signée : *Akinori.* Vol d'oies sauvages. Revers : vue de mer avec barques à voile.

Commencement du XVIIIe siècle.

603. — Garde en bronze rouge, incrustée de différents métaux; signée : *Seïdzoui.* Petites libellules voltigeant au-dessus d'une écluse et d'un cours d'eau.

Commencement du XIXe siècle.

604. — Garde en bronze rouge, à fond martelé; signée : *Seïdzoui.* Tengus (divinités de la forêt), cachés derrière des troncs d'arbres.

Commencement du XIXe siècle.

605. — Garde en shakoudo, incrustée d'or et d'argent; signée : *Foussatsougou.* Chrysanthèmes et papillons. Revers : reine-marguerite au bord d'un ruisseau.

Commencement du XIXe siècle.

606. — Garde en shibouitshi, incrustée d'or et d'argent; signée : *Seïdzoui.* Renard drapé dans un manteau, dansant devant un piège au milieu des champs ; pleine lune derrière des nuages. Revers : paysan caché derrière des veillottes de riz.

Commencement du XIXe siècle.

607. — Garde en bronze jaune, imitant le bois, incrustée de différents métaux ; signée : *Harouakira*. Signes du zodiaque en forme de médaillons, enchâssés dans une planche.

xixe siècle.

608. — Garde en argent oxydé, à grand relief, incrustée d'or, d'argent et de shakoudo ; signée : *Nobouyoshi*. Femme assise, tenant une boîte. Revers : branches de pin.

xixe siècle.

609. — Garde en shibouitshi, à grand relief, incrustée d'or, d'argent et de bronze rouge ; signée : *Toshimasa*. Grenouille sur une feuille de lotus. Revers : crabes dans un trou de rocher.

xixe siècle.

610. — Garde en shibouitshi à grand relief incrustée d'or, d'argent, de bronze rouge et de shakoudo ; signée : *Hirosada*. Komati jeune, suivie de son serviteur, tenant un parapluie. Revers : forêt de pins au bord de la mer.

xixe siècle.

611. — Garde en shibouitshi à grand relief, incrustée d'or, d'argent, de shakoudo et de bronze rouge ; signée : *Hirosada*. Guerrier suivi de son serviteur, rencontrant Komati vieille. Revers : cabane dans un paysage.

xixe siècle.

612. — Petite garde en shakoudo incrustée d'argent et de différents métaux ; signée : *Katsouki*. Branche de campanules.

xixe siècle.

613. — Garde en shakoudo, incrustée d'or et de bronze rouge, signee : *Tshikatoshi*. Cavalier traversant une rivière et conduit par un diable.

xixe siècle.

614. — Garde en shibouitshi incrustée d'or et d'argent; signée : *Hidékounï.* Le cône du Fousiyama couvert de neige au-dessus des nuages. Revers : paysage au bord de la mer.

XIXe siècle.

615. — Petite garde en shakoudo à sertissure d'or, incrustée d'or, d'argent et de bronze rouge; signée : *Teïkan.* Rose trémière épanouie dans un bouquet de fleurs. Revers : lis et papillon.

XIXe siècle.

616. — Garde en shibouitshi, incrustée d'or; signée : *Kadzounori.* La divinité Taïhakou (étoile près du soleil) dans les nuages. Revers en or massif: tigre sous la pluie.

XIXe siècle.

617. — Garde en shibouitshi, incrustée d'or, d'argent, de shakoudo et de métal feu; signée : *Koro.* Le dieu de la longévité Djiou-Rodjin avec sa biche. Revers : Foukou-Rokou, le dieu du bonheur avec sa grue.

XIXe siècle.

618. — Garde en shibouitshi, incrustée d'or, d'argent et de bronze rouge; signée : *Moritshika.* Branche de courge avec son fruit et ses fleurs.

XIXe siècle.

619. — Garde en shibouitshi; signée : *Yotshin.* Les sept sages du bambou, en creux. Revers : forêt de bambous.

XIXe siècle.

620. — Garde en bronze rouge, incrustée d'or; signée : *Hirotoshi.* Sennin faisant danser une grenouille. Revers : touffe de plantin.

Commencement du XIXe siècle.

621. — Petite garde en shibouitshi, incrustée d'or, d'argent et de bronze rouge. Cinq personnages représentant la légende du guerrier chinois Kanshin. Revers : attributs de pêche.

xixe siècle.

622. — Garde en bronze rouge, incrustée de shibouitshi et à bord festonné; signée : *Yasoutshika*. Renard dansant dans les blés au clair de la lune.

xviiie siècle.

III. — MANCHES DE COUTEAUX (Kodzoukas).

623. — Manche en fer, incrusté d'or; signé : *Fouyosaï*. Dragon dans les nuages.

Fin du xvie siècle.

624. — Manche en fer incrusté d'argent. Branche de pêcher fleuri.

xviiie siècle.

625. — Manche en fer en haut relief; signé : *Koushi*. Gardien de temple.

xviie siècle

626. — Manche en argent incrusté d'or. Fousiyama dans les nuages. Lame par *Oumétada*.

xviie siècle.

627. — Manche en fer incrusté d'or; signé : *Miojiou*, élève de Miotshin. Carquois rempli de flèches et fer de lance. Lame du même artiste.

xviie siècle.

628. — Manche en fer niellé de feuilles et d'armoiries en argent.

xviie siècle.

629. — Manche en shakoudo incrusté d'or et de métaux variés. Guerriers japonais repoussant l'arrivée des Mongo-liens.

Commencement du xviiie siècle.

630. — Manche en argent gravé en creux; signé : *Sôjo*. Shoki saisissant le diable.

Commencement du xviiie siècle.

631. — Manche en fer; signé : *Seïrô*. Libellule et papillon en relief incrustés d'argent doré.

Commencement du xviiie siècle.

632. — Manche en fer; signé : *Mounétoshi*. Tigre dans les bambous au bord d'un ruisseau.

Commencement du xviiie siècle.

633. — Manche en argent. Grand tigre gravé en creux.

Commencement du xviiie siècle.

634. — Manche en argent;signé : *Sômin* Chimère à grand relief.

Commencement du xviiie siecle.

635. — Manche en bronze rouge haricot; signé : *Sanguio-kou*. Huit figures de sennins à mi-corps.

xviiie siècle.

636. — Manche en argent gravé en creux. Paysanne portant un fagot sur la tête et tenant un bœuf en laisse.

xviiie siècle.

637. — Manche en shibouitshi en haut relief; signé : *Kat-*

sounari. Shoki en bronze rouge, dans la pluie ; diable à l'envers.

xviiiᵉ siècle.

638. — Manche en fer incrusté d'or ; signé : *Motohiro.* Danseur avec un masque et un éventail.

xviiiᵉ siècle.

639. — Manche en ébène incrusté de nacre et d'ivoire ; signé : *Sadatomo.* Guerrier tenant une hache.

xviiiᵉ siècle.

640. — Manche en fer ; signé : *Masatsouné.* Grelots d'acteur en or à grand relief.

xviiiᵉ siècle.

641. — Stylet en fer incrusté d'or ; signé : *Isshin.* Blaireau à l'entrée de son terrier.

xviiiᵉ siècle.

642. — Manche en bronze jaune ; signé : *Mitsouaki.* Tigre près d'un cours d'eau.

xviiiᵉ siècle.

643. — Manche en fer incrusté d'argent. Grue dans les nénuphars.

xviiiᵉ siècle.

644. — Manche moitié fer et moitié argent. Tigre ciselé en creux.

xviiiᵉ siècle.

645. — Manche en fer incrusté d'or et d'argent ; signé : *Kadzoumi.* Tigre courant sous la pluie, ciselé en relief d'or.

Commencement du xviiiᵉ siècle.

646. — Manche en fer incrusté d'argent ; signé : *Oungouan-*

saï. Grande vague et pleine lune. Revers en argent imitant un tronc d'arbre.

xviiie siècle.

647. — Manche en fer; signé : *Ghenjio*. Volubilis en émaux translucides grimpant sur un bambou.

xviiie siècle.

648. — Manche en bronze rouge formant un pilier de porte en bois avec une enseigne représentant un diable niellé en shakoudo sur une plaque d'argent.

xviiie siècle.

649. — Manche en shibouitshi martelé, incrusté d'argent et d'or; signé : *Hirosada*. Pieuvre et poissons en relief.

xviiie siècle.

650. — Manche en shibouitshi, incrusté de bronze rouge, signé : *Yotshikou*. Dharma dans sa caverne, à l'extrémité inférieure du manche.

xviiie siècle.

651. — Manche en bronze rouge haricot gravé; signé : *Jôhï* Enfant riant et tenant un balai.

xviiie siècle.

652. — Manche en shibouitshi incrusté d'or et d'argent; signé : *Koudzouï*. Hoteï regardant la lune.

Fin du xviiie siècle.

653. — Manche en shakoudo; signé : *Mitsoutomo*. Scarabée et bête à bon Dieu en haut relief.

Fin du xviiie siècle.

654. — Manche en argent; signé : *Birokou*. Branche de prunier fleuri incrusté en or et shakoudo.

Fin du xviiie siècle.

655. — Manche en shibouitshi grenu, incrusté d'argent, or et shakoudo ; signé : *Hatsoutaka*. Branche de cerisier supportant un rideau armorié.

Fin du XVIIIe siecle.

656. — Manche en argent niellé de shakoudo; signé : *Mitsoutoshi*. Vol d'oies sauvages au-dessus des roseaux.

Fin du XVIIIe siècle.

657. — Manche en fer damasquiné de chrysanthèmes en or.

Fin du XVIIIe siècle.

658. — Manche en argent martelé; signé : *Seïdzouï*. Danseur avec un parasol, en haut relief.

Fin du XVIIIe siècle.

659. — Manche en bronze jaune martelé, incrusté de différents métaux ; signé : *Tsounétshika*. Vieux tronc de pêcher fleuri, enveloppé de paille.

Fin du XVIIIe siècle.

660. — Manche en fer ; signé : *Kadzoutomo*. Libellule en or.

Fin du XVIIIe siècle.

661. — Manche en bronze rouge grenu, avec incrustation d'un papillon en shibouitshi.

Fin du XVIIIe siècle.

662. — Manche en bronze jaune formant un tronc d'arbre avec incrustation de bronze rouge ; signé : *Seïdzoui*. Dharma causant avec un philosophe chinois.

Fin du XVIIIe siècle.

663. — Manche en shibouitshi à grand relief; signé : *Kouanjô*. Tigre regardant son image dans l'eau.

Fin du XVIIIe siècle.

664. — Manche en shibouitshi ; signé : *Konkouan.* Deux scarabées en relief, en shakoudo.

Fin du XVIIIe siècle.

665. — Manche en shibouitshi ; signé : *Masayoshi.* Branche de bambou ciselée, formant le bord du manche.

Fin du XVIIIe siècle.

666. — Manche en bronze rouge ; signé : *Jôhï.* Shoki sur un pont poursuivant le diable, qui est caché en dessous, accroché à une pile.

Fin du XVIIIe siècle.

667. — Manche en shakoudo martelé, avec incrustations d'émaux translucides ; signé : *Harounari.*

XVIIIe siècle.

668. — Manche en bronze martelé, foncé, incrusté de bronze rouge de deux tons ; signé : *Tomonobou.* Dharma enveloppé de son manteau, debout sur les vagues de la mer.

Fin du XVIIIe siècle.

669. — Manche en shibouitshi incrusté de différents métaux en haut relief ; signé : *Seïdzouï.* Coq et lapin dans les champs.

Fin du XVIIIe siècle.

670. — Manche en shibouitshi incrusté d'or et d'argent ; signé : *Tôjiou.* Danseur en scène tenant un éventail et des grelots.

Fin du XVIIIe siècle.

671. — Manche en shibouitshi incrusté de différents métaux ; signé : *Mitsouyoshi.* Le guerrier Goshésho tenant un cheval par la bride et portant un enfant dans sa cuirasse.

Commencement du XIXe siècle.

672. — Manche en argent strillé; signé : *Mitsouhiro.* Branche de chrysantèmes en or et shakoudo, en relief.

Commencement du XIXe siècle.

673. — Manche en shibouitshi incrusté de différents métaux; signé : *Tshokoudzouï.* Le fils du guerrier Oushivaka avec son maître.

Commencement du XIXe siècle.

674. — Manche en shakoudo grenu, incrusté d'or et d'argent; signé : *Youyeïsaï.* Paysage de printemps.

Commencement du XIXe siècle.

675. — Manche en bronze rouge haricot, incrusté de shakoudo et d'argent; signé : *Tokitoshi.* Cerisier fleuri semant ses pétales sur le sable.

Commencement du XIXe siècle.

676. — Manche en shakoudo incrusté d'or et d'argent; signé : *Hirotoshi.* Oudzoumé tenant une branche de prunier.

Commencement du XIXe siècle.

677. — Manche en shibouitshi; signé : *Tomishissa.* Serpent en relief, en argent, enroulé au milieu des chardons.

Commencement du XIXe siècle.

678. — Manche en shibouitshi; signé : *Takétshika.* Colonne carrée, ornée d'un dragon et entourée de nuages.

Commencement du XIXe siècle.

679. — Manche en bronze rouge aventuriné, gravé et niellé; signé : *Goto Itijio.* Dame japonaise marchant suivie d'une servante portant une guitare.

Commencement du XIXe siècle.

680. — Manche en shakoudo, incrusté d'or et de bronze

rouge, signé : *Jôriou*. Coq et poule perchés sur un tronc d'arbre au lever du jour.

Commencement du XIXe siècle.

681. — Manche en bronze rouge ; signé : *Masatoshi*. Deux sennins, dont l'un fait danser une grenouille, l'autre crée un petit esprit de son souffle.

Commencement du XIXe siècle.

682. — Manche en shibouitshi incrusté d'or et d'argent. Groupe de trois grues dans les roseaux, la nuit.

Commencement du XIXe siècle.

683. — Manche en shibouitshi incrusté de différents métaux ; signé : *Setsouga*. Lanterne de temple à grand relief sous un cerisier fleuri.

Commencement du XIXe siècle.

684. — Manche en shibouitshi martelé, incrusté d'or et de différents métaux. Martin-pêcheur perché dans les roseaux et avalant un poisson.

Commencement du XIXe siècle.

685. — Manche en shakoudo ; signé : *Haroutshika*. Poète endormi sur ses livres.

Commencement du XIXe siècle.

686. — Manche en shakoudo formant un tronc de pin avec une grosse mouche aux ailes d'or ; signé : *Hôazoui*.

Commencement du XIXe siècle.

687. — Manche en shakoudo incrusté d'or et d'argent ; signé : *Yoshiô*. Sennin à la grue devant un pêcher fleuri. Envers en or.

Commencement du XIXe siècle.

688. — Manche en argent, chef-d'œuvre de *Temmin*. Deux musiciens dansants.

Commencement du XVIIIe siècle.

689. — Manche en shakoudo grenu incrusté de différents métaux; signé : *Seïdzoui*. Jeune homme tenant un chien en laisse et suivi d'un guerrier armé d'une hache.

Commencement du XIXe siècle.

690. — Manche en shakoudo martelé; signé : *Seïrô*. Masque d'acteur en relief.

Commencement du XIXe siècle.

691. — Manche en argent imitant une natte, avec incrustations de fleurs de kiri en métaux variés.

Commencement du XIXe siècle.

692. — Manche en fer; signé : *Yoshitsou gou*. Bambous aux feuilles incrustées d'or. Lame par *Kanémori*.

Commencement du XIXe siècle.

693. — Stylet en fer incrusté d'argent; signé : *Masaakira*. Flèche avec un nœud de ruban.

Commencement du XIXe siècle.

694. — Manche en shibouitshi à hauts reliefs; signé : *Natsouô*. Deux carpes nageant dans les herbes.

XIXe siècle.

695. — Manche en shakoudo incrusté d'argent; signé : *Hôkan*. Diable dormant sur un sac au clair de la lune.

XIXe siècle.

696. — Manche en shakoudo grenu; signé : *Natsouô*. Deux lis en relief en bronze rouge.

XIXe siècle.

697. — Manche en shibouitshi ; signé : *Ossatsouné*. Personnage incrusté de bronze rouge, or et shakoudo, tenant un cormoran sur un perchoir.

XIXe siècle.

698. — Manche en shibouitshi ; signé : *Akimasa*. Légende du guerrier écrivant sur un tronc d'arbre.

XIXe siècle.

699. — Manche en shibouitshi, martelé ; signé : *Mitsouoki*. Grue en argent, or, et shakoudo.

Commencement du XIXe siècle.

700. — Manche en shibouitshi incrusté de shakoudo ; signé : *Shindzoui*. Corbeaux silhouettés en noir sur une branche en creux se détachant sur la lune, en argent.

Commencement du XIXe siècle.

701. — Manche en bronze rouge, incrusté de shibouitshi et d'or ; signé : *Mitsouhiro*. Pieds de bambous.

Commencement du XIXe siècle.

702. — Manche en shibouitshi incrusté d'argent et d'or : signé : *Tomoyoshi*. Prince jouant de la flûte.

XIXe siècle.

703. — Manche en bronze rouge incrusté d'or, d'argent et de shakoudo ; signé : *Atsoutaka*. Jeune femme tenant un panier de fleurs et se bouchant le nez.

Milieu du XIXe siècle.

IV. — NETZKÉS DE MÉTAUX INCRUSTÉS ET CISELÉS, EN FORME DE BOUTONS

(DU MILIEU DU XVIIIe SIÈCLE AU MILIEU DU XIXe).

704. — Bouton en shibouitshi incrusté de différents métaux. Femme debout sur le dos d'un diable, cueillant des branches de glycine. Monture en ivoire.

705. — Bouton en shakoudo incrusté d'or ; signé : *Katsoumori*. Grande fleur de pivoine. Monture en corne sculptée à jour.

706. — Bouton en shibouitshi. Figure comique d'un homme qui ne peut chasser une mouche posée sur son front. Monture en ivoire.

707. — Bouton carré en shakoudo grenu inscrusté d'or et d'argent; signé : *Kouansaï*. Guerrier se promenant un éventail à la main sous un cerisier fleuri. Monture en bois.

708. — Bouton en shibouitshi; signé : *Koukoushi*. Tête de vieux bonze. Monture en ivoire.

709. — Bouton en shibouitshi, incrusté de différents métaux; signé : *Shiourakou*. Garde de temple courant et riant. Monture en ébène.

710. — Bouton en argent; signé : *Shiourakou*. Bambou et chrysanthèmes gravés. Monture en bois.

711. — Bouton en shibouitshi incrusté; signé : *Shiourakou*. Le guerrier Benkeï sur le pont de Gojo, gravé en creux, la tête seulement en relief. Monture en ivoire.

712. — Bouton en shibouitshi; signé : *Shiourakou*. Femme assise, gravée en creux. Monture en ivoire.

713. — Bouton en shakoudo incrusté d'or et d'argent ; signé : *Shiourakou*. Légende du poète lisant à une table et de l'araignée. Monture en ivoire.

714. — Bouton en shibouitshi incrusté d'or; signé : *Shiourakou*. Philosophe endormi, en creux, la tête seulement en relief. Monture en ivoire.

715. — Bouton en argent gravé en creux, représentant un enfant pêchant à la ligne dans un bâteau près des piles d'un pont; signé : *Shiourakou*.

716. — Bouton en fer orné d'une feuille de chêne ciselée en relief; signé : *Fouhakou*. Monture en bronze jaune orné de feuilles en creux.

717. — Bouton en fer ciselé en relief, légèrement frotté d'or et d'argent, représentant Fouten, le dieu des vents. Monture en corne.

718. — Bouton en bronze jaune; signé : *Temmin*. Personnage en buste vu de profil. Monture en ivoire.

719. — Bouton en shibouitshi, incrusté de bronze ; signé : *Temmin*. Marchand de tableaux assis au pied d'une porte, gravé en creux. Monture en ivoire.

720. — Bouton en argent. Deux kappas pêchant à la ligne. Monture en ivoire.

721. — Bouton en shibouitshi incrusté d'or et d'argent. Kouanon assise sur un rocher. Monture en ivoire.

721 *bis.* — Bouton en argent, avec arbre et nuages niellés sur la lune. Monture en corne sculptée à jour.

722. — Bouton en argent; signé : *Tôhô*. Prince tenant en respect, en jouant de la flûte, un assassin qui le poursuit. Monture en ivoire.

723. — Bouton en shibouitshi incrusté d'or et d'argent; signé : *Kadzoutshika*. Même sujet. Monture en corne sculptée a jour.

724. — Bouton en shibouitshi incrusté de shakoudo, or et argent; signé : *Masayoshi*. Corbeau et grue dans les roseaux. Monture en fer damasquiné.

725. — Bouton en shibouitshi incrusté d'or et d'argent; signé : *Kadzoutshika*. Souhaiteurs de bonne année. Monture en ivoire sculpté et ajouré à l'envers; signée : *Hôguiokou*.

726. — Bouton en shibouitshi incrusté d'or et d'argent. Daïkokou chassant les rats qui courent sur ses sacs de riz. Monture en ivoire.

727. — Bouton en shibouitshi incrusté de bronze et de différents métaux; signé : *Jakousô*. Danse des moineaux pour la fête de longue vie.

728. — Bouton en shibouitshi avec incrustations; signé : *Masatoki*. Vue lointaine d'une île dans la mer. Monture en ivoire.

729. — Bouton en argent; signé : *Kouakousensaï*. Guenon tenant un fruit d'or et jouant avec son petit. Monture en bois.

NETZKÉS EN OR CISELÉ.

730. — Bouton en or ; signé : *Temmin.* Singe et personnages comiques dans une barque, en creux, gravés d'après un dessin de *Itshio.* Monture en ébène.

731. — Bouton en or ; signé : *Temmin.* Danseuse de la cour impériale, en creux, la tête seulement en relief. Monture en ébène.

732. — Bouton en or martelé, avec un lys en argent à grand relief ; signé : *Yadzouyoshi.* Monture en bois noir.

733. — Bouton en or ; signé : *Shiourakou.* Souhaiteurs de nouvelle année dansant. Monture en ivoire.

734. — Bouton en or ; signé : *Shiourakou.* Empereur assis sur son char. Monture en argent.

735. — Bouton en or ; signé : *Ritsoumin.* Deux forgerons forgeant une lame. Monture en ébène.

736. — Bouton en or ; signé : *Masatoshi.* Légende du Blaireau et de la Marmite. Monture en ivoire.

737. — Bouton en or ; signé : *Minguiokou.* Renard enveloppé d'un manteau se sauvant d'un palais. Monture en ivoire sculpté à jour.

738. — Bouton ; signé : *Yokoushinsaï.* Faisan et poule sous un cerisier fleuri, en or et argent, enchâssés dans une monture en ivoire sculpté à jour.

739. — Bouton ; signé : *Nariakira.* Coq en or et émaux translucides, enchâssé dans une monture de bois sculpté.

V. — PETITS OBJETS DIVERS EN MÉTAL

(FRAGMENTS DE GARNITURES DE SABRES, MENOUKIS).

740. — Rond de sabre en shakoudo incrusté d'or et d'argent représentant trois guerriers chinois ; signé : *Toshihatzou.*
xviiie siècle.

741. — 15 ronds de sabre.

742. — 38 bouts de sabre.

743. — Fermeture de blague. Le dieu Foudo dans les flammes, en argent ; signée : *Masahatou.*
xviie siècle.

744. — Menouki. Le dieu de la force Niwo, en or massif ; signé : *Rioushateï.*
xviiie siècle.

745. — Menuuki. Shoki furieux, tenant une lance ; signé : *Konkouan.*
xviiie siècle.

746. — Menouki. Guerrier tenant un enfant dans ses bras ; signé : *Konkouan.*
xviiie siècle.

746 *bis.* — Menouki. Officier saisissant un voleur d'huile, en or massif ; signé : *Mingouiokou.*

747. — Netzké en bois en forme de pistolet. Garniture en argent, or et fer damasquiné d'or et d'argent du plus riche travail. Ce netzké est creux et pouvait servir en même temps d'encrier portatif.
xviiie siècle.

748. — Fermeture de blague en forme d'éventail, en shakoudo, à sertissure d'argent, et incrustée de différents métaux ; signée : *Lengentsou-an*. Paysage avec chaumière, ayant fenêtre glissant dans sa rainure. Revers : paysage gravé en creux sur argent.

xviiie siècle.

749. — Fermeture de blague en fer, incrustée d'or et d'argent. Acteur avec un masque mobile en argent.

xviiie siècle.

750. — Fermeture de blague en or massif; signée: *Motohidé* Deux gardiens de temple.

Commencement du xviiie siècle.

751. — Petit encrier carré en bronze clair, incrusté de deux tortues en or.

xviiie siècle.

752. — Grand netzké en corail enchâssé dans une monture d'argent à charnière incrustée d'or et de shakoudo; signé : *Shiômin*. La monture de ce netzké princier représente un éléphant blanc escorté de musiciens ; les charnières sont formées par des troncs de pins noueux.

Fin du xviiie siècle.

753. — Fermeture de blague en shibouitshi incrustée d'or, d'argent et d'autres métaux en haut relief; signée : *Shiou-rakou*. Cinq dieux du bonheur en ivresse. Au revers : deux autres dieux du bonheur en creux.

754. — Fermeture de blague en shibouitshi, incrustée de différents métaux en haut relief et à jour; signée : *Katsou-tshika*. Sept personnages, dont deux diables, dans une barque. (Bateau entre Foushimi et Kioto sur le Yadogawa.) Revers mi-argent, mi-shakoudo.

755. — Fermeture de blague en shibouitshi, incrustée de différents métaux ; signée : *Ritsoumin*. Les sept dieux du bonheur dans une feuille.

756. — Fermeture de blague, en shibouitshi, incrustée d'or et de différents métaux, en haut relief et à jour ; signée : *Shiourakou*. Les sept sages du bambou et un enfant.

756 *bis*. — Fermeture de blague en argent, corail et shakoudo incrustés d'or. Nègre retirant une grande branche de corail des vagues de la mer.

757. — Menouki. Casque en or massif ; signé : *Gôto-Itijo*.
xixe siècle.

758. — Petite boîte plate, oblongue à parfums, en shibouitshi incrusté d'argent et de corail et décoré de branches à grands fruits de corail sous la neige.
Commencement du xixe siècle.

759. — La déesse de la bienfaisance Kouanon avec un enfant, en or massif ; signé : *Moritshika*.
xixe siècle.

759 *bis*. — Petite boîte de toilette, plate, rectangulaire, à couvercle emboîtant, en bronze doré décoré de fleurs des champs gravées en creux avec la plus grande finesse.
L. 0m,05 1/2 ; L. 0m,04 1/2. — Commencement du xviiie siècle.

760. — Petite boîte plate, hexagonale, en bronze jaune, décorée de nénuphars en shibouitshi, or et argent.
D. 0m,04 1/2. — xviiie siècle.

761. — Compte-gouttes en bronze rouge, damasquiné d'or mat sur les côtés.
L. 0m,08 ; L. 0m,05. — Commencement du xviiie siècle.

762. — Petit crabe en bronze rouge ; signé : *Sanéyoshi.*

763. — Masque d'acteur en shakoudo incrusté.

764. — Singe accroupi en fer, le museau en bronze rouge, le vêtement en or ; signé : *Tomotoshi.*

Commencement du XVIIIe siècle.

765. — Singe en bronze rouge, vêtu d'une chemise en or, contemplant un petit singe formant le netzké d'une boîte de pharmarcie ; signé : *Mitshiyoshi.*

Fin du XVIIIe siècle.

766. — Petit Dieu du bonheur à tête mobile, en shakoudo incrusté d'or.

767. — Petit dragon en fer enroulé autour d'un étui en or.

768. — Petit damier en shakoudo incrusté d'argent.

769. — Tête de lion avec un anneau, en bronze rouge.

XVIIe siècle.

770. — Sennin en or à cheval sur une grue en argent et shakoudo ; signé : *Shiômin.*

Fin du XVIIIe siècle.

771. — Divinité bouddhique assise sur un tigre, en shakoudo incrusté d'or.

Fin du XVIIIe siècle.

772. — Divinité bouddhique avec un dragon, en shakoudo incrusté d'or.

Fin du XVIIIe siècle.

773. — Divinité avec un dragon, en shibouitshi incrusté d'or et d'argent ; signé : *Tsounéyouki.*

Fin du XVIIIe siècle.

774. — Tête de lion en ivoire fixée sur argent.

Fin du XVIIIe siècle.

COULANTS D'INRÔS.

775. — Petit singe minuscule en ivoire noir tenant une pêche rouge.

776. — Coulant en or, en forme de bouton. Branche de prunier ajourée; signé : *Atsouyoshi.*

777. — Coulant en or massif. Prince jouant de la flûte et suivi d'un assassin, à jour; signé : *Moga.*

778. — Coulant en fer, or et argent; signé : *Shiômin.* Dieu du saki sortant de sa marmite.

Commencement du XIXe siècle.

779. — Coulant en or à moitié recouvert de fer; signé: *Shiômin.* Grappe de millet en relief. Au revers : oiseau gravé en creux.

Fin du XVIIIe siècle.

780. — Coulant en or; signé : *Shiômin.* Incrusté d'une feuille de lotus en fer et de fleurs en argent.

Fin du XVIIIe siècle.

781. — Coulant; signé : *Toshimitsou.* Diable en or grimpant après le bâton de Shoki en fer.

Fin du XVIIIe siècle.

782. — Coulant mi-parti or et fer, incrusté de bronze; signé : *Matsoushiro.* Bonze à tête de diable frappant sur un tambour en métal.

XVIIIe siècle.

783. — Coulant en forme de gourde de pèlerin, en fer damasquiné d'or.

XVIIIe siècle.

VI. — ÉPINGLES DE SABRE (Koghaï).

784. — Épingle en bronze rouge incrustée d'une libellule en shibouitshi et or.

785. — Épingle en bronze jaune, incrustée d'une branche de prunier fleurie en shakoudo et argent ; signée : *Tsounétshika.*

786. — Épingle en shibouitshi ; signée : *Yoshiakira.* Guerrier à cheval.

VII. — PIPES

787. — Grande pipe en argent ; signée : *Kikoukava.* Deux dragons dans les nuages en haut relief.

xviiie siècle.

788. — Pipe en argent ciselé et en fer damasquiné d'or.

Commencement du xixe siècle.

789. — Pipe en argent ciselé aux armoiries impériales, et en fer damasquiné d'or.

Fin du xviiie siècle.

VIII. — OBJETS EN ARGENT CISELÉ.

790. — Petite boîte en forme de casque, en argent.

xviie siècle.

791. — Porte-pinceau en argent, cylindrique à pied hexagonal.

xviie siècle.

792. — Boîte à couvercle, de forme allongée, portant les armoiries des Tokougava.

L. 0^m,12. — xviie siècle.

793. — Netzké de forme ronde, représentant un tigre accroupi ciselé en bas-relief; signé : *Tomosané.* Monture en shakoudo.

Commencement du XVIIIe siècle.

794. — Plaque en argent gravé; signée : *Kikoukava.* Personnage enseignant le jeu de flûte à une dame, et jeune fille agenouillée arrosant des pivoines.

XVIIIe siècle.

795. — Petite théière en argent, gravée d'une grecque de papillons et d'oiseaux.

XVIIIe siècle.

796. — Petit appareil de fumeur en argent, gravé de fleurs et papillons.

XVIIIe siècle.

797. — Statuette en argent; signée : *Isshinsaï.* Sennin assis sur un rocher et contemplant des touffes de chrysanthèmes.

XVIIIe siècle.

798. — Presse-papier en argent, en forme de feuille de mauve (armoirie des Tokougava).

XVIIIe siècle.

799. — Grande applique représentaut un prince japonais en costume de guerre traversant les flots; signée : *Kikoukava.*

L. 0[m],08 ; L. 0[m],04. — XVIIIe siècle.

800. — Plaque gravée en creux et incrustée de shakoudo et de shibouitshi représentant un montreur de marionnettes et des enfants; signée : *Kikoukava.*

L. 0[m],08 1/2; L. 0[m],04 1/2. — XVIIIe siècle.

801. — Presse-papier figurant une banderolle de papier et une branche de cerisier fleuri.

Fin du XVIIIe siècle.

802. — Coupe à saki gravée de carpes nageant au milieu des herbes; signée : *Kadzoutomo.*

xviiie siècle.

803. — Applique repoussée et ciselée. Aigle tenant un singe dans ses serres, par *Konkouan.*

Fin du xviiie siècle.

803 *bis.* — Bout de sabre décoré d'un semis de chrysanthèmes en relief.

804. — Petit plateau en argent, formé par une feuille de lotus avec un crabe et une araignée; signé : *Katsouyasou.*

xixe siècle.

IV

OBJETS DIVERS

I.

805. — Petit miroir de poche en étain, dans son étui en ivoire laqué d'or.

xviie siècle.

806. — Blague en corne tressée, figurant un panier, à fermeture et coulant d'argent ; netzké en malachite incrusté d'un coq en or.

xviie siècle.

807. — Étui à pinceau en bambou sculpté à jour.

L. $0^m,028$. — xviiie siècle.

808. — Cabinet en forme de hotte, en bois naturel décoré de peintures gouachées ; signé : *Mitsouoki.*

H. $0^m,24$; L, $0^m,18$. — xviie siècle.

809. — Petite boîte rectangulaire en ivoire sculpté, décorée de dessins réguliers et d'une chimère en ronde-bosse.

H. $0^m,03$; L. $0^m,04$. — xviie siècle.

810. — Théière en fer à anse de bronze rouge, à couvercle de bronze jaune décoré de prêles et à goulot d'argent.

xviie siècle.

811. — Théière en fer à couvercle en bronze jaune décoré d'un tronc de momidji en émail cloisonné.

xviie siècle.

812. — Petite jardinière ronde en ivoire sculpté à jour.

H. 0m,05; L. 0m,04. — xviiie siècle.

813. — Coupe en noix de coco polie, à bords ajourés, dorée à l'intérieur.

H. 0m,08; D. 0m,13. — xviiie siècle.

814. — Petit brasero cylindrique en bois d'érable avec son écorce laquée de feuilles de momidji en laque d'or et laque rouge; intérieur et couvercle en bronze jaune.

H. 0m,09; D. 0m,05 1/2. — Commencement du xviiie siècle.

815. — Miroir de bronze d'argent d'ancien travail.

D. 0m,14.

816. — Blague et étui à pipe en cuir à garniture d'argent; fermeture en bronze rouge incrusté, représentant Shoki et le diable; netzké en shiboutshi; signé : *Mimkokou.* Coulant en argent, signé du même; pipe en argent incrustée de corail et de turquoises.

Fin du xviiie siècle.

817. — Petit encrier de ceinture, en bois sculpté en forme de panier; signé : *Masatoshi;* pinceau en bambou moucheté; coulant en argent; signé : *Sômin.*

xviiie siècle.

818. — Bourse en bois de Binroji, sculptée de chrysanthèmes et doublée de cuir; signée : *Masafoussa.*

Fin du xviie siècle.

819. — Deux petits flacons à parfums, dont l'un est en shi-

bouitshi décoré d'une fleur de pivoine ciselée en creux, l'autre en shibouitshi laqué noir et or.

820. — Applique porte-sabre en corne de chevreuil, représentant une tête de lion.

821. — Cachet en corne représentant un personnage comique à longue barbe.

Fin du XVIIIe siècle.

822. — Bourse en cuir gaufrée à fermoirs en argent ciselé et niellé, incrusté d'armoiries en or et shakoudo.

Commencement du XIXe siècle.

823. — Quatorze petits masques amulettes en ivoire.

824 — Reliure d'album avec coins représentant des libellules en argent; style de *Kôrin*.

XVIIIe siècle.

825. — Jeu de cartes japonais décoré de fines miniatures.

XVIIe siècle.

II. — OBJETS EN IVOIRE ET EN BOIS INCRUSTÉS.

826. — Panneau applique en bois, laqué noir incrusté de nénuphars roses en faïence; signé : *Ritsouô*.

Fin du XVIIe siècle.

827. — Boîte en pied de bambou, incrustée des attributs de Daïkokou en ivoire, nacre et corail; intérieur en laque aventuriné.

H. $0^m,04\ 1/2$; D. $0^m,12$. — XVIIIe siècle.

828. — Bonbonnière en bois de fer incrustée de nacre et doublée de laque rouge.

D. 0m,07. — XVIIIe siècle.

829. — Deux panneaux appliques, en bois de fer incrusté de tiges de bambous, papillons et colimaçons en ivoire et nacre.

XVIIIe siècle.

830. — Boîte à thé en ivoire à bordure laquée de dessins réguliers.

H. 0m,06 1/2; D. 6 1/2. — XVIIIe siècle.

831. — Petite boîte ronde à parfums, en ivoire, décorée d'une branche de cerisier fleuri en laques de couleurs.

D. 0m,05 1/2. — XVIIIe siècle.

832. — Boîte plate en bois de fer à coins arrondis, incrustée d'une rose en nacre.

L. 0m,10; L. 0m,07. — Fin du XVIIIe siècle.

833. — Petit cabinet en ivoire à tiroirs et vanteaux, décoré de fleurs en laque d'or et rouge; fermoirs en argent.

H. 0m,07; L. 0m,09. — Fin du XVIIIe siècle.

834. — Petite boîte rectangulaire en ivoire, à tiroir et compartiment intérieur, contenant quatre petites boîtes; le dessus est décoré d'un panier de fleurs en relief, en laque et incrustation de nacre.

H. 0m,03 1/2; L. 0m,07; L. 0m,05 1/2. — Commencement du XIXe siècle.

835. — Boîte à thé en ivoire décoré d'une branche d'hortensia en laque d'or avec fleurs de nacre en relief.

H. 0m,07; D. 0m,06. — Commencement du XIXe siècle.

836. — Petite boîte rectangulaire en ivoire décoré de pois de senteur en laque d'or, corail et nacre, avec une cigale en ivoire vert.

H. 0m,2 ; L. 0m,08 1/2 ; L. 0m,04 1/2. — XIXe siècle.

III. — ÉTUIS A PIPE

(DE LA FIN DU XVIIe AU MILIEU DU XIXe SIÈCLE)

837. — Étui en corne teintée, avec dessins d'ornements réservés en blanc ; signé : *Rioukeï*.

Fin du XVIIe siècle.

838. — Étui en bois, incrusté d'ivoire et rehaussé de touches de couleur ; signé : *Rioukeï*. Personnages bouddhiques se chauffant devant un feu près d'une cascade.

Fin du XVIIe siècle.

839. — Étui en bois laqué avec l'attache formée par un singe en argent. Homards en laque noir et or sur un fond de laque rouge.

Commencement du XVIIIe siècle.

840. — Étui en bambou moucheté ; signé : *Ikkô*. Libellules en creux avec incrustations d'ivoire et de nacre.

XVIIIe siècle.

841. — Étui en bambou incrusté d'ivoire blanc, d'ivoire vert, d'ébène et de bois brun ; signé : *Ikkô*. Acteurs avec des masques grotesques.

XVIIIe siècle.

842. — Étui en bambou brun, incrusté d'ivoire, d'ébène, de nacre et de corail ; signé : *Ikkô*. Lapin dans les ajoncs, au clair de lune.

XVIIIe siècle.

843. — Étui en bambou, avec incrustations d'ivoire ; signé : *Ikkô*. Deux personnages tenant en laisse un singe grimpé sur un arbre.

844. — Étui en ivoire verdi, incrusté d'un grand dragon en argent. Le Fousiyama au cône de neige sur la coulisse en ébène.

XVIIIe siècle.

845. — Étui en bambou ; signé : *Guiokouiyeï*, élève de Kôrin. Procession de pèlerins sculptée en creux.

846. — Étui en bambou avec incrustations de fleurs et papillons en ivoire, nacre et laque d'or.

XVIIIe siècle.

847. — Étui en bois d'ébène imitant une natte avec un lézard en or poursuivant des fourmies en argent ; chef-d'œuvre de *Gamboun*.

Fin du XVIIIe siècle.

848. — Étui en corne avec applications de bronze et d'argent ; signé : *Itkiou*. Petit oiseau posé sur une théière.

Fin du XVIIIe siècle.

849. — Étui en corne ; signé : *Jiouguiokou*. Pieds de bananiers ; grenouille formant l'attache.

Fin du XVIIIe siècle.

850. — Étui en corne. Tigre dans une forêt de bambous au bord d'une cascade.

Commencement du XIXe siècle.

851. — Étui en ivoire, imitant le tressage de bambou.

852. — Étui en corne à jour, imitant la vannerie.

853. — Étui en ivoire sculpté ; signé : *Mounétoshi.* Acteur en scène, sur fond noirci.

854. — Étui en dent de morse. Poteaux dans la mer et oiseau volant sur le disque du soleil.

855. — Étui en corne ; signé : *Rakoumin.* Paysan coupant de l'herbe dans une prairie au bord d'un ruisseau.

856. — Étui en corne. Touffe d'orchidées et crabe dans les rochers.

857. — Étui en bambou laqué.

858. — Étui en corne. Panier de fruits et théière. Branche de grenadier formant l'attache.

859. — Étui en ivoire; signé : *Riouhò.* Cigale plongée dans le cœur d'une rose.

860. — Étui en corne; signé : *Mitsoutoshi.* Shoki contemplant le reflet dans l'eau d'une tête de diable formant l'anneau de l'étui.

861. — Étui en bois d'ébène ; signé : *Yeïsaï.* Crabes et herbes en creux.

862. — Étui en bois d'ébène avec applications d'or et d'argent ; signé : *Kouaïto.* Gourde fleurie.

863. — Étui en bois d'ébène strillé, avec application d'argent; signé : *Kouaìto.* Branche et fleurs de magnolia dans un vase et papillons en émail.

864. — Étui en corne rougie avec applications de bronze et d'argent. Libellule accrochée à une ligne de pêcheur.

865. — Étui en corne, signé : *Hakousaï*. Le dieu des vents traversant les airs.

866. — Étui en bois imitant un tronc de pin, signé : *Keiman*. Sennin tenant une gourde d'où s'échappe un cheval.

867. — Étui en ivoire à jour, imitant la vannerie.

868. — Étui en corne, avec personnage en saillie étendant le bras.

869. — Étui en corne brune, formé par un tronc et une branche de bambou à jour.

870. — Étui en corne, imitant un tronc d'arbre, terminé par une figure grotesque.

871. — Étui en ivoire teinté, sculpté en creux et signé : *Kiosaï* (le célèbre caricaturiste). Paysan renversé par terre et riant devant l'apparition d'une grande tête grotesque de Dharma tirant la langue.

872. — Étui en ivoire transparent, en forme d'une gousse de haricot, orné d'une grappe de raisin, d'un écureuil et d'un colimaçon ; signé : *Hômin*.

873. — Étui en corne, formé par des feuilles de bananier enroulées et à jour, avec une chauve-souris formant l'attache.

874. — Étui en ivoire, signé : *Itiriousaï*. Paysan rentrant des champs avec son enfant.

875. — Étui en corne, signé : *Hômin*. Pèlerin regardant avec envie une branche de fruits de kaki, qu'il ne peut atteindre.

876. — Étui en corne et ébène, avec application d'or, de

shakoudo et de bronze, signé : *Rakoumin*. Dieu du saké derrière un vase et tenant une coupe et une cuillère à la main.

877. — Étui en corne, signé : *Josô*. Aigle perché sur une branche de pin et guettant des oiseaux dans la nuit.

878. — Étui en ivoire. Crabe laqué de rouge, sortant d'un trou de rocher.

879. — Étui en bois de palmier, signé : *Mounékadzou*. Incrustations de fleurs et papillons en argent, or, ivoire et nacre.

VI.

TISSUS ET BRODERIES

I. — ÉTOFFES

880. — Grande robe de cour à chrysanthèmes multicolores sur fond damassé mi-parti blanc et rouge.

xve siècle.

881. — Grande robe de shiogoun, de cérémonie, brochée de fleurs de kiri et de fô sur fond bleu ciel et rose lamé d'or, doublée rouge feu.

xvie siècle.

882. — Robe de cérémonie brochée de dessins géométriques sur fond abricot.

xvie siècle.

883. — Robe de femme de la cour de Kioto : pivoines brochées roses et violettes et papillons brodés sur fond bleu, doublée de rouge.

xvie siècle.

884. — Robe de cour à dessins irréguliers semés comme les carrés d'un caléidoscope, sur fond grenat.

xviie siècle.

885. — Robe de cour à fond rouge décorée d'un semis régulier de branches sous la neige.

xviie siècle.

886. — Bas de robe en foulard violet; personnage sur un pont, fleuves et papillons brodés en relief.

xviie siècle.

887. — Robe de femme de la cour de Kioto, brodée de fleurs de pavots multicolores sur fond crème, doublée de rouge feu.

xviie siècle.

888. — Robe de cérémonie en damas, décorée : grues blanches sur fond rouge feu.

xviie siècle.

889. — Grande robe de shiogoun brochée d'un semis de fleurs sur fond gris perle et rose lamé d'or, doublée de rouge feu.

Fin du xviie siècle.

890. — Robe d'homme en damas, à raies vertes, jaunes, rouges, lilas et violettes.

xviiie siècle.

891. — Robe de daïmio à grandes fleurs rouges et vertes sur fond or, doublée de violet.

xviiie siècle.

892. — Robe de jeune fille chinée, rose pêche et crème, brodée de petits bouquets.

Fin du xviiie siècle.

893. — Robe de femme brochée, à petits dessins bronze sur fond gros bleu, doublée de gris perle et de rouge feu.

Commencement du xixe siècle.

894. — Robe de femme en toile bleue : esquisse de bambous sous la pluie, imprimée et brodée.

Commencement du XIXe siècle.

895. — Robe de femme en toile blanche, brodée de fleurs.

Commencement du XIXe siècle.

896. — Robe de femme en crêpe violet : branches de bambou, imprimées et brodées.

Commencement du XIXe siècle.

897. — Robe de femme en toile blanche, brodée de fleurs et de caractères symboliques.

898. — Brocart d'or sur fond abricot.

XVe siècle.

899. — Carré à grandes fleurs rouge cuivre sur fond de satin gros bleu.

XVIIe siècle.

900. — Ceinture brochée, à petits dessins sur fond bleu passé.

XVIIe siècle.

901. — Ceinture en velours épinglé. Papillons et fleurs de cerisier rose et violet sur fond gris.

XVIIe siècle.

902. — Grand carré broché : tortues et grues sur fond rouge feu.

XVIIe siècle.

903. — Fragment de ceinture à petits dessins géométriques sur fond paille.

XVIIIe siècle.

904. — Tissu de crin broché à feuilles de chêne.

XVIIIe siècle.

905. — Carré en soie brochée, lamé d'or, fond rouge feu.

XVIIIe siècle.

906. — Carré de soie brochée, bleu sur fond vieil or.

XVIIIe siècle.

907. — Carré broché : coquilles et boîtes de laque sur fond bleu.

XVIIIe siècle.

908. — Devant d'autel en broderie : la déesse Kouanon dans les nuages.

XVIIIe siècle.

909. — Tapis en crêpe de Chine violet brodé à l'endroit et à l'envers de fleurs en relief.

Commencement du XVIIe siècle.

910. — Carré de satin broché : grandes fleurs sur fond gros bleu.

XVIIe siècle.

911. — Ceinture en brocart lamé d'argent : grandes fleurs de chrysanthèmes et papillons de toute couleur sur fond noir.

XVIIe siècle.

912. — Ceinture de cour brochée, lamée d'or. Kirimons à feuilles vertes sur fond rose grenade.

XVIIe siècle.

913. — Ceinture brochée à grands dessins géométriques, sur fond rouge feu.

XVIIe siècle.

914. — Ceinture de cour brodée de grues vertes en losanges sur fond rouge feu, avec médaillons aux armoiries des Tokougava.

XVIIIe siècle.

915. — Ceinture en soie changeante couleur tabac et vert.

xviiie siècle.

916. — Carré de brocart, décoré des armoiries impériales blanches sur fond rouge feu.

xviiie siècle.

917. — Carré broché, lamé d'or sur fond rouge feu.

xviiie siècle.

918. — Ceinture brochée d'or à raies ondulées, sur fond gris bleu.

xviiie siècle.

918 *bis.* — Carré broché à losanges rouges, roses et bleu, sur fond gros bleu.

II. — FOUKOUSAS.

919. — Grue volant au-dessus des vagues, sur fond rouge feu, signé : *Youhô.*

xviie siècle.

920. — Forêt de branches de pin en or se détachant sur le disque du soleil, réservé uni sur un fond rouge feu couvert de nuages d'or.

Fin du xviie siècle.

921. — Dragon enroulé, sur fond blanc crème.

xviiie siècle.

922. — Armoirie en or formant médaillon, sur un fond rouge feu et vert changeant, à dessins géométriques.

xviiie siècle.

923. — Armoiries en or, sur un fond gris mordoré couvert de dessins en guirlandes d'or.

xviiie siècle.

924. — Deux grues en or, sur fond de velours frappé gros bleu à dessins géométriques.

xviiie siècle.

925. — Armoiries en or, à fleurs formant médaillon sur fond rose pêche.

xviiie siècle.

926. — Paysage avec une porte de temple, un pont et un vol de grues, sur fond gros bleu.

xviiie siècle.

927. — Branches de prunier fleuries, sur fond vieil or foncé.

xviiie siècle.

928. — Hoteï jouant avec deux enfants, sur fond gros bleu.

xviiie siècle.

929. — Cinq enfants jouant et faisant une grande boule de neige, sur fond rose passé.

xviiie siècle.

930. — Deux langoustes noires sur fond blanc, signées d'un cachet de bonheur.

xviiie siècle.

931. — Bambous en or sous la neige, sur fond gros bleu.

xviiie siècle.

932. — Grues posées sur des branches de pin brodées en noir sur fond de satin blanc, d'après une esquisse de *Sesshiu* dont l'artiste a brodé le cachet.

xviiie siècle.

933. — Deux grands personnages, brodés en blanc avec

des vêtements de couleur, sur fond blanc, d'après un dessin de *Shiountshio*, le maître d'Hokousaï.

xviiie siècle.

934. — Deux lapins auprès de bambous dans la neige, sur fond tabac, brodés sur le dessin de *Kôrin*.

xviiie siècle.

935. — Grand dragon des tempêtes dans les tourbillons, brodé comme une esquisse à l'encre de Chine, sur fond vert d'eau.

xviiie siècle.

936 — Pivoine et fleurs de magnolia, sur fond vieil or, signé : *Mokoushin*, de l'école de Namping.

Fin du xviiie siècle.

937. — Deux tortues en or dans une vague blanche, sur fond bleu clair.

Fin du xviiie siècle.

938. — Store à demi roulé et garni de glands et de deux bouquets de fleurs, sur fond gros bleu.

Fin du xviiie siècle.

939. — Esquisse de bambous, branches de pins et fleurs de pêcher, sur fond gros bleu.

Fin du xviiie siècle.

940. — Coq blanc perché sur un tambour en or avec dessins de couleur, accompagné d'une poule avec ses poussins, sur fond gros bleu.

Fin du xviiie siècle.

941 — Esquisses de chevaux en blanc et en or, sur fond brun, d'après le dessin de *Itshio*.

xviiie siècle.

942. — Grand poisson rose (dorade) et branche de bambou, sur fond gros bleu.

xviiie siècle.

943 — Masque d'Oudzoumé et branche de pêcher fleuri, sur fond vert bouteille et crème pailleté d'or.

Commencement du xixe siècle.

944. — Deux grandes boîtes de laque dont l'une fermée, l'autre ouverte, remplie de coquilles laquées.

xixe siècle.

945. — Deux grues blanches volant sur un disque réservé au milieu d'un semis de petites branches de pin en or. Fond gros bleu.

xixe siècle.

946. — Sennin assis sur une grande carpe nageant dans les vagues de la mer, sur fond gros bleu.

xixe siècle.

947. — Éventails à dessins variés, brochés sur fond noir.

xixe siècle.

948 — Armoiries formées par une fleur en or et une fleur rouge, sur fond bleu.

xixe siècle.

949. — Armoiries couleur viel or, sur fond prune.

xixe siècle.

950. — Tortues et coquillages dans les sables au bord de la mer, sur fond gros bleu.

xixe siècle.

951. — Semis de chrysanthèmes peints sur réserves en blanc, sur fond rose.

xixe siècle.

951 *bis*. — Grand panneau à personnages, en ancienne broderie de Kioto.

xvie siècle.

III. — TAPISSERIES.

952. — Panneau allongé : branche de prunier esquissée en noir sur fond d'or, d'après un dessin de Kano.

H. 1m,20; L. 0m,57. — xvie siècle.

953. — Grand panneau : Oiseaux de Fô et pivoines sur fond bleu vif.

H. 1m,33; L. 1m,55. — xviiie siècle.

954. — Six petits panneaux, décorés de fleurs variées sur fond bleu ciel.

xviiie siècle.

955. — Petit carré : Coqs et fleurs de prunier sur fond violet et rouge.

xviiie siècle.

956. — Grand carré : Sennin porté par une grue traversant les airs sur un fond de nuages empourprés.

xviiie siècle.

957. — Grand carré : Pivoines, éventails et perruque rouge sur fond bleu ciel.

xviiie siècle.

VII

GRAVURE

Sous cette rubrique sont compris :

1° Un certain nombre d'ouvrages illustrés de gravures en noir : Itinéraires de provinces et de villes, recueils de peintures des anciens maîtres, ouvrages encyclopédiques, ouvrages d'histoire naturelle, décriptions de temples, recueils de poésies etc., etc., et imprimés depuis la fin du XVIIe siècle jusqu'au milieu du XIXe, en premières éditions.

2° Un certain nombre d'ouvrages illustrés de gravures en couleurs, parmi lesquels les grands albums de l'école vulgaire (Scènes de la vie privée, scènes de théâtre et paysages) occupent la plus grande place, également en premiers tirages.

3° Gravures en feuilles détachées, dites *Sourimonos*, tirées à petit nombre, et gravées avec le plus grand soin sur des papiers de choix, pour les membres de sociétés d'artistes, de poètes ou de buveurs de thé.

I

Sous les numéros suivants se trouvent placés un certain nombre d'ouvrages d'une importance exceptionnelle au point de vue de la rareté ou de la beauté.

958. — *Le Miroir des plus belles femmes de Yédo*, recueil de grandes planches en couleur du plus beau style et de la plus admirable exécution, par *Shiountshio* et ses principaux élèves.

Seconde moitié du XVIIIe siècle.

959. — Recueil de grands portraits d'acteurs, en couleur, par *Shiountshio* et les principaux maîtres de l'atelier de Kadzoukava dans la seconde moitié du XVIIIe siècle.

960. — *Les Cent Poètes célèbres* illustrés de figures en couleur par *Shiountshio*, *Yédo* 1774.

961. — *Les Beautés de la maison Verte*. Trois vol. de figures de femmes en couleur par *Harounobou*.

Fin du XVIIIe siècle.

962. — *Le Jeu du jeune Prince*, 2 vol. par *Shiounteï*.

Fin du XVIIIe siècle.

963. — *Scènes du Yoshivara*, 1 vol. par *Ounkaïdo*.

Commencement du XIXe siècle.

964. — Albums de grandes scènes de théâtre par les principaux élèves d'Hokousaï.

965. — *Fleurs de Poésie*, imprimées sur gaufrures très délicates.

966. — *Les Héros célèbres*, 20 vol., par *Yosaï*. Exemplaire de tout premier tirage.

967. — *Supplément* aux « Héros célèbres », 3 vol., par *Yosaï*, avec gravures en couleurs.

968. — 4 albums des *Vues de Yédo*, par *Hiroshighé* en premier tirage.

969. — *Les Coulisses de Théâtre* par *Toyokouni Ier.*

Fin du XVIIIe siècle.

969. *bis.* — *Recueil de Poésies et de Dessins faits par des Acteurs.*

Fin du XVIIIe siècle.

970. — Études de Fleurs en couleur par *Keïsaï.*

971. — Études de poissons en couleur par *Keïsaï.*

972. — *Grappes de Gourdes*, 2 vol., par *Matsoukava Hansan.*

973. — *Yédo Meïsho* (itinéraire comique de Yédo), 1 vol., par *Toyokouni.*

974. — *Kenzan Gouafou* (Recueil de dessins de Kenzan, le grand céramiste de Kioto).

975. — *Annuaire de Yédo* par *Settan.* 5 vol.

976. — « *Ce qu'on écrit sur les lanternes* », par *Shinko.*

977. — *Catalogue d'une Exposition de poupées*, par *Hansan.*

978. — *Recueil des Œuvres de Kôrin.*

979. — *Un Coup de balai*, 3 vol. en noir, par *Keïsaï.*

Fin du XVIIIe siècle.

980. — *Les Dames du Japon*, par *Ishikawa Soukénobou.*

981. — Exemples du dessin de *Shiokouado.* Recueil de gravures en couleurs de la plus extrême délicatesse reproduisant en fac-similé les esquisses à l'aquarelle de ce maître éminent de l'impressionisme japonais.

981 *bis.* — *Hohitzou Gouafou.* Recueil rarissime en premier tirage de compositions en couleurs, par Hôhitzou.

982. — Recueil des œuvres choisies d'*Hôhitzou* gravées en deux teintes, avec la plus extrême délicatesse, 2 vol.

983. — Reproduction des tableaux sacrés du temple d'Idzoukoushima en 5 volumes. Édition en couleur.

984. — Recueil des portraits de membres d'une société de thé dont faisaient partie les principaux élèves d'Hokousaï.

985. — Deux albums contenant près de quatre cents feuilles dites sourimonos (impressions fines, à gaufrures délicates, sur papiers de choix).

986. — Grand album contenant un nombre considérable de *sourimonos* de l'école de Kioto.

987. — Description des fêtes de Kioto; précieux album en noir de la fin du XVIIe siècle.

II.

Dans ce paragraphe se trouvent groupés un grand nombre des plus beaux livres illustrés par Hokousaï en noir et en couleurs qui, réunis à ceux de M. Théodore Duret, forment un œuvre presque complet du célèbre et prodigieux maître.

Parmi les plus rares et les plus beaux exposés dans la présente collection, nous citerons :

988. — Un exemplaire des quatorze cahiers de la *Mangoua*, en premier tirage.

989. — L'*Ippitzou Gouafou* (esquisses d'un seul coup de pinceau); premier tirage rarissime.

990. — Les trois séries célèbres, en couleurs (exemplaires de tout premier tirage) des *Promenades à Yédo.*

991. — Le *Yehon Souikouden* et le *Yehon Sakigaké*, premiers tirages en noir.

992. — Les trois volumes du *Gouashiki* (premier tirage en couleurs et tirage antérieur en noir).

993. — Les *Cent contes*, en 3 vol. illustrés de gravures en couleurs.

994. — L'*Hokousaï Sogoua*, 1 vol.; premier tirage à trois tons.

995. — La *Petite Mangoua*, 1 vol.; premier tirage à trois tons.

996. — Les 2 vol., premier tirage en noir, des *Devoirs envers les parents.*

997. — Les 2 vol. si rares des *Maisons de thé du Yoshivara*, premier tirage en noir.

998. — Le *Moral des femmes*, 1 vol. en noir.

998 *bis*. — Les 3 vol. en premier tirage du *Recueil de lettres choisies.*

999. — L'*Abrégé d'éducation*, en 1 vol.; premier tirage en noir.

999 *bis*. — Les *Paysages de Riou-Kosaï*, illustrés de figures par Hokousaï; 1 vol., premier tirage en noir.

1000. — Le *Décor des pipes*, 1 vol. oblong, en noir.

1000 *bis*. — Le *Décor des peignes*, 1 vol. oblong, en noir.

1001. — Les 3 vol. en tout premier tirage rarissime des *Cent vues du Fousiyama*.

1001 *bis*. — Le recueil complet des *Trente-six grandes vues en couleurs du Fousiyama*, des *Cascades* et des *Ponts* de Yédo.

VIII

CÉRAMIQUE

1002. — Grand bol de forme irrégulière en terre antique de *Karadzou*, à émail craquelé grisâtre. Pièce antérieure au XIIIe siècle.

1002 *bis*. — Brûle-parfums carré en porcelaine de *Fizen* primitive, décoré de marguerites en relief sur fond brun, couvercle de bronze treillissé. Pièce signée : *Mémori* (?) et très probablement de *Shondzoui*, l'introducteur des procédés de fabrication de la porcelaine au Japon.

H. 0m,07 1/2 ; D. 0m,04 1/2. — Milieu du XVIe siècle.

1003. — Bouteille carrée en porcelaine de *Fizen* à médaillons verts et rouges sur un fond de dessins réguliers rouges.

H. 8m,18 ; D. 0m,08. — Commencement du XVIIIe siècle.

1004 — Netzké en *Fizen* rosé sans émail, représentant un mendiant appuyé sur son bâton ; signé : *Shôïtshi*.

Fin du XVIIIe siècle.

1005 — Petit brûle-parfums en porcelaine primitive de *Koutani* à émail bleu encadrant de petits médaillons.

H. 0m,05 ; D. 0m,05. — Commencement du XVIIe siècle.

1006. — Bol en porcelaine de *Koutani* à décor persan sur fond jaune.

D. 0^m,14. — Commencement du XVIIe siècle.

1007. — Bol en porcelaine blanche de *Koutani*, coquille d'œuf, décoré à l'intérieur de dessins réguliers de style persan en émaux, or rouge et argent.

D. 0^m,13. — Commencement du XVIIe siècle.

1008. — Petite boîte à parfums en forme d'hirondelle, en vieux *Koutani*, décoré d'émail rouge, argent et or mat.

L. 0^m,09 1/2. — XVIIe siècle.

1009. — Boîte à parfums en forme de coquille, en faïence de *Koutani* à émaux verts, jaunes et violets.

D. 0^m.07. — Milieu du XVIIe siècle.

1010. — Grand plat de *Koutani* décoré d'un grand tronc de prunier fleuri au bord d'un ruisseau ; émaux verts et violets très riches et très intenses sur fond jaune d'or. Chef-d'œuvre de *Morikaghé*, le créateur du décor artistique à Koutani.

D. 0^m,047. — Fin du XVIIe siècle.

1011. — Soucoupe carrée en faïence dure de *Koutani*.

D. 0^m,14. — Fin du XVIIIe siècle.

1012. — Bol à thé en *Satsouma* primitif, revêtu d'un émail vert d'eau moucheté très épais.

D. 0^m,12. — Fin du XVIIe siècle.

1013. — Brûle-parfums figurant un chat endormi, en porcelaine de *Satsouma*, décoré de feuilles de mauve en émaux de couleur rehaussés d'or. Pièce offerte par le prince de Satsouma au prince Tayasou Tokougava, dans la seconde moitié du XVIIIe siècle. Chef-d'œuvre de fabrication et de décor et célèbre au Japon.

H. 0m,11 1/2; L. 0m.17. — Milieu du XVIIIe siècle.

1014. — Bol en porcelaine fine de *Satsouma*, décorée de chrysanthèmes roses et gros bleu rehaussés d'or.

D. 0m,11 1/2. — Fin du XVIIIe siècle.

1015. — Petite boîte à parfums de forme conique, en porcelaine de *Satsouma*, décorée de feuilles de couleurs.

D. 0m,06 1/2. — Fin du XVIIIe siècle.

1016. — Brûle-parfums en forme de bol en porcelaine de *Satsouma*, décorée de deux bordures à dessins réguliers.

H. 0m,06; D. 0m07. — Fin du XVIIIe siècle.

1017. — Boîte ronde à deux compartiments et couvercle, en porcelaine de *Satsouma*, décorée de médaillons et de dessins réguliers.

H. 0m,07 1/2; D. 0m,07. — Commencement du XIXe siècle.

1018. — Boîte à thé en *Satsouma* décoré de chrysanthèmes rouges.

H. 0m,07 1/2; D. 0m,040. — Commencement du XIXe siècle.

1019. — Porte-bouquet applique figurant un tambour, en faïence de *Kioto*; pièce probablement originale de *Ninseï*.

H. 0m,14. — XVIIe siècle.

1019 *bis*. — Grand bol en faïence jaune, décoré des seize Lakans en émaux polychromes; pièce signée : *Ninseï*.

H. 0m,10 1/2; D. 0m,13. — XVIIe siècle.

1020. — Petite boîte à poudre représentant un personnage

accroupi en faïence, décorée d'émaux roses, violets et verts; pièce originale de *Ninseï* portant son cachet.

H. 0m,05 1/2. — Milieu du XVIIe siècle.

1021. — Bol en faïence de *Kioto* décoré de fleurs polychromes, bord en laque d'or; signé : *Kenzan.*

D. 0m,10 1/2. — Fin du XVIIe siècle.

1022. — Id., id. ; signé : *Kenzan.*

Fin du XVIIe siècle.

1023. — Jardinière carrée à médaillons sculptés à cru en réserve, en faïence brune de *Kioto*, décorée de fleurs de cerisier en émail jaune; signée : *Kenzan.*

H. 0m,10 1/2 ; D. 0m,09 1/2. — Fin du XVIIIe siècle.

1024. — Boîte à poudre de thé en faïence, décorée d'un semis de fleurettes sur fond brun, signée : *Kenzan.*

H. 0m,09 ; D. 0m,07. — Fin du XVIIe siècle.

1025. — Petite boîte carrée en faïence décorée de cerisiers en fleurs sur fond rose pêche; pièce signée : *Kenzan.*

H. 0m,05 1/2; D. 0m,05. — Commencement du XVIIIe siècle.

1026. — Théière en forme de tortue de longévité, en faïence de *Kioto.*

L. 0m,18. — Fin du XVIIe siècle.

1027. — Idem, de forme irrégulière décorée d'une poule d'eau au milieu des arbres, pièce signée : *Kenzan.*

D. 0m,12. — Commencement du XVIIIe siècle.

1028. — Bol en faïence de *Kioto,* décoré d'un tronc de momidji en or, argent et émaux de couleurs ; signé : *Kenzan.*

D. 0m,09. — Commencement du XVIIIe siècle.

1029. — Bouteille à saké de forme persane, en faïence de *Kioto* décorée de fleurs de chrysanthème en émaux verts et bleus, rehaussés d'or sur fond craquelé jaunâtre chaudement irisé; chef-d'œuvre de la fabrication de Kioto.

H. 0m,24; D. 0m,14. — XVIIe siècle.

1030. — Petite jardinière carrée bleu turquoise, fabrique de *Kioto* (?)

H. 0m,04; D. 0,08. — XVIIe siècle.

1031. — Jardinière oblongue en vieux *Kioto*, décorée de lotus bleus sur fond jaunâtre.

H. 0m,08; L. 0m,18; L. 0m,10. — XVIIIe siècle.

1032. — Petite boîte carrée en porcelaine bleue et blanche de *Kioto*, première époque.

H. 0m,03 1/2. — XVIIIe siècle.

1033. — Bouteille à saké en forme de gourde, en porcelaine de *Kioto*, recouverte d'un émail blanc crémeux décoré d'une légère esquisse d'orchidée de ton brun.

XVIIIe siècle.

1034. — Plateau carré en faïence de *Kioto* décoré de feuilles en réserve sur fond d'émail vert; signé : *Kensan*.

D. 0m,15. — Commencement du XVIIIe siècle.

1035. — Porte-bouquet à trois fuseaux accolés de forme hexagonale, en faïence fine de *Kioto* (Avata), décoré de dessins réguliers en émaux vert clair, bleu et or.

H. 0m,10; D. 0m,10. — XVIIIe siècle.

1036. — Plateau carré en faïence grise craquelée de *Kioto*, décoré d'un dragon dans un nuage noir.

,18. — Fin du XVIIIe siècle.

1037. — Gourde plate en faïence de *Kioto* à couverte crème craquelée, décorée d'une branche de pêcher en relief.

H. 0m,19. — XVIIIe siècle.

1038. — Grand bol de forme irrégulière, en faïence de *Kioto*, décoré de cerisiers fleuris en émaux de couleurs ; style de *Kenzan*.

D. 0m,18. — XVIIIe siècle.

1039. — Petite boîte à parfums octogonale en faïence de *Kioto* à décor brun sur émail blanc; signée : *Kenzan*.

Commencement du XVIIIe siècle.

1040. — Vase de forme quadrangulaire à anses, en faïence de *Kioto*, décoré de dessins réguliers bleus sur fond jaunâtre.

H. 0m,21 ; D. 0m,07. — XVIIIe siècle.

1041. — Marmite de forme sphéroïdale en faïence de *Kioto*, décorée à Banko de papillons en relief et de deux bordures de volubilis sur fond d'or.

H. 0m,17; D. 0m,19. — Fin du XVIIIe siècle.

1042. — Bol à cinq lobes en grès de *Kioto* décoré d'épis de riz en émaux verts et bleus sur fond gris craquelé.

H. 0m,08 1/2 ; D. 0m,11 1/2. — Fin du XVIIIe siècle.

1043. — Shibatshi (bouilloire à parfums), en faïence de *Kioto* à décor polychrome.

H. 0m,30; L. 0m,14. — Fin du XVIIIe siècle.

1044. — Brûle-parfums en faïence de *Kioto*, à décor rouge géométrique semé de fleurs de prunier.

H. 0m,09; D. 0m,09. — XVIIIe siècle.

1045. — Bouteille en faïence blanche, dure, de *Kioto*, décorée de feuilles de momidji rouges et vertes.

H. 0m,20 ; l. 0m,09. — Fin du XVIIIe siècle.

1046. — Bol en faïence de *Kioto* décoré de chrysanthèmes bleus et or sur émail gris.

Commencement du XIXe siècle.

1047. — Bol en faïence de *Kioto,* décoré d'une grue sur un soleil rouge au-dessus de vagues d'or et d'argent ; signé : *Yeïrakou.*

D. 0m,12. — Commencement du XIXe siècle.

1047 *bis.* — Brûle-parfums en forme de marmite, en faïence décorée d'émail violet rehaussé d'or ; signé : *Yeïrakou.*

H. 0m,10 1/2 ; D. 0m,11. — Commencement du XIXe siècle.

1048. — Boîte à écrire oblongue en porcelaine de *Kioto* à dessins bleus, décorés de trois personnages du dessin d'*Hokousaï.*

L. 0m,17 ; L. 0m,08 1/2. — Commencement du XIXe siècle.

1049. — Bol en faïence blanche de *Kioto,* décoré d'une écrevisse rouge ; signé : *Minpeï.*

D. 0m,11. — Commencement du XIXe siècle.

1050. — Bouteille à long col en faïence de *Kioto,* décorée d'œillets et de marguerites, en émaux vert clair, bleu et or.

H. 0m,22. — Commencement du XIXe siècle.

1051 — Brûle-parfums représentant un enfant assis tenant un coq, en faïence d'*Avata* à émaux bleus, verts et or.

H. 0m,18. — Commencement du XVIIIe siècle.

1052. — Poulie en faïence d'*Avata* à émaux bleus et verts.

XVIIIe siècle.

1053. — Porte-bouquet applique, représentant un pigeon en faïence d'*Avata* (Kioto).

H. 0m,19. — XVIIIe siècle.

1054. — Support en faïence d'*Avata* (Kioto), décoré de buissons de chrysanthèmes en émaux vert clair, bleu et or.

H. 0m,29; D. 0m,16. — XVIIIe siècle.

1055. — Bol en porcelaine de *Teïzan* (Kioto), décorée, à *Tokio*, de chrysanthèmes en émaux d'or et de couleurs.

D. 0m,11. — XIXe siècle.

1056. — Bol en faïence de *Kinkozan*, décoré d'émaux bleus en relief et de médaillons.

D. 0m,09. — XVIIIe siècle.

1057. — Bol en faïence de *Kinkozan* (Kioto), décoré d'armoiries d'or sur fond crème.

D. 0m,11 1/2. — XIXe siècle.

1057 *bis*. — Brûle-parfums en forme de boule, en faïence de *Rakou* à émail orangé, décoré d'un personnage en relief montant sur le dos d'un coq.

D. 0m,08. — Commencement du XIXe siècle.

1057 *ter*. — Foukou-Rokou, statuette comique en faïence de *Rakou*.

H. 0m,10. — Commencement du XIXe siècle.

1058. — Bol en porcelaine d'*Imari*, décoré extérieurement de navets en or sur fond bleu barbeau, intérieurement de dessins et médaillons rouges.

D. 0m,13. — Fin du XVIIe sèicle.

1059. — Bol à poudre de thé en *Imari* rouge.

H. 0m,09; D. 0m,06 1/2. — Fin du XVIIe siècle.

1060. — Petite boîte plate rectangulaire, en porcelaine d'*Imari* décorée d'émaux de couleur.

L. 0m,09; L. 0m,06. — XVIIIe siècle.

1061. — Petit oiseau sur un rocher, en porcelaine d'*Imari*.

H. 0m,08 1/2; L. 0m,09. — XVIIIe siècle.

1062. — Petit brûle-parfums carré, en porcelaine de *Firato* à décor bleu.

H. 0m,06; D. 0m,06 1/2. — XVIIe siècle.

1063. — Bœuf accroupi, en porcelaine blanche de *Firato*, posé sur un plateau en bleu turquoise.

H. 0m,19; L. 0m,24. — XVIIIe siècle.

1064. — Cachet d'artiste cubique en porcelaine à décor bleu de *Firato* surmonté d'un tigre blanc; marqué : *Firato Mikavadji*.

H. 0m,09 1/2; D. 0m,05. — XVIIIe siècle.

1065. — Brûle-parfums représentant Hoteï accoudé sur son sac, en porcelaine de *Firato*.

H. 0m,08. — Fin du XVIIIe siècle.

1066. — Aigle de mer posé sur un rocher, en porcelaine blanche de *Mikavadji*.

H. 0m,30. — Commencement du XIXe siècle.

1067. — Bouteille à double renflement, en grès flambé de *Takatori*.

H. 0m19. — XVIIe siècle.

1068. — Porte-bouquet représentant la déesse Oudzoumé enveloppée dans son manteau et souriant; en terre dure de *Haghi*, à émail gris, épais, et transparent.

L. 0m,23. — XVIIe siècle.

1068 *bis*. — Bol en terre de *Haghi*, à émail rosé.

D. 0m,11. — XVIIe siècle.

1069. — Bouteille à long col en grès de *Zézé* à couverte émaillée brune, décorée de feuilles de bambou en creux.

H. 0m,30. — XVIIIe siècle.

1070. — Bol en grès de *Sôma* à émail brun tigré de jaune.

D. 0m,11. — XVIIe siècle.

1071. — Bol cylindrique en faïence de *Yatsoushiro*, à émail noir décoré de pâquerettes de couleur.

H. 0m,09 1/2; D. 0m,05 1/2. — XVIIe siècle.

1072. — Boîte à parfums en grès de *Séto*, en forme de kaki, à émail rose.

D. 0m,06. — Commencement du XVIIIe siècle.

1073. — Petit lion de Corée en porcelaine d'*Idzoushi*.

L. 0m,04 1/2; L. 0m,06 1/2. — XVIIIe siècle.

1074. — Grande boîte à poudre de thé, en faïence de *Hakahada*, décorée de chardons vert rouge et or sur émail fauve.

H. 0m,14; D. 0m,13. — Commencement du XIXe siècle.

1075. — Bol en faïence flambée de *Hakahada*, décoré d'un émail cuivreux très épais.

D. 0m,12. — Fin du XVIIIe siècle.

1076. — Petite boîte à parfums figurant un canard mandarin en porcelaine de *Kôda*.

H. 0m,05; L. 0m,07. — Commencement du XIXe siècle.

1077. — Boîte à thé, à couvercle, en grès de *Banko*, décorée de fleurettes en émaux de couleurs.

H. 0m,07; D. 0m,08. — XVIIIe siècle.

1078. — Coupe en faïence de *Banko*, grise, décorée d'une figure d'Oudzoumé en émaux de relief polychromes.

D. 0m,16. — Fin du XVIIIe siècle.

1079. — Bol en porcelaine craquelée de *Hokavadji*, décoré de dessins persans bleus.

D. 0m,13. — XVIIe siècle.

1080. — Théière en faïence verte de *Minato* à couvercle et anse bruns.

H. 0m,09.

1081. — Dharma debout en grès de *Bizen*.

H. 0m,33. — XVIIIe siècle.

1082. — Le dieu Hoteï, brûle-parfums en grès de *Bizen* de pâte très fine.

H. 0m,12. — Fin du XVIIe siècle.

1082 *bis*. — Autre porte-bouquet en grès de *Bizen*, représentant Hoteï debout.

XVIIe siècle.

1083. — Porte-bouquet applique, représentant un personnage appuyé contre une gourde et tenant des feuilles à la main, en grès de *Bizen*.

H. 0m,16. — Commencement du XVIIIe siècle.

1084. — Shoki en grès de *Bizen*.

H. 0m,46. — XVIIIe siècle.

1085. — Bouteille en grès de *Bizen*.

H. 0m,28. — XVIIIe siècle.

1085 *bis*. — Brûle-parfums en forme de chat, en grès de *Bizen*.

XVIIIe siècle.

1086. — Petite chouette, brûle-parfums en grès de *Bizen* vernissé.

H. $0^{m},14$. — Fin du XVIIIe siècle.

1087. — Coupe formée par des feuilles de lotus, avec des grenouilles sur leurs bords ; terre cuite, signée : *Kôren*.

H. $0^{m},05$; D. $0^{m},16$. — XIXe siècle.

1088. — Djiou-Rôdjin, statuette en porcelaine bleue d'*Owari* ; la tête et les mains en terre cuite.

H. $0^{m},25$. — Fin du XVIIIe siècle.

1089. — Tortue terrestre en faïence jaune d'*Avadji* à émail brun.

H. $0^{m},08$; L. $0^{m},20$. — XVIIIe siècle.

1090. — Cabinet carré de fumeur, à tiroirs à jour, en faïence d'*Avadji* verte rehaussée d'or mat dans les creux.

H. $0^{m},17$; D. $0^{m},14$. — Fin du XVIIIe siècle.

1091. — Tasse en faïence d'*Avadji*, à émail vert émeraude, décorée de feuilles en relief ; intérieur en émail gris craquelé.

D. $0^{m},08$ 1/2. — Commencement du XIXe siècle.

1092. — Bol en faïence d'*Oribeï*, à émail violet tendre craquelé.

Commencement du XVIIIe siècle.

1093. — Bol en terre, à émail gris jaspé, de *Sôma*.

XVIIe siècle.

1094. — Boîte sphéroïdale à petit goulot, en *Séto* bleu très foncé à reflets métalliques.

XVIIe siècle.

1095. — Petite boîte ronde évidée au milieu et décorée d'armoiries sur fond d'émail noir ; signée : *Ninsei*.

D. $0^{m},07$. — XVIIIe siècle.

1096. — Boîte à thé en grès flambé de *Tamba*, avec un couvercle en grès de *Bizen* figurant des feuilles de pin à jour.

xviie siècle.

1097. — Boîte à thé en grès flambé de *Takatori*.

xviie siècle.

1098. — Boîte à thé en *Séto* flambé.

xviiie siècle.

1099. — Bol en vieille porcelaine de *Koutani*, à décor bleu et jaune.

Fin du xvie siècle.

1100. — Bol cylindrique sur trois pieds, en faïence d'*Idzoumo*, à émail aventuriné d'or.

Fin du xviiie siècle.

1101. — Boîte plate à quatre lobes, en terre de *Séto*, décorée de plantes d'eau, noires sur émail grisâtre.

xviie siècle.

1102. — Bol en grès flambé couvert d'un émail violacé, épais, à reflets métalliques; bordure en bronze jaune. Pièce signée : *Yeïrakou* et imitant les anciens flambés.

Commencement du xixe siècle.

1103. — Deux bols en grès émaillé de *Temmokou*, noir et bleu, à bordure d'argent.

xvie siècle.

1104. — Bol en grès de *Séto*, revêtu d'un émail brunâtre à coulures jaunes.

xviie siècle.

1105. — Bol en faïence de *Rakou*, à émail couleur lentilles.

1106. — Statuette de Yébis en céladon de *Sanda*.

H. 0^{m},23. — Commencement du xixe siècle.

1107. — Bouteille en faïence de *Kioto-Avata*, de forme sphéroïdale, à petit goulot.

xviiie siècle.

1108. — Bouteille en terre revêtue d'un émail vert translucide et décoré d'un poisson en relief sur la panse.

Fin du xviiie siècle.

1109. — Bol en flambé bleu de *Haghi*, à couverte très épaisse.

xviie siècle.

1110. — Bol en terre revêtue d'un émail épais, rose de pêcher; signé : *Ninseï I*^{er}, et décoré en esquisse, par *Ogata Shiouheï*, d'une scène représentant Oudzoumé devant la grotte d'Amatératsou.

1111. — Grand bol d'*Idzoumo*, à reflets d'aventurine.

D. 0^{m},14. — Commencement du xviiie siècle.

1112. — Bol cylindrique d'*Idzoumo*.

1113. — Bol de *Kioto*, à fond crème.

1114. — Boîte de *Kioto*, à monture d'étain, décorée, sur fond d'émail jaune clair, d'une fleur d'iris en émail bleu.

D. 0^{m},09. — Fin du xviiie siècle.

1115. — Bol de *Kioto-Avata*, aux armoiries des Tokougava.

1116. — Coupe en forme d'éventail, en grès flambé de *Tamba*.

1117. — Petite boîte décorée d'une esquisse de paysage en émail gris bleu; signée : *Kenzan*.

L. 0^{m},07. — Commencement du xviiie siècle.

1118. — Coupe en forme de nacelle, en vieux céladon de *Kioto.*

D. 0m,14. — XVIIe siècle.

1119. — Bol en porcelaine de *Corée* à émail rosé.

D. 0m,12. — Commencement du XVIIe siècle.

1120. — Coupe en porcelaine blanche de *Kioto*, à bordure ajourée.

D. 0m,15. — XVIIIe siècle.

1121. — Brûle-parfums en émail gris, en forme de chaumière; terre de *Kioto.*

H. 0m,07. — Commencement du XIXe siècle.

1122. — Deux petits bols en grès de *Bizen.*

Commencement du XIXe siècle.

1123. — Petit pot à thé, en terre flambée gris bleu de *Séto.*

H. 0m,08. — Commencement du XVIIe siècle.

COLLECTION

DE

M. CHARLES HAVILAND

I

LAQUES

1\. — Encrier en bois naturel, décoré à l'intérieur d'un paysage sur fond de mosaïque d'argent.

xve siècle.

2\. — Boîte ronde en laque aventuriné, décorée d'armoiries (chrysanthèmes).

Laque de Kamakoura, xve siècle.

3\. — Boîte à parfums à quatre lobes arrondis, à couvercle rentrant, décor persan en or à incrustations d'argent sur fond aventuriné.

H. 0m,06; L. 0m,08. — Commencement du xvie siècle.

4\. — Boîte en laque noir; intérieur et plateau en laque d'or de la plus grande beauté, décoré d'un croquis de paysage (première époque des Tokougawa, fin du xvie siècle).

H. 0m,11; L. 0m,16. — Fin du xvie siècle.

4 *bis*. — Boîte ronde en laque d'or, décorée de paysages d'une grande finesse.

Diam. 0m,09. — Laque de Sakaï, xvie siècle.

5\. — Petite boîte ronde décorée d'un faisan en relief sur

laque aventuriné, avec trois boîtes intérieures en forme de papillons.

Diam. 0^m,08. — XVIe siècle.

6. — Petite boîte plate carrée, à coins arrondis, décorée de biches dans un paysage avec incrustations d'argent sur fond aventuriné.

Diam. 0^m,08. — Fin du XVIe siècle.

7. — Petite boîte ronde, décorée d'un Yébis en laque d'or sur fond aventuriné.

Diam. 0^m,08. — XVIe siècle.

8. — Petite boîte à cinq lobes, décorée de cigognes héraldiques en laque frotté.

Diam. 0^m,06. — Kamakoura, XVIe siècle.

9. — Boîte à thé en laque noir, décorée d'une figure de Sennin au tigre en laque d'or en relief; signée : *Kôetsou*.

L. 0^m,18; L. 0^m,12 1/2; H. 0^m,12. — Fin du XVIe siècle.

10. — Boîte plate carrée, décorée d'un faisan volant sur un fond de mosaïque d'or.

Diam. 0^m,09. — Commencement du XVIIe siècle.

11. — Petite boîte carrée à coins arrondis; feuilles de pin sur mosaïque d'or.

L. 0^m,06. — XVIIe siècle.

12. — Petite boîte plate en laque noir, décorée d'un prunier et d'une haie en laque d'or.

L. 0^m,08. — XVIIe siècle.

13. — Porte-coupe de cérémonie en laque noir, décoré de dessins réguliers en laque d'or et d'armoiries (fleurs de Kiri), avec sa coupe en laque rouge. Pièce attribuée à *Shiounshio*.

Diam. 0^m,15; H. 0^m,10. — Yédo, XVIIe siècle.

14. — Boîte hexagonale imitant un panier incrusté, à plateau et à couvercle décoré d'armoiries (fleurs de chrysanthèmes).

H. $0^{m},07$; Diam. $0^{m},09$. — XVIIe siècle.

15. — Plateau en laque aventuriné, à mosaïque d'or, décoré de fleurs de cerisier en ivoire portées par un cours d'eau.

L. $0^{m},32$; H. $0^{m},26$. — XVIIe siècle.

16. — Petit plateau décoré de chrysanthèmes en bronze et argent.

L. $0^{m},24$; H. $0^{m},15$. — XVIIe siècle.

17. — Petite boîte en bois naturel décorée d'oies en laque d'or.

L. $0^{m},10$; H. $0^{m},05$. — XVIIe siècle.

18. — Petite boîte plate en bois naturel, décorée de canards mandarins sur un rocher.

L. $0^{m},07$; H. $0^{m},11$. — XVIIe siècle.

19. — Petite boîte carrée en laque aventuriné, décorée de branches de prunier en laque d'or frotté.

Diam. $0^{m},06$. — Commencement du XVIIe siècle.

20. — Petite boîte à poudre cylindrique, en laque noir, décoré d'un paysage d'or à personnages.

H. $0^{m},06$; Diam. $0^{m},06$. — XVIIe siècle.

21. — Petite boîte en forme de casque, décorée de dessins d'or sur fond argenté.

H. $0^{m},05$; L. $0^{m},07$. — XVIIe siècle.

22. — Bouteille à saki, en laque, figurant un personnage tenant un rouleau.

H. $0^{m},25$. — XVIIe siècle.

23. — Petite boîte à parfums de forme cylindrique, à incrustations de nacre.

H. 0^m,06; D. 0^m,05 1/2. — XVIIe siècle.

24. — Encrier en laque noir décoré d'un paravent de Kano Motonobou et d'un tronc de momidji en laque frotté; signé : *Shiounshio*.

Yédo, XVIIe siècle.

25. — Inrô de forme carrée, décoré d'un côté d'un guerrier, et de l'autre d'une cascade. Fond d'or vert aventuriné.

XVIIe siècle.

26. — Boîte à écrire à fond noir mosaïqué d'or et décorée d'un cheval en laque de relief polychrome attaché devant la porte d'une maison.

XVIIe siècle.

27. — Petite boîte carrée à plateau intérieur en laque d'or, décorée de feuilles de momidji.

L. 0^m,06; L. 0^m,05. — XVIIIe siècle.

28. — Bol à thé en bois naturel avec sa soucoupe et son couvercle, décoré de chrysanthèmes en or.

H, 0^m,11; Diam., 0^m,13. — Fin du XVIIe siècle.

29. — Encrier de forme carrée à pans coupés, décoré d'une cascade sur fond d'aventurine.

L. 0^m,24. — XVIIe siècle.

30. — Petite boîte en forme de papillon, en laque polychrome.

L. 0^m,08. — Fin du XVIIe siècle.

31. — Boîte oblongue en bois naturel, décorée d'une grecque d'or; plateau intérieur décoré d'un paysage d'or.

Fin du XVIIIe siècle.

32. — Petit encrier en laque noir décoré d'un paysage représentant le bord de la mer au clair de la lune.

Fin du XVIIe siècle.

33. — Boîte ronde en laque vert et rouge sculpté.

D. 0^m,12. — Fin du XVIIe siècle.

34. — Couvercle d'encrier en laque brun, incrusté d'un kakémono en ivoire, bois et écaille.

Fin du XVIIe siècle.

35. — Plateau en bois naturel décoré d'une porte de temple en laque d'or.

L. 0^m,30; L. 0^m,14. — Fin du XVIIe siècle.

36. — Trois coupes à vin de saké en laque rouge décorées de tortues; signées : *Shiounshio.*

37. — Boîte octogonale à plateau; laque d'or décoré d'un canard mandarin.

Diam. 0^m,10; H. 0^m,05. — Style de Kamakoura.

38. — Petite boîte carrée en laque d'argent, décorée d'une feuille de momidji en laque d'or.

Diam. 0^m,04 1/2. — Commencement du XVIIIe siècle.

39. — Boîte à quatre lobes en laque d'or, décorée d'une coquille en relief.

L. 0^m,07 1/2; H. 0^m,2 1/2. — Commencement du XVIIIe siècle.

40. — Petite boîte en forme de losange, en laque aventuriné, décorée de dessins réguliers.

D. 0^m,10. — Commencement du XVIIIe siècle.

41. — Petit miroir en laque noir incrusté de nacre.

Commencement du XVIIIe siècle.

42. — Plateau présentoir à quatre pieds, en laque noir, décoré d'un paysage de sapins en laque frotté.

Commencement du XVIIIe siècle.

43. — Boîte à dix pans en laque mi-parti or et noir, décoré de chevaux en laque d'or.

H. 0m,10 ; Diam. 0m,07. — Commencement du XVIIIe siècle.

43 *bis*. — Canard en laque brun dans le style siamois (genre dit *Kimmei*.)

L. 0m,15 ; H. 0m,08. — Commencement du XVIIIe siècle.

44. — Petite boîte plate en laque, décorée d'incrustations de nacre.

L. 0m,09. — Commencement du XVIIIe siècle,

45. — Petite boîte en forme de losange à deux compartiments, décorée de dessins réguliers sur fond aventuriné.

H. 0m,07 ; L. 0m,10. — Commencement du XVIIIe siècle.

46. — Encrier en laque noir, décoré intérieurement et extérieurement de paysages.

Kioto, commencement du XVIIIe siècle.

47. — Cabinet étagère à jeu de parfums, en laque noir, décoré de fleurs de chrysantèmes en laque frotté.

H. 0m,23 ; L. 0m,27. — Commencement du XVIIIe siècle.

48. — Petite boîte en bois naturel à trois compartiments ; intérieur aventuriné.

L. 0m,08 ; H. 0m,06 1/2. — Commencement du XVIIIe siècle.

49. — Inrô en laque noir ; bûcheron en laque d'or endormi près d'une cascade.

Commencement du XVIIIe siècle.

50. — Boîte carrée à trois compartiments en laque aventuriné, décorée de paysages en or.

H. 0^{m},08 ; L. 0^{m},12. — XVIIIe siècle.

51. — Boîte à deux lobes en forme de haricot, en laque d'or, décorée d'un paysage aquatique avec des iris.

L. 0^{m},10 ; L. 0^{m},07. — Milieu du XVIIIe siècle.

52. — Petite boîte en forme de tronc de bambou en laque d'or vert à reliefs d'or.

H. 0^{m},05 ; D. 0^{m},05. — XVIIIe siècle.

53. — Petite boîte ronde en laque rouge sculpté, représentant Hoteï entouré d'enfants.

D. 0^{m},07. — XVIIIe siècle.

54. — Boîte en forme de rouleaux d'étoffes, fond en laque d'or frotté et décoré de ronds de petits motifs variés en or de relief.

L. 0^{m},06 ; L. 0^{m},03 1/2. — Commencement du XVIIIe siècle.

55. — Petite boîte en forme de cage.

H. 0^{m},04 ; Diam. 0^{m},04 1/2. — XVIIIe siècle.

56. — Petite boîte en bois naturel à deux compartiments décorés de deux instruments à parfums.

L. 0^{m},09 ; H. 0^{m},04. — XVIIIe siècle.

57. — Petit billot carré pour écraser les parfums, en laque noir, décoré, sur les côtés, de chrysanthèmes et vagues sur fond d'argent.

Diam. 0^{m},04 ; H, 0^{m},03. — XVIIIe siècle.

58. — Boîte à parfums figurant deux boîtes rentrant l'une dans l'autre, l'une en laque vert, l'autre en laque d'or.

H. 0^{m},04 ; L. 0^{m},09. — XVIIIe siècle.

59. — Grand encrier en laque vert olive, décoré d'un store et d'une biva.

XVIIIe siècle.

60. — Petit damier en laque d'or frotté, imitant les veines du bois.

L. 0^m,09.

61. — Petite boîte en forme de biva et en laque d'or frotté, imitant le bois.

L. 0^m,12.

62. — Petite boîte carrée en bois naturel contenant des jetons d'ivoire décorés des douze signes du Zodiaque.

L. 0^m,06.

63. — Boîte ronde à parfums en laque noir frotté, décorée d'une branche de fleurs en dégradé.

Diam. 0^m,09. — XVIIIe siècle.

64. — Petite boîte carrée à parfums, à quatre compartiments, en laque noir décoré de fleurs en or.

H. 0^m,06; L. 0^m05.

65. — Table à écrire avec son encrier en bois naturel, décorée de laque d'or.

XVIIIe siècle.

66. — Boîte à lettres en laque d'or, décorée sur les côtés de dessins réguliers et, sur le dessus, d'une oie volant au-dessus de la mer.

XVIIIe siècle.

67. — Boîte en forme de fruit de Kaki, en laque rouge légèrement aventuriné.

Diam. 0^m,07. — XVIII siècle.

68. — Boîte à parfums à quatre lobes arrondis, à dessins d'or sur fond aventuriné.

H. 0^m,08; L. 0^m,06. — Kioto, XVIIIe siècle.

69. — Petit cabinet en laque noir, décoré de fleurs et de paysages d'or.

H. 0^m,10; L. 0^m,11. — Kioto, XVIIIe siècle.

70. — Petite boîte ronde aplatie, en laque d'or, enveloppée dans les mailles d'un filet.

D. 0^m,07. — XVIIIe siècle.

71. — Petite boîte plate carrée, décorée d'un paysage sur fond aventuriné.

D. 0^m,07 1/2. — XVIIIe siècle.

72. — Boîte ronde plate en laque d'or, décorée de chrysanthèmes.

D. 0^m,09. — XVIIIe siècle.

73. — Petite boîte ronde aplatie, en laque de shibouitshi en forme de chrysanthème, rehaussée de reliefs de laque d'or et de laque rouge.

Diam. 0^m,08. — XVIIIe siècle.

74. — Boîte ronde plate, décorée d'un store en or sur fond aventuriné aux armes des Tokougava.

Diam. 0^m,08. — XVIIIe siècle.

75. — Bol en bois de Kéaki (sorte de pin), tourné et décoré à l'intérieur de dessins d'or sur fond noir.

Diam. 0^m,17; H. 0^m,14.

76. — Cabinet en forme de cage grillée en laque aventuriné, décorée de paysages d'or.

L. 0^m,06; H. 0^m,11. — XVIIIe siècle.

77. — Boîte carrée à trois compartiments, en laque rouge sculpté.

H. 0^m,15; L. 0^m,10.

78. — Boîte ronde plate en laque d'or, décorée d'un papillon de nacre.

xviiie siècle.

79. — Cantine en bois et laque brun, décorée de dessins d'or, oiseaux et bambous, dans le style de *Koma Kouansaï*; bouteille à vin de riz en Fizen bleu.

H. 0^{m},27; L. 0^{m},31. — xviiie siècle.

80. — Grand cabinet à tiroirs en laque rouge décoré de dessins d'or, haies et buissons fleuris. Monture en argent aux armes des Tokougava.

H. 0^{m},32; L. 0^{m},26. — xviiie siècle.

81. — Cantine en laque brun foncé, décorée de dessins d'or, oiseaux et dessins géométriques; bouteille en laque. De l'atelier de *Koma Kouansaï*.

H. 0^{m},31; L. 0^{m},38.

82. — Grande cantine carrée à cinq compartiments, décorée de rouleaux d'or sur fond aventuriné.

H. 0^{m},35; L. 0^{m},25. — xviiie siècle.

83. — Inrô en laque brun décoré de chimères, en laque frotté incrusté de nacre; signé : *Kadjikava*.

xviiie siècle.

84. — Inrô en laque marron décoré d'une coquille en relief; signé : *Nobouyasou, à l'âge de soixante-douze ans*.

xviiie siècle.

85. — Petite boîte carrée à trois compartiments en laque noir, décorée de grecques et d'une branche de cerisier en laque d'or et d'argent.

D. 0^{m},06; H. 0^{m},07. — xviiie siècle.

86. — Inrô en laque noir décoré d'incrustations de faïence (crabe et paniers à cailloux); signé : *Hanzan.*

xviiie siècle.

87. — Inrô décoré d'un paysage des bords de la mer sur fond noir ; signé : *Kakkosaï.*

Fin du xviiie siècle.

88. — Inrô en laque noir décoré d'un store transparent en laque de hibouitshi aux armes des Tokougava ; signé : *Tôyô.*

Fin du xviiie siècle.

89. — Inrô en laque d'or décoré de bambous noirs en laque frotté ; signé : *Ipposaï.*

Fin du xviiie siècle.

90. — Petit inrou décoré de morceaux de tuiles anciennes sur laque d'or ; signé : *Kakkosaï.*

Fin du xviiie siècle.

91. — Boîte à jeu carrée, contenant un plateau et quatre petites boîtes carrées en laque aventuriné, décorée d'un paysage en laque d'or.

H. 0^{m},05 ; L. 0^{m},10. — Fin du xviiie siècle.

92. — Petite boîte ronde en laque noir, décorée de deux papillons polychromes par *Shikkosaï.*

D. 0^{m},06. — Fin du xviiie siècle.

93. — Petite boîte en laque noir décorée de fleurs de l'automne en laque d'or frotté.

L. 0^{m},03 ; H. 0^{m},04. — Fin du xviiie siècle.

94. — Petite bouteille en bois naturel de forme persane, décorée de dessins d'or, avec un goulot de filigrane d'argent.

H. 0^{m},11. — Fin du xviiie siècle.

95. — Petite boîte carrée en laque d'or, décorée de fleurs de Haghi.

L. 0m,07; H. 0m,02 1/2. — Fin du XVIIIe siècle.

96. — Petite boîte plate carrée en laque d'or vert, décorée d'un pied de momidji portant un rideau.

L. 0m,07. — Fin du XVIIIe siècle.

97. — Boîte en forme de melon d'eau en laque d'or.

L. 0m,08; H. 0m,05. — Fin du XVIIIe siècle.

98. — Plateau hexagonal en laque aventuriné, décoré de fleurs de pivoines. Pièce du XVIIIe siècle; la pivoine rouge au centre a été rajoutée au XIXe siècle.

D. 0m,19.

99. — Boîte ronde en ivoire laqué à fond vert.

D. 0m,10. — Commencement du XIXe siècle.

100. — Inrô en laque aventuriné, décoré de grues dans la nuit, en laque frotté; signé : *Kouanshiosaï.*

Commencement du XIXe siècle.

101. — Petite boîte ronde plate sculptée dans un nœud de bambou; décorée d'une branche de chrysanthème.

D. 0m,08. — Commencement du XIXe siècle.

102. — Petite boîte ronde aplatie en forme de fleur de chrysanthèmes en laque d'or.

D. 0m,08. — Commencement du XIXe siècle.

103. — Inrô en laque noir décoré de vagues; signé : *Yoyousaï.*

Commencement du XIXe siècle.

104. — Petite boîte à cinq lobes en laque de Zougarou

imitant la brèche jaune ; intérieur décoré de fleurs de prunier en laque rouge en relief sur fond aventuriné.

D. 0m,09. — XIXe siècle.

105. — Figure de Bouddha en laque vert bronze, sur carton ; copie d'un bronze antique.

H. 0m,20. — XIXe siècle.

II

CÉRAMIQUE

106. — Tube porte-bouquet en grès de *Zézé* émaillé blanc et vert olive.

H. 0m,20; D. 0m09. — Fin du XVIIe siècle.

107. — Bouteille sphéroïdale en grès de *Zézé*, couvert d'émail flambé brun et gris.

H. 0m,13. — XVIIe siècle.

108. — Bol en grès émaillé de *Tamba*.

D. 0m,13. — XVIIe siècle.

109. — Bouteille à eau en grès de *Bizen;* lion de Corée poussant une boule.

H. 0m,11. — Fin du XVIIe siècle.

110. — Pigeon sur un rocher en grès de *Bizen* vert.

H. 0m,24. — Fin du XVIIIe siècle.

111. — Bouteille en grès de *Bizen* à goulot très mince.

H. 0m,21. — Fin du XVIIIe siècle.

112. — Figure de Lakan en blanc de Fizen; signée *Ghenshio, prêtre.*

H. 0m,15. — Milieu du XVIe siècle.

113. — Inrô en porcelaine bleue sur blanc de *Kioto* imitant le vieux Fizen.

xviiie siècle.

114. — Seau en porcelaine blanche de *Firato*, décorée de fleurs en relief sous couverte.

H. 0m,22. — Commencement du xixe siècle.

115. — Brûle-parfums en *Firato* bleu et blanc à couvercle ajouré.

H. 0m,07; D. 0m,08. — Commencement du xixe siècle.

116. — Petit brûle-parfums en *Firato* blanc et bleu.

H. 0m,05. — xixe siècle.

117. — Bouteille en grès de *Séto* en partie recouvert d'émail brun.

H. 0m,17. — xvie siècle.

118. — Écuelle à goulot en terre de *Séto*.

D. 0m,20. — Fin du xvie siècle.

119. — Bol en grès de *Shinno* couvert d'un émail gris et brun très épais.

D. 0m,09. — xviie siècle.

120. — Brûle-parfums en céladon de *Karatzou*.

xvie siècle.

121. — Bol en grès émaillé de *Karatzou*.

D. 0m,13. — xviie siècle.

122. — Bol en *Imari*, monté en bronze doré.

D. 0m,12. — xviiie siècle.

123. — Grande bouteille carrée en porcelaine d'*Imari*.

H. 0m,32. — Commencement du xviiie siècle.

124. — Boîte carrée en *Satsouma* décorée de chrysanthèmes rouges.

D. 0^m,06 1/2. — Fin du XVIIIe siècle.

125. — Petite boîte ronde à couvercle de même décor.

H. 0^m,05. — Fin du XVIIIe siècle.

126. — Petite boîte hexagonale en *Satsouma*.

D. 0^m,07. — Commencement du XIXe siècle.

127. — Bol avec son couvercle, en *Satsouma*, décoré de fleurettes.

D. 0^m,13 1/2. — Commencement du XIXe siècle.

128. — Bol en *Satsouma* décoré à Yédo.

D. 0^m,12. — Milieu du XIXe siècle.

129. — Trois petites pièces de *Satsouma* de travail moderne.

130. — Brûle-parfums en forme de pigeon ; signé : *Ninseï*.

L. 0^m,20. — XVIIe siècle.

131. — Boîte à trois compartiments, de forme cubique, en faïence blanche craquelée de *Kioto*, genre Ninseï, aventurinée à l'intérieur et réparée au XVIIIe siècle.

D. 0^m,06. — Fin du XVIIe siècle.

132. — Boîte sphéroïdale à poudre de thé en bleu et blanc de *Kioto*.

D. 0^m,08. — XVIIIe siècle.

133. — Boîte à parfums en forme de marteau en bleu et blanc de *Kioto*.

D. 0^m,16. — Commencement du XIXe siècle.

134. — Petite théière en faïence blanche de *Kioto*, décorée d'armoiries en or.

D. 0^m,09. — Commencement du XIXe siècle.

135. — Bol en faïence de *Kinkozan* (Kioto).

D. 0m,11 1/2. — XIXe siècle.

136. — Bol en faïence de *Kioto* décoré à *Yédo*.

D. 0m,10. — Milieu du XIXe siècle.

137. — Coupe à anses à décor bleu sur fond blanc, en faïence de *Kioto*.

D. 0m,14. — Travail moderne.

138. — Boîte plate ronde en faïence blanche de *Kozan*.

D. 0m,09. — XVIIIe siècle.

139. — Lapin blanc avec des yeux rouges en porcelaine de *Mikavadji*.

H. 0m,22. — Commencement du XIXe siècle.

140. — Bouteille décorée de boîtes à coquilles sur fond gris; faïence de *Shidzouoka*, près de Yédo.

H. 0m,18. — Commencement du XIXe siècle.

141. — Bonbonnière hexagonale en bleu et blanc, décorée d'une souris en relief, en porcelaine d'*Owari*.

D. 0m,08. — XIXe siècle.

142. — Pot à feu de forme hexagonale en poterie de *Banko* à trois pieds décoré de dessins réguliers rouges et verts sur fond jaunâtre.

H. 0m,09; D. 0m,12. — XVIIIe siècle.

143. — Théière en poterie de *Banko*, à décor de dessins réguliers rouges et verts.

H, 0m,19. — XIXe siècle.

III

TRAVAUX DE MÉTAL

I. — GARDES DE SABRE

144. — Garde en fer, à jour.

XVIe siècle.

145. — Garde en fer décorée d'une libellule à jour; signée: *Oumétada*.

XVIIe siècle.

146. — Garde en fer incrusté de métaux; le dieu du tonnerre tombant sur une maison.

XVIIe siècle.

147. — Garde en fer décorée d'une mouche d'or en relief signée: *Rioutisha*.

XVIIe siècle.

148. — Garde en fer décorée d'un renard en or portant une lanterne, sous la lune en argent.

XVIIe siècle.

149. — Garde en fer ciselé, décorée d'un semis de fleurs de prunier; signée: *Masatoyo*.

Commencement du XVIIIe siècle.

150. — Garde en fer ciselé, décorée de souris sur une rave; signée : *Tomokata.*

xviiie siècle.

151. — Garde en fer ciselé et incrusté, décorée des sept sages du bambou, signée : *Toshitoshi.*

xviiie siècle.

152. — Garde en fer ciselé, décorée d'un Sennin chassant un diable.

xviiie siècle.

153. — Garde en fer, décorée d'une lune en argent derrière les nuages.

xviiie siècle.

154. — Garde en fer, décorée d'un montreur de singes en relief.

xviiie siècle.

155. — Garde en fer à jour, branches de bambou, signée : *Hironaga.*

Fin du xviiie siècle.

156. — Garde en fer damasquinée d'or, décorée de dessins réguliers.

xviiie siècle.

157. — Garde en bronze jaune, décorée de fleurs de momidji en creux.

xviiie siècle.

158. — Garde en bronze jaune, décorée d'un sapin en relief, signée : *Mitsouoki.*

xixe siècle.

159. — Garde en fer décorée d'une figure de Bouddha dans le rocher, signée : *Toshihidé.*

Commencement du xixe siècle.

160. — Garde en fer ciselé et incrusté d'or et d'argent; oies au clair de lune dans les roseaux; signée : *Natsouô.*

Milieu du XIXe siècle.

161. — Garde en fer à jour, fleurs d'orchidées, signée : *Kinaï, d'Etshizen.*

XVIIe siècle.

II. — MANCHES DE COUTEAUX (Kodzoukas)

162. — Manche en fer, formé par des dragons à jour.

XVIe siècle.

163. — Manche en fer décoré d'un pigeon posé sur le bout d'une bêche.

XVIIe siècle.

164. — Manche en fer décoré d'un sceptre de prêtre.

XVIIe siècle.

165. — Manche en fer décoré d'un mouche incrustée d'or.

XVIIe siècle.

166. — Manche en fer décoré d'une cravache et d'un mors de cheval.

XVIIe siècle.

167. — Manche en fer décoré d'une branche de prunier en or et argent.

XVIIe siècle.

168. — Manche en fer décoré d'un navet et d'une reine-marguerite.

XVIIe siècle.

169. — Manche en fer décoré d'une araignée en argent.

XVIIe siècle.

170. — Manche en fer, décoré d'un escargot et d'une grenouille en relief.

xviie siècle.

171. — Manche en shakoudo, décoré d'éventails en or émaillé.

xviie siècle.

172. — Manche en argent, décoré d'un semis de chrysanthèmes ciselés en relief.

Commencement du xviiie siècle.

173. — Manche en fer décoré d'une branche de cerisier avec une hirondelle, signé : *Yotshin.*

xviiie siècle.

174. — Manche en fer décoré d'un jeu de pierres.

xviiie siècle.

175. — Manche en fer décoré d'un rideau en argent attaché à un arbre.

xviii siècle.

176. — Manche en fer décoré d'un pigeon en or, signé : *Tôkô.*

xviiie siècle.

177. — Manche en fer, décoré de lapins en relief, signé : *Hidékouni.*

xviiie siècle.

178. — Manche en fer, décoré d'une figure de Dharma en relief.

xviiie siècle.

179. — Manche en fer damasquiné d'or et décoré de fleurs de Kiri.

xviiie siècle.

180. — Manche en bronze jaune, décoré d'une figure de Shoki ciselée en relief, signé : *Aritsouné.*

xviiie siècle.

181. — Manche en fer, décoré de fleurs de cerisier en or et d'une lune en argent derrière les nuages.

Commencement du xixe siècle.

182. — Manche en shibouitshi, décoré d'une branche de prunier en relief à fleurs d'or, signé : *Kouansaï.*

Commencement du xixe siècle.

183. — Manche en shibouitshi, décoré d'une figure de Shoki guettant un diable, signé : *Senjiò.*

xixe siècle.

184. — Manche en shibouitshi, décoré de fleurs incrustées en relief et du disque du soleil, signé : *Natsouô.*

Milieu du xixe siècle.

185. — Koghaï de sabre en shibouitshi, décoré d'un singe, signé : *Môkô.*

Milieu du xixe siècle.

186. — Manche en fer ciselé, décoré de deux figures en relief (le voleur d'huile), signé : *Jomeï.*

xixe siècle.

III. — OBJET EN FER

187. — Boîte à parfums figurant un crabe en fer articulé, signé : *Miotshin Mounéfoussa.*

xviie siècle.

IV. — BRONZES

188. — Bouteille à eau en forme de poisson.

XVIIIe siècle.

189. — Vase de bronze dans le style chinois à deux anses et à dessins géométriques et patine rougeâtre.

H. 0m,29. — XVIIIe siècle.

190. — Vase porte-bouquets à deux renflements; patine rougeâtre.

H. 0m,23. — XVIIIe siècle.

191. — Groupe de trois tortues en bronze, signé: *Teïjio.*

Commencement du XIXe siècle.

192. — Petite bouteille à eau en forme de théière en bronze, dans un style ancien, signé: *Takousaï.*

XIXe siècle.

193. — Porte-pinceaux à jour en argent émaillé.

Fin du XVIIe siècle.

194. — Porte-pinceaux en shakoudo, à jour, signé : *Gôto Mitsoutoshi.*

XVIIIe siècle.

V. — NETZKÉS.

195. — Netzké en forme de bouton en bois incrusté, signé: *Teïji.*

Commencement du XIXe siècle.

196. — Netzké en malachite incrustée d'une libellule en fer, signé: *Yasoutshika* et *Gamboun.*

197. — Netzké en bois; marchand de masques, signé : *Miva Ier*.

198. — Netzké en bois; deux chiens dans une boîte, signé : *Kokeï*.

VI. — OBJETS DIVERS

199. — Pharmacie en cristal de roche.

Commencement du XIXe siècle.

200. — Panneau d'applique décoré d'un personnage en costume coréen, en application de faïence en relief et de pâte; signé : *Ritsouô*.

L. 0m,137. — Commencement du XVIIIe siècle.

201. — Foukousa. Grues sur fond rouge.

XVIIIe siècle.

202. — Foukousa. Albums ouverts et branche d'arbre dit des quarante écus sur satin rouge.

XVIIIe siècle.

203. — Foukousa. Tortues esquissées sur fond bleu.

XIXe siècle.

204. — Kakémono. Bambous en noir sur le soleil, signé : *Baïjo*.

Commencement du XIXe siècle.

205. — Collection de dessins de laqueurs recueillie par *Yoyousaï* et terminée en 1841.

SUPPLÉMENT

206. — Pot en porcelaine bleue et blanche de *Firato*, décorée de chrysanthèmes en relief.

H. 0m,15. — Fin du XVIIIe siècle.

207. — Bouteille en grès de *Seto*.

H. 0m,18. — XVIIe siècle.

208. — Bol de *Satsouma*, moitié blanc et moitié noir, bordure extérieure.

Diam. 0m,09 1/2. — Fin du XVIIIe siècle.

209. — Brûle-parfums en *Satsouma* décoré d'œillets en buisson.

H. 0m,07. — Fin du XVIIIe siècle.

210. — Brûle-parfums en céladon de *Sanda*, de forme carrée, à dessins de vagues en relief sous émail.

L. 0m,10. — Fin du XVIIIe siècle.

211. — Brûle-parfums de *Kioto* décoré d'un filet hexagonal en émail vert avec dessins en or et argent.

H. 0m,06. — Commencement du XVIIIe siècle.

212. — Boîte à parfums, en grès de *Bizen*, représentant une oie.

L. 0^{m},10. — XVIIe siècle.

213. — Boîte à parfums carrée, surmontée de deux lions de Corée, signée : *Mokoubei.*

Diam. 0^{m},04. — Commencement du XIXe siècle.

214. — Pot à poudre de thé en porcelaine de *Firato* de forme ronde, décorée de dragons formant des ronds semés irrégulièrement.

Diam. 0^{m},09. — Fin du XVIIIe siècle.

215. — Boîte à parfums en faïence, de l'école de Ninseï, de forme ronde, décorée d'un escargot sur le couvercle.

Diam. 0^{m},08. — Commencement du XIXe siècle.

216. — Boîte à parfums, en porcelaine d'*Imari*, à fond bleu, décorée de buissons et de branchages en or.

Diam. 0^{m},07. — XVIIIe siècle.

217. — Boîte à parfums en faïence, signée : *Makoudzou.*

Diam. 0^{m},04. — Milieu du XIXe siècle.

218. — Pupitre en bois naturel laqué d'or. École de *Kôëtsou.*

H. 0^{m},45 ; L. 0^{m},44. — Fin du XVIIe siècle.

219. — Boîte de jeu de parfums garnie de tous ses accessoires, en laque, décorée de petits damiers noir et or et d'insectes.

La lame du couteau est d'*Oumétada.*

Fin du XVIIe siècle.

220. — Boîte à nécessaire de thé, décorée d'albums sur fond aventuriné.

H. 0^{m},11 ; L. 0^{m},15. — Commencement du XVIIe siècle.

221. — Boîte à trois compartiments en laque d'or, décorée de branchages, or et argent, avec fleurs en matières précieuses incrustées.

H. 0m,07; L. 0m,06. — Fin du XVIIe siècle.

221 *bis*. — Brûle-parfums en bronze représentant un cerf accroupi.

H. 0m,25; L. 0m,25. — XVIIe siècle.

222. — Bol en porcelaine extérieurement laquée noire, décoré de feuillages or à reflets rouges.

Diam. 0m,08 1/2. — Milieu du XVIIIe siècle.

223. — Poignard à fourreau en laque rouge décoré de corbeaux en noir; monture en fer incrusté de feuillages en or, par *Oumétada*. Lame du XVIe siècle.

XVIIe siècle.

224. — Pipe de dame, en métal jaune, décorée de fleurs et de feuillages de chrysanthème en relief avec armoiries de Kiri, signée : *Souté*.

Commencement du XVIIIe siècle.

225. — Théière à saké en argent repoussé et ciselé, décorée d'armoiries.

Diam. 0m,16. — Commencement du XVIIIe siècle.

226. — Une série d'épingles à cheveux du milieu du XIXe siècle.

227. — Inrô à fond noir décoré de guerriers incrustés de nacre et d'or, signé : *Kadjikawa*

Commencement du XVIIIe siècle.

COLLECTION

DE

M. J.-M. DE HEREDIA

OBJETS DIVERS.

1. — Foukousa bleu brodé de deux langoustes rouges et or.

2. — Foukousa en satin vert, bouquet de store.

3. — Foukousa bleu clair broché de chrysanthèmes, avec deux éventails d'or.

4. — Foukousa en satin rouge clair brodé de boîtes de laque et de coquilles.

5. — Foukousa rouge plus foncé, décoré d'une pivoine héraldique tissée et brodée.

6. — Sabre de cérémonie garni d'argent et d'or; fourreau de laque à deux tons.

7. — Sabre garni de fer incrusté d'émaux translucides; fourreau de corne.

8. — Sabre de médecin, en bois délicatement gravé, à feuillages et herbes folles, semés de gouttelettes d'argent.

9. — Boîte de bronze de forme arrondie, à patine jaspée.

10. — Brûle-parfums de bronze doré aux armes des Tokougava.

11. — Vase de bronze en forme de fleur de lotus liée par un cordon.

12. — Bouteille à long col en bronze allié d'argent, à patine grise.

13. — Bouteille à long col, à patine argentée et jaspée.

14. — Jardinière en forme de racine d'arbre sur laquelle court une plante grasse; signée : *Yoshitsi.*

15. — Panier d'osier tressé en bronze, enguirlandé de feuilles de courge, orné d'une cigale et d'un crapaud.

16. — Dragon de bronze formant le pied d'une coupe.

17. — Brûle-parfums avec couvercle repercé à jour, décoré de fleurs de pêcher, en ardoise de Simonoseki.

18. — Porte-pinceaux de bronze, décoré d'un cerf gravé et ciselé, à patine jaspée.

19. — Jardinière de bronze figurant un dragon dans les nuages. La base est formée par un flot d'où émerge un poisson doré. Signée : *Tôoun.*

20. — Théière de bronze doré et gravé.

21. — Caille en bronze formant brûle-parfums.

22. — Presse-papier de bronze niellé d'argent, figurant une branche de bambou surmontée d'une pomme de pin d'argent.

23. — Marmite en fonte de fer décorée d'un aigle en relief sur un rocher.

24. — Porte-pinceaux de laque rouge, travail de *Yoseï.*

25. — Boîte de même travail.

26. — Gourde de faïence à décor rouge, vert, violet et or. Fabrique de *Kaga.*

27. — Petite boîte en bois : chat dévorant un rat.

28. — Koghaï de sabre en bronze laqué. Vol de faucon avec le Fousi au fond.

29. — Kodzouka en shibouitshi, décoré de touffes d'iris gravées en creux, à fleurs d'or.

30. — Kodzouka en shibouitshi décoré d'un héron en argent et d'un roseau d'or.

31. — Kodzouka en fer décoré de plantes et insectes d'eau en or et argent.

32. — Netzké en ivoire : une buflesse.

33. — Dix netzkés de métal en forme de bouton :

Un bouton en bois laqué incrusté de nacre, signé : *Yoyousaï.*

Un sennin, signé : *Jomeï.*

Personnage appuyé sur un saule gravé en creux sur shibouitshi ; signé : *Shiourakou.*

Une grue sauvage passant sur la lune, en fer, argent et or.

Deux petites tortues sur une feuille d'eau.

Un bouton en or ciselé, décoré d'un tronc de pin ; signé : *Kômin.*

Un singe dans les branches d'un arbre fruitier.

Un bouton en émail cloisonné en relief.

Une fleur de cerisier en argent sur shibouitshi, signée : *Hidékouni.*

Une tête de carpe sur shakoudo, signée : *Kadzoumori.*

34. — Deux petites rondelles de fer (provenant d'un sabre) incrustées d'or. L'une figure une branche de pêcher en fleur, l'autre une pivoine.

35. — Boîte à médecine en laque d'or : oie sauvage et fleurs.

36. — Boîte à médecine en laque d'or : langouste dans les flots.

37. — Boîte à médecine en laque noir : un bateau au milieu des roseaux en laque d'or.

38. — Boîte à médecine en laque noir : bégonia en or incrusté de nacre.

39. — Boîte à médecine. Coq et poule esquissés en noir sur fond d'or, d'après le dessin de *Naonobou.*

COLLECTION

DE

M. ALPHONSE HIRSCH

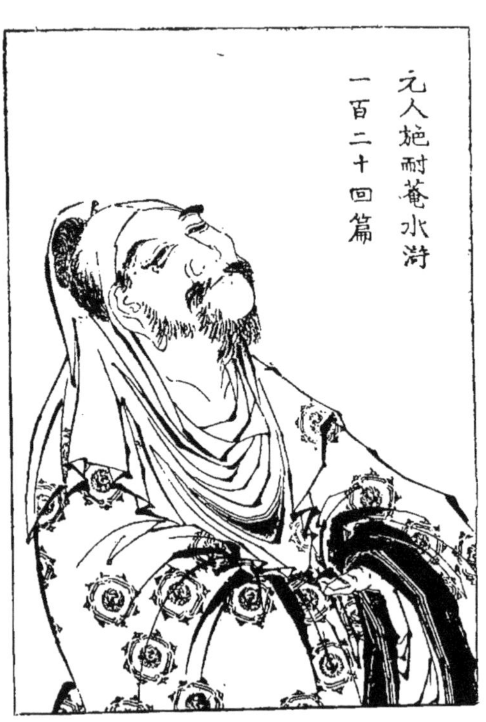
元人施耐菴水滸
一百二十回篇

I. — KAKÉMONOS.

1. — Deux kakémonos en pendant, coq et poule, signés : *Kano Naonobou.*

xviie siècle.

2. — La déesse Tennin volant sur un oiseau de Fô ; signé : *Tanshin.*

Fin du xviie siècle.

3. — Martin-pêcheur volant sur des touffes d'amaranthes ; signé : *Okio.*

xviiie siècle.

4. — Deux carpes pendues à des brindilles de bambou, signées : *Shosiseïki.*

xviiie siècle.

5. — Tortues jouant dans l'eau ; signé : *Mitshiné.*

xviiie siècle.

6. — Groupe de singes accroché à une branche de pin ; signé : *Sosen.*

xviiie siècle.

II. — BRONZES.

7. — Coupe formée par une feuille de lotus aux bords relevés ; petite grenouille en relief posée sur la tige. Bronze à patine brun verdâtre.

H. ^{m},06 ; L. 0^m,10. — xviie siècle.

8. — Brûle-parfums en bronze de patine vert émeraude et rouge sombre, formé par deux feuilles de nénuphar. Un martin-pêcheur est posé sur la tige qui forme le couvercle.

H. 0m,21 ; L. 0m,24. — XVIIe siècle.

9. — Coq formant brûle-parfums en bronze de patine foncée. La crête est en patine rouge.

H. 0m,26 ; L. 0m,34. — Commencement du XVIIIe siècle.

10. — Carpe repliée sur elle-même en bronze clair.

H. 0m,21 ; L. 0m,95 ; L. 0m,47. — XVIIIe siècle.

11. — Coupe formée par une feuille de lotus aux bords découpés et déchirés.

H. 0m,06 ; L. 0m,14. — XVIIIe siècle.

12. — Canard mandarin formant brûle-parfums, en bronze haricot entièrement incrusté d'or, d'argent et de shakoudo, dessinant au naturel le plumage de l'oiseau. Travail d'une extrême finesse.

H. 0m,09 ; L. 0m,17. — XVIIIe siècle.

13. — Boîte de forme cylindrique en bronze haricot, semée de fleurs de cerisier, au fil de l'eau, en argent incrusté.

D. 0m,10. — XVIIIe siècle.

14. — Vase d'applique de forme ovoïde, enlacé de pampres.

H. 0m,17. — XVIIIe siècle.

15. — Grand vase en bronze imitant un travail de vannerie à patine verdâtre. Le bord du col est fait d'une tige de bambou.

H. 0m,40 ; D. 0m,34. — XVIIIe siècle.

16. — Petite coupe en bronze, en forme de feuille ; anse formée par une cigale.

XVIIIe siècle.

17. — Grande tortue en bronze.

L. 0m,32. — XVIIIe siècle.

18. — Jardinière en bronze jaune à décor de bambou.

H. 0m,13; D. 0m,22. — XVIIIe siècle.

19. — Candélabre de temple, en bronze jaune, formé par une grue, des chimères et un pied de nénuphar.

H. 0m,42. — XVIIIe siècle.

20. — Petite tortue en bronze, signée : *Seïmin.*

Fin du XVIIIe siècle.

21. — Jardinière carrée en bronze, signée : *Teïjio.*

H. 0m,07; D. 0m,12. — Fin du XVIIIe siècle.

22. — Petit bronze formé par un groupe de coquilles et un crabe.

L. 0m,16.

III. — OBJETS DIVERS EN MÉTAL.

23. — Coupe en fer, décorée d'une figure de pèlerin vu de dos et couvert d'un grand chapeau, qui grimpe aux parois et forme poignée. Couvercle en laque rouge sculpté. Travail très ancien.

H. 0m,16; D. 0m,17.

24. — Boîte plate ronde en bronze jaune, incrustée d'une figure de jeune daïmio en argent; signée: *Yosida,* et datée 1683.

D. 0m,08. — XVIIe siècle.

25. — Petit plateau carré en argent incrusté d'un croissant en or, signé: *Sôïyo.*

D. 0m,13. — XVIIIe siècle.

26. — Boîte de pharmacie en bronze jaune, incrustée de vagues en argent.

XVIIIe siècle.

27. — Bout de sabre en bronze jaune, incrusté d'une lance et d'un éventail en or et argent, signé : *Hôdzoui*.

XVIIIe siècle.

28. — Théière en fer, décorée sur le flanc d'un poisson d'or aux nageoires d'argent ; couvercle en bronze vert à bouton d'argent.

H. 0m,24 ; D. 0m,19. — Commencement du XIXe siècle.

IV. — ARMES.

29. — Petit poignard à fourreau de laque rouge ; garniture en argent ciselé.

XVIIIe siècle.

30. — Poignard à fourreau de laque vert, garniture en argent ciselé, figurant des vagues.

Commencement du XIXe siècle.

31. — Petit sabre à fourreau de laque noir ; garniture en argent ciselé, figurant des fleurs de chrysanthèmes. Lame du XVIIe siècle, gravée d'un fer de lance.

Commencement du XIXe siècle.

32. — Poignard à fourreau de laque brun ; garniture en shibouitshi incrusté de fleurs. Lame du XVIIe siècle gravée d'un dragon.

XIXe siècle.

33. — Poignard de dame en laque noir ; garniture en argent décorée de fleurs d'orchidées.

XIXe siècle.

34. — Sabre en laque noir à deux kodzoukas, à garniture de métaux divers, représentant des insectes, un serpent et une grenouille.

XIXe siècle.

V. — GARDES DE SABRE.

35. — Grande garde en fer, décorée d'une carpe remontant une cascade à gouttelettes d'or, signée : *Tomoyouki.*

Fin du XVIIe siècle.

36. — Garde en bronze jaune, décorée d'un poisson et de châtaignes.

Commencement du XVIIIe siècle.

37. — Garde en bronze jaune à jour. Libellule en relief dans le brouillard ; signée : *Yoshimassa.*

Commencement du XVIIIe siècle.

38. — Garde en bronze rouge, décorée d'un cerf en shakoudo incrusté d'or et d'argent.

Commencement du XVIIIe siècle.

39. — Garde en fer ciselé, représentant une fleur de chrysanthème ; signée : *Masaharou.*

Commencement du XVIIIe siècle.

40. — Garde en fer. Libellule en relief à tête d'argent et à corps d'or, prise dans une toile d'araignée. Envers : la tête de l'araignée et la queue de la libellule; signée : *Tomokata.*

Commencement du XVIIIe siècle.

41. — Garde en fer incrusté d'or, décorée d'oies en relief; signée : *Hironori.*

XVIIIe siècle.

42. — Grande garde en bronze jaune, incrustée d'un côté d'une branche de lis à fleurs d'argent et d'or, et de l'autre, de touffes de lis et de nénuphars.

xviiie siècle.

43. — Garde en fer avec un groupe de singes en shibouitshi en relief, signée : *Konkouan.*

xviiie siècle.

44. — Garde en bronze jaune. Deux cigognes en argent dans un cours d'eau. Envers : nénuphars ; signée : *Toshinaga.*

xviiie siècle.

45. — Grande garde en fer, décorée d'un dragon en or sur flots d'argent.

xviiie siècle.

46. — Garde en bronze jaune, décorée d'une branche de magnolia fleurie, en argent et en relief ; signée : *Masayoshi.*

Fin du xviiie siècle.

46 *bis.* — Garde en fer, décorée de flots en or et en argent sur les deux faces ; signée : *Yasouyouki.*

Fin du xviiie siècle.

47. — Garde en bronze jaune à deux lobes, décorée d'un canard en relief d'or et d'une branche de roseau, sur fond grenu ; signée : *Koudzoui.*

Fin du xviiie siècle.

48. — Garde carrée en bronze jaune, décorée d'un crabe en shakoudo, aux yeux d'or dans des mousses d'or ; signée : *Yasoutshika.*

Fin du xviiie siècle.

49. — Garde en fer à jour, épis de riz ; signée : *Nishikava.*

Fin du xviiie siècle.

50. — Petite garde carrée en bronze rouge, décorée d'une araignée en shakoudo, filant sa toile ; signée : *Hiromassa.*

Commencement du XIXe siècle.

51. — Garde en shibouitshi, représentant un paysan déracinant des pousses de bambous ; signée : *Koudzoui.*

Commencement du XIXe siècle.

52. — Garde en bronze rouge, Shoki guettant le diable dans un paysage ; signée : *Shôtetsou.*

Commencement du XIXe siècle.

53. — Garde carrée en fer strié, décorée de papillons damasquinés d'or et d'argent ; signée : *Yasouyouki.*

Commencement du XIXe siècle.

54. — Garde en fer. Personnage portant une lanterne sous son parasol, et regardant un oiseau qui s'envole. Envers : porte de temple ; signée : *Katsouhira.*

Commencement du XIXe siècle.

55. — Garde en argent, entourée d'un bambou doré. Branche d'arbre en relief à fleurs d'or. Envers : un sapin gravé en creux ; signé : *Toshiakira.*

Commencement du XIXe siècle.

56. — Petite garde en bronze rouge, fleurs de prunier en argent, sous le croissant de la lune ; signée : *Massaharou.*

XIXe siècle.

57. — Garde en shibouitshi, décorée de branches de prunier, de sapin et de bambous en or et en argent.

XIXe siècle.

58. — Garde en shibouitshi, décorée de fleurs et de feuilles en or et argent, en relief sur le fil de l'eau ; signée : *Naotoshi.*

XIXe siècle.

59. — Garde en shibouitshi incrusté, représentant un paysage montagneux, au milieu duquel coule un fleuve dont la perspective se perd dans le lointain; signée : *Tomonobou.*

60. — Garde en shibouitshi, décorée d'un crabe en shakoudo, grimpant sur un roseau; signée : *Kadzounori.*

XIXe siècle.

61. — Garde en bronze rouge, lapin sous la lune à jour; signé : *Yasoutshika.*

XIXe siècle.

62. — Garde en fer, incrustée de fleurs de cerisier en argent; signée : *Hakouhô.*

XIXe siècle.

63. — Garde en fer ajourée. Hibou perché sur une branche d'arbre. Envers : lune en argent; signée : *Kiotoshi.*

XIXe siècle.

64. — Garde en bronze rouge. Crabe et roseaux.

65. — Garde en shakoudo. Deux serpents enlacés à jour; signée : *Nagayouki.*

66. — Garde en cuivre ajouré, décorée d'un lapin en relief.

67. — Petite garde carrée en bronze rouge, décorée d'une cicindèle en shakoudo; signée : *Kadzounari.*

XIXe siècle.

VI. — KODZOUKAS.

68. — Kodzouka en fer incrusté d'un bâton enroulé de cordelettes; signé : *Kadzoutoshi.*

XVIIe siècle.

69. — Kodzouka en fer, décoré d'un dauphin en relief à patine d'or; travail d'un des *Gòto.*

xviie siècle.

70. — Kodzouka en fer, décoré de deux souris jouant sur un parapluie replié.

xviie siècle.

71. — Kodzouka en fer, figurant un carquois incrusté d'or et d'argent; signé : *Oumétada.*

xviie siècle.

72. — Kodzouka en bronze rouge, décoré d'un Dharma en léger relief; signé : *Sômin.*

Commencement du xviiie siècle.

73. — Kodzouka en bronze jaune, incrusté d'un dragon en fer; signé : *Ouniyo.*

Commencement du xviiie siècle.

74. — Kodzouka en bronze rouge, incrusté du sceptre religieux des bonzes pèlerins; signé : *Toshimasa.*

xviiie siècle.

75. — Kadzouka en shakoudo, décoré d'une épée de Foudo à lame d'argent.

xviiie siècle.

76. — Kodzouka en fer, décoré d'un sanglier endormi dans les herbes.

xviiie siècle.

77. — Kodzouka en bronze jaune, incrusté d'une cigale en or.

xviiie siècle.

78. — Kodzouka en shibouitshi, décoré d'un arc et de flèches.

xviiie siècle.

79. — Kodzouka en bronze, incrusté d'une branche fleurie dans un vase ; signé : *Ikkin.*

xviiie siècle.

80. — Kodzouka en bronze rouge, incrusté d'un éventail en relief et d'un papillon ; signé : *Gôto Lenjio* et *Mitsoumori.*

xviiie siècle.

81. — Kodzouka en shakoudo, décoré d'une biva en or et bronze rouge ; signé : *Masatsouné.*

xviiie siècle.

82. — Kodzouka en bronze rouge haricot, décoré d'un serpent en relief s'enroulant à un arbre ; signé : *Shidzoui.*

xviiie siècle.

83. — Kodzouka en shakoudo strié, décoré d'un balai en relief, en bronze rouge.

xviiie siècle.

84. — Kodzouka en fer entouré d'un cadre d'or et décoré d'un canard mandarin en relief, posé sur le bord d'un bateau, signé : *Shiôdzoui.*

xviiie siècle.

85. — Kodzouka en shibouitshi, incrusté de cinq cigognes en métaux variés ; signé : *Mitsouoka.*

xviiie siècle.

86. — Kodzouka en shibouitshi, incrusté d'un faucon en argent, en haut relief ; signé : *Nagatsouné.*

xixe siècle.

87. — Kodzouka en fer, incrusté d'une brindille bambou, en ors de différents tons ; signé : *Hirotsouné.*

xviiie siècle.

88. — Kodzouka en bronze jaune, décoré d'une chauve-souris et d'un tronc d'arbre; signé : *Tomonobou*.

Commencement du XIXe siècle.

89. — Kodzouka en bronze rouge, incrusté d'un crabe en relief s'accrochant à des herbes; signé : *Masaharou*, 1808.

90. — Kodzouka en shibouitshi, incrusté d'une carpe remontant une cascade; signé : *Yoshinari*.

Commencement du XIXe siècle.

91. — Kodzouka en shibouitshi, incrusté de deux grues en shakoudo au milieu des marais; signé : *Seïdzoui*.

Commencement du XIXe siècle.

92. — Kodzouka en shibouitshi, incrusté d'une carpe en shakoudo; signé : *Natsouô*.

XIXe siècle.

93. — Kodzouka en shibouitshi, incrusté d'une cigogne en argent posée sur une patte et d'une branche de pin devant le disque du soleil; signé : *Mitsoumasa*.

XIXe siècle.

94. — Kodzouka en bronze rouge, décoré d'une libellule au fil de l'eau.

XIXe siècle.

95. — Kodzouka en shakoudo, décoré d'une chauve-souris en haut relief; signé : *Masayoshi*.

XIXe siècle.

96. — Kodzouka en shibouitshi, incrusté de brindilles de haricot, en or et en argent; signé : *Nobouyoshi*.

XIXe siècle.

97. — Kodzouka en shakoudo, aventuriné d'or, incrusté de

fleurs et de feuilles de cerisier en argent ; signé : *Korénobou.*
xixe siècle.

98. — Kodzouka en bronze rouge, incrusté d'un serpent en relief, en shibouitshi ; signé : *Yoshinari.*
xixe siècle.

99. — Kodzouka en shibouitshi, incrusté d'un aigle en relief, au bec d'or, les ailes déployées; signé : *Motoakira.*
xixe siècle.

100. — Kodzouka en shakoudo granulé, incrusté d'une anguille en shibouitshi, en relief; signé : *Yasoutada.*
xixe siècle.

101. — Kodzouka en shibouitshi, incrusté d'un dauphin en shakoudo, avec le reflet de la lune dans l'eau mouvante.
xixe siècle.

102. — Kodzouka en shibouitshi, incrusté d'une feuille de momidji et d'un croissant de lune.
xixe siècle.

103. — Kodzouka en bronze rouge, décoré d'un mille-pattes en shakoudo ; signé : *Shôdzoui.*

104. — Kodzouka en shakoudo, décoré d'un carquois; signé : *Yoshiharou.*

105. — Kodzouka en shibouitshi, décoré d'un poisson en relief d'or remontant une cascade ; signé : *Foussahidé.*

VII. — CÉRAMIQUE.

105 *bis.* — Porte-bouquet applique en grès de Bizen, ayant la forme d'un poisson.
xviie siècle.

105 *ter*. — Petite boîte ronde en faïence blanche, décorée des mailles d'un filet, bleu vert et or. Fabrique de *Kioto-Ivakoura*.

Diam. 0^{m},07. — XVIIIe siècle.

106. — Bol de faïence à patine marron. Fabrique de *Kioto-Ivakoura*.

Diam. 0^{m},12. — XIXe siècle.

107. — Deux vases à pans en porcelaine de *Kioto*.

H. 0^{m},17; Diam. 0^{m},18.

108. — Coupe en porcelaine blanche de *Kioto*, figurant une grande rose trémière épanouie; signée : *Kiteï*.

Diam. 0^{m},18. — Commencement du XIXe siècle.

109. — Petit bol à quatre pans, décoré de branches fleuries, en relief, en porcelaine de *Satsouma*.

H. 0^{m},06; Diam. 0^{m},07. — Fin du XVIIIe siècle.

110. — Petite boîte en porcelaine de *Satsouma*, ayant la forme d'un nœud de papier.

Diam. 0^{m},07. — Commencement du XIXe siècle.

111. — Pot cylindrique en porcelaine de *Satsouma*, fond blanc truité, décoré de bleuets d'or.

H. 0^{m},15; Diam. 0^{m},14. — Commencement du XIXe siècle.

112. — Aigle posé sur un rocher en terre émaillée jaune et blanc.

H. 0^{m},50.

113. — Vase en forme de gourde en grès flambé de *Takatori*.

114. — Vautour sur un rocher en terre revêtue d'émail brun.

H. 0^{m},27.

115. — Petite théière en terre émaillée brun foncé, décorée d'un oiseau en relief, passant devant le croissant de la lune.

116. — Bol en faïence, couvert d'un émail de ton orangé ; signé : *Rakou.*

Fin du XVIIIe siècle.

117. — Porte-bouquet en forme de tronc de bambou, en faïence jaune d'*Idzoumo.*

H. 0[m],18. — Fin du XVIIIe siècle.

118. — Bol en porcelaine couverte d'un émail marron flambé, à coulures très épaisses; signé : *Yeïrakou.*

Commencement du XIXe siècle.

119. — Vase à anse en forme de pannier couvert d'un émail fauve brillant, avec couvercle en laque rouge.

H. 0[m],09 ; Diam. 0[m],09.

120. — Petite boîte en terre jaune, signée : *Mokoubeï.*

H. 0[m],05 ; Diam. 0[m],04.

VIII. — LAQUES.

121. — Coupe à saké en laque rouge foncé, décorée d'une carpe en haut relief en laque brun et or; signée : *Kadjikava.*

Diam. 0[m],10. — XVIIe siècle.

122. — Cigogne formant boîte, en laque d'or.

H. 0[m],08 ; L. 0[m],14. — XVIIe siècle.

123. — Boîte en laque noir, incrustée sur le couvercle d'un grand crabe en faïence verte au milieu des algues d'or. Intérieur en laque d'or aventuriné ; signée : *Ritsouô.*

H. 0[m],14 ; L. 0[m],41. — Commencement du XVIIIe siècle.

124. — Boîte ronde à deux compartiments et couvercle en laque noir sablé d'or, décorée d'un semis de feuilles de momidji en laque d'or frotté.

H. 0m,06 1/2, Diam. 0m,08. — Commencement du XVIIIe siècle.

125. — Cabinet étagère en laque d'or mat à trois tiroirs, décoré de bambous en laque noir frotté, imitant une esquisse à l'encre de Chine.

H. 0m,20; L. 0m,25. — XVIIIe siècle.

126. — Petite boîte de toilette, plate, en ivoire teinté de laque vert, décorée d'une branche de chrysanthèmes à fleurs d'or et d'argent.

L. 0m,10; L. 0m,03. — XVIIIe siècle.

127. — Boîte de pharmacie en laque d'or, décorée de grues en nacre et en argent; signée : *Tôyo.*

XVIIIe siècle.

128. — Plateau carré à pans coupés en laque d'or aventuriné, décoré d'arbres en laque d'or à fleurs d'argent.

Diam. 0m,22. — XVIIIe siècle.

129. — Petite boîte en laque noir en forme d'éventail, sablée d'or et décorée de fleurs en laque rouge et en laque d'or vert; signée : *Shiômi.*

Diam. 0m,08. — XVIIIe siècle.

130. — Applique porte-éventail en laque noir, décorée de pivoines en or; garniture en argent.

H. 0m,90; L. 0m,12. — XVIIIe siècle.

131. — Petit plateau à bords contournés en laque d'or aventuriné, décoré de chrysanthèmes en laque d'or.

L. 0m,17; L. 0m,10 1/2. — XVIIIe siècle.

132. — Boîte ronde plate en laque d'or mat, incrustée de nacre et décorée de feuilles de momidji.

Diam. $0^{m},09$. — XVIIIe siècle.

133. — Boîte carrée à deux compartiments liés ensemble, l'un en laque rouge décoré de vagues d'or, l'autre en laque d'or vert décoré de losanges en laque d'or.

Diam. $0^{m},08$ 1/2. — XVIIIe siècle.

134. — Coupe à saké en laque rouge, décorée d'une vue des bords de la mer en laque d'or ; signée : *Kouansaï*.

Diam. $0^{m},08$ 1/2. — XVIIIe siècle.

135. — Boîte carrée à pieds en laque vert bronze, incrustée d'une tige de bambou en relief, en laque et en argent.

H. $0^{m},06$; Diam. $0^{m},13$. — XVIIIe siècle.

136. — Coupe à saké en laque rouge, décorée d'une feuille de bégonia ; signée : *Kouansaï*.

Diam. $0^{m},09$. — XVIIIe siècle.

137. — Grande boîte dite « aux rats », en ivoire teinté et laqué sur toutes ses faces, imitant le bambou tressé ; arêtes en laque rose. Un rat s'étrangle en s'efforçant de sortir de la boîte, à travers une déchirure des bambous, pour saisir une grappe de raisin qui se trouve sur le côté de la boîte. Sur l'autre côté, on voit un jeune rat se dressant sur ses pattes de derrière. Intérieur en laque d'or aventuriné. Sous le couvercle apparaît l'arrière-train du rat engagé dans les bambous. Chef-d'œuvre signé : *Leïguiokou*.

H. $0^{m},11$; L. $0^{m},32$. — Fin du XVIIIe siècle.

138. — Boîte à lettres en laque noir, décorée d'une branche de cerisier fleuri en laque vert et blanc.

Fin du XVIIIe siècle.

139. — Boîte à poudre de thé en laque rouge pompéien, décorée de dessins noirs.

H. $0^m,07$; Diam. $0^m,06$. — Fin du XVIIIe siècle.

140. — Boîte à écrire en laque brun foncé, décorée d'un pied de crête de coq blanche et d'une cigale en relief d'or, de laque rouge et de nacre.

L. $0^m,26$; L. $0^m,22$. — Commencement du XIXe siècle.

141. — Petite boîte en forme d'éventail en laque d'or vert aventuriné, décorée d'un paysage en laque d'or.

Diam. $0^m,07$ 1/2. — Commencement du XIXe siècle.

142. — Cabinet étagère en laque de shibouitshi décoré sur toutes ses faces de pommes de pin en laque d'or; charnières en argent figurant des aiguilles de pin.

H. $0^m,13$; L. $0^m,25$. — Commencement du XIXe siècle.

143. — Plateau en laque noir rectangulaire à pans coupés, décoré d'une grue et d'un tronc de vieux pin en laque d'or; signé : *Sôzan*.

L. $0^m,27$; L. $0^m,22$. — XIXe siècle.

144. — Boîte longue rectangulaire en laque d'or, décorée d'un semis de fleurs sur toutes ses faces.

H. $0^m,05$; L. $0^m,12$. — XIXe siècle.

145. — Petite coupe en laque rouge vif, décorée de deux jardinières en pâte colorée; signée : *Kouariu*.

Diam. $0^m,08$ 1/2. — XIXe siècle.

146. — Coupe à saké en bois laqué d'un ton rouge dégradé.

Diam. $0^m,10$. — XIXe siècle.

147. — Plateau rectangulaire en laque imitant le bois de fer, décoré de feuilles de momidji en relief et de fleurs de chrysanthèmes et de cerisier en laque bronzé.

L. $0^m,17$; L. $0^m,12$. — XIXe siècle.

148. — Petite boîte ronde à thé, en laque marron imitant la coulure de l'émail, avec couvercle décoré de deux pièces de monnaie en laque bronze; signée : *Zeïshin.*

H. 0m,05; Diam. 0m,08. — XIXe siècle.

149. — Petite boîte de forme haricot en laque d'or aventuriné, décorée d'une haie d'œillets en laque d'or.

150. — Boîte de pharmacie en laque noir avec incrustations de faïence et de laques polychromes, représentant un cornac donnant à manger à un éléphant.

VIII. — OBJETS EN BOIS TRAVAILLÉ ET INCRUSTÉ

151 *bis.* — Petit meuble en bois de fer incrusté d'argent.

XVIIIe siècle.

151. Boîte de fumeur en bois naturel, incrustée de faïence et de laques polychromes, fleurs et coquillages. Travail de *Ritsouô.*

H. 0m,22; Diam. 0m,20. — XVIIIe siècle.

152. — Boîte à écrire en bois naturel incrusté de fourmis; signée : *Gamboun.*

L. 0m,26; L. 0m,19. — XVIIIe siècle.

153. — Boîte de fumeur en bois naturel, incrusté de faïence et de laques polychromes; fleurs et coquillages. Travail de *Rissouô.*

H. 0m,22; Diam. 0m,20. — XVIIIe siècle.

154. — Boîte de fumeur, de ceinture, en bois incrusté d'un colimaçon en relief, en ivoire.

XVIIIe siècle.

155. — Petite boîte à poudre de thé en laque brun, imi-

tant un vieux bois de pin, incrustée de feuilles de pin et de fourmis en métal; signée : *Gamboun.*

Diam. 0m,09. — XVIIIe siècle.

156. — Tableau applique en bois de pin décoré de feuilles d'iris en laque vert, avec une fleur en laque rouge foncé et d'une cigogne de profil en laque d'argent. Travail dans le style de *Ritsouô.*

H. 0m.90. — XVIIIe siècle.

157. — Panneau en bois laqué noir en forme d'éventail, décoré d'un tronc d'arbre avec des branches couvertes de fleurs en porcelaine et une lune voilée dans le fond.

Diam. 0m, 53. — XVIIIe siècle.

158. — Vieux tronc d'arbre formant porte-bouquet, incrusté de fourmis et de deux feuilles de Kiri en cuivre doré.

H. 0m,33. — XVIIIe siècle.

159. — Grande boîte rectangulaire en bois de mûrier naturel, décorée sur ses quatre faces de fleurs et insectes en incrustations polychromes (style de Ritsouô).

H. 0m,22; Diam. 0m,21. — Fin du XVIIIe siècle.

160. — Porte-pinceau en bambou clair, gravé de feuilles de bambou; signé : *Tôkô.*

H. 0m,18; Diam. 0m,10. — Commencement du XIXe siècle.

161. — Grand plateau creux en écorce de gourde laquée de rouge à l'intérieur et incrustée d'un colimaçon en laque d'argent.

Commencement du XIXe siècle.

162. — Plateau carré en bois de palissandre moucheté,

décoré d'une branche en laque bronze et de haricots en faïence verte.

Diam. 0m,37. — Commencement du XIXe siècle.

163. — Pot à thé en bois naturel de Kiri bruni, décoré de plantes grimpantes en laque et burgau.

H. 0m,20; Diam. 0m,16. — XIXe siècle.

164. — Boîte à thé de forme carrée, en bois veiné de Kéaki, incrusté d'orchidées en bois noir.

H. 0m,20; Diam. 0m,11. — XIXe siècle.

165. — Cabinet-étagère à tiroirs en bois naturel incrusté d'ivoire et de nacre.

H. 0m,31; L. 0m32. — XIXe siècle.

166. — Grande coquille en bois, laquée à l'intérieur et ornée d'une tortue d'eau en relief.

Diam. 0m,32. — XIXe siècle.

167. — Tableau rond en bois de pin décoré d'un Tori en laque jaune, d'un pigeon en nacre, d'un tronc de momidji en laque brun et d'une lanterne en ardoise; signé : *Meïsaï.*

Diam. 0m,34. — XIXe siècle.

IX. — NETZKÉS.

168. — Trois netzkés en métal en forme de boutons, décorés de sujets divers; l'un, représentant un diable en or portant une cloche en argent, est signé : *Ritsoumin*.

169. — Vingt netzkés en ivoire.

170. — Six netzkés en bois.

171. — Un netzké en laque représentant le dieu du saki.

172. — Trois masques en bois sculpté, peint et laqué, formant netzkés.

173. — Quatre petits masques en ivoire teinté.

X. — FOUKOUSAS.

174. — Carpe dans les flots, brodée en blanc et gris sur fond marron.

Commencement du XVIIIe siècle.

175. — Paons et pivoines sur fond rose passé.

XVIIIe siècle.

176. — Coq et poule sur un tambour, sur fond bleu.

Fin du XVIIIe siècle.

COLLECTION

DU

GÉNÉRAL IDA

ANCIEN MINISTRE PLÉNIPOTENTIAIRE DU JAPON

A PARIS

OBJETS DIVERS

1. — Grand sabre : monture en shakoudo et en or, par *Sômin;* la lame est signée : *Norimitsou Ossafouné* et datée 1470.

xviiie siècle.

2. — Grand sabre à monture en or et shakoudo du xviiie siècle. Lame du xve siècle.

3. — Poignard à monture en shakoudo et en or, travail d'un des Gôto au xviiie siècle. La lame, ciselée d'un dragon à jour, est signée : *Kiyomitsou, d'Ossafouné,* et datée 1566.

4. — Poignard à monture en or représentant les flots. La lame est signée : *Sadakouni.*

xive siècle.

5. — Boîte à écrire à tiroir en argent. Décor de chrysanthèmes et de dessins de ciselure.

xviiie siècle.

6. — Brûle-parfums en argent de forme ronde, décoré de dessins de parfums en relief et à jour.

xvie siècle.

7. — Boîte à papier, laque noir piqué d'or à dessins en or de relief, représentant l'entrée de la cour impériale.

xviiie siècle.

8. — Encrier en laque noir mosaïqué d'or, à dessins en relief représentant une voiture impériale.

xviiie siècle.

9. — Encrier en laque d'or, en forme de koto.

xviie siècle.

10. — Boîte à masque en laque d'or aventuriné, décoré de livres ouverts.

H. 0m,23; L. 0m,24; L. 0m,28. — Commencement du xviiie siècle.

11. — Boîte à compartiments, en forme de coffre d'armure, en laque d'or.

H. 0m,09; L. 0m,09. — XVIIIe siècle.

12. — Boîte à parfums en forme de deux boîtes chevauchant, en laque d'or décoré de dessins en or frotté.

Diam. 0m,09. — XVIIIe siècle.

13. — Socle à cinq lobes en laque noir décoré de dessins en or.

H. 0m,29; Diam. 0m,28. — XVIIIe siècle.

14. — Chimère en grès de *Koutani;* signée : *Tamoura* et datée 1655.

H. 0m,25; L. 0m,12.

15. — Vase en faïence d'Awata, en forme de panier à jour.

H. 0m,27.

16. — Une paire de paravents à deux feuilles décorés de vagues d'argent et d'appliques d'éventails de l'école des Tosa.

XVIIe siècle.

17. — Deux rouleaux de peinture représentant cent chevaux, peints par *Naonobou*, de Kano.

XVIIe siècle.

COLLECTION

DE LA MAISON

KOSHO-KAISHA

DU JAPON

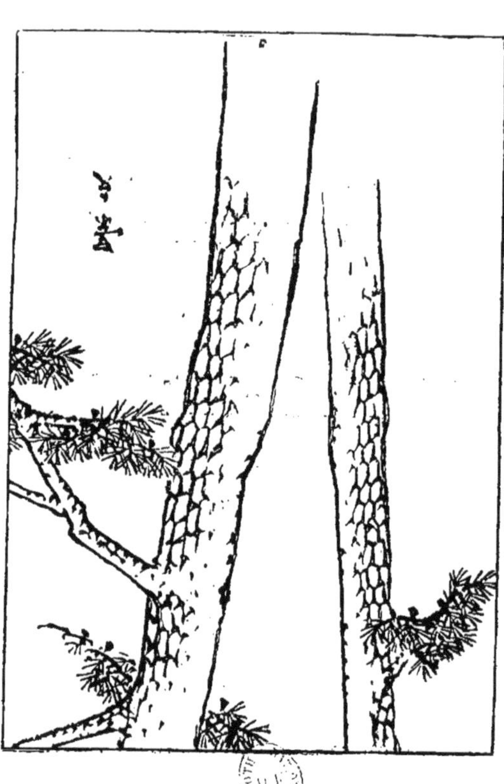

I. — PEINTURES.

1. — Ronde d'enfants, à l'encre de Chine; kakémono peint par *Sesshiu* à l'âge de quatre-vingt-deux ans.

Fin du XVe siècle.

2. — Shakia Mouni, le fondateur du bouddhisme, conversant au pied d'un rocher avec les deux philosophes Loci et Confucius; kakémono peint par *Kano Masanobou.*

Original précieux du plus grand artiste japonais du XVe siècle.

3. — Deux paravents représentant une fête religieuse à Kioto, peints par *Mitsousoumi,* de l'école de Tosa, pour le grand ministre Ota Nobounaga. Ils furent ensuite offerts en récompense au général Massouda Saémon par le shiogoun Taïko Sama.

Seconde moitié du XVIe siècle.

II. — FER FORGÉ.

4. — Groupe de deux figurines articulées, en fer forgé, par *Miotshin Nabouiyé.*

XVIe siècle.

COLLECTION

DE

M. LANSYER

I. — BRONZES.

1. — Brûle-parfums de forme ovoïde, à couvercle surmonté d'une chimère.

H. 0m,27. — XVIIIe siècle.

2. — Bouteille à long col, à patine noire.

H. 0m,32.

3. — Bouteille à long col, à patine rouge.

H. 0m,31.

4. — Bouteille de forme écrasée, à long col, à patine verte.

H. 0m,27 1/2. — XVIIe siècle.

5. — Petit brûle-parfums décoré de feuilles de houx en relief.

H. 0m,11. — XVIIe siècle.

6. — Jardinière à trois pieds, figurant une coupe remplie de saké et débordant.

H. 0m,14; Diam. 0m,21.

7. — Vase à col évasé de forme losangée à patine rougeâtre, décoré de fleurs de pivoines.

H. 0m,28. — XVIIe siècle.

8. — Deux petites coupes ovoïdes à anses formées par des dragons et ornées de flots à la base.

H. 0m,11; L. 0m,19.

9. — Porte-bouquet applique, en forme de gousse, décoré de feuillages en relief.

L. 0m,18.

10. — Grand vase de forme balustre, à patine haricot et col droit.

H. $0^m,31$.

11. — Petite jardinière à quatre pieds, décorée de presles en relief.

L. $0^m,07$ 1/2, L. $0^m,14$.

12. — Bouteille à anses de forme balustre à patine noire.

H. $0^m,29$.

II. — ÉTOFFES.

13. — Foukousa. Feuilles armoriales, sur fond rouge grenade.

14. — Foukousa. Grues en or sur fond jaune citron.

15. — Foukousa. Bouquets de stores sur fond bleu ciel.

16. — Foukousa. Paysage sur fond rose pêche.

17. — Foukousa. Grues volant sur une pluie d'or. Fond maïs.

18. — Foukousa. Nid de grues dans un pin vert tendre sur fond rose cerise.

19. — Foukousa. Tuile brodée et esquisse de bambou, au pinceau, sur fond tabac.

20. — Foukousa. Armoiries brochées d'or sur fond rouge feu.

21. — Foukousa. Bandes de dessins réguliers sur fond maïs.

22. — Foukousa. Semis d'œillets sur fond gros bleu.

23. — Foukousa. Dragons brochés d'or sur fond vieil or.

24. — Robe de prêtre, brochée de bouquets de fleurs, lamées d'or sur fond bleu de ciel.

25. — Ceinture lamée d'argent sur fond tabac.

26. — Ceintures à fleurs roses sur fond vert olive.

27. — Ceintures à fleurs blanches sur fond vert clair.

28. — Ceinture en velours épinglé vert pomme.

29. — Ceinture à dessins verts lamés d'or sur fond bleu.

30. — Couverture brodée de pivoines et d'oiseaux sur fond tabac.

Travail très anclen.

31. — Robe en satin bleu, décorée de feuilles de mauve et de stores en fils d'or.

KAKÉMONO.

32. — Femme du Yoshiwara à tête de squelette; école de Yédo.

XIXe siècle.

COLLECTION

DE

M. MITSUI

DU JAPON

KAKÉMONO.

1. — Kakémono représentant un Lakan; peinture de *Meïtshio*.

Fin du XIVe siècle.

COLLECTION

DE

M. E. L. MONTEFIORE

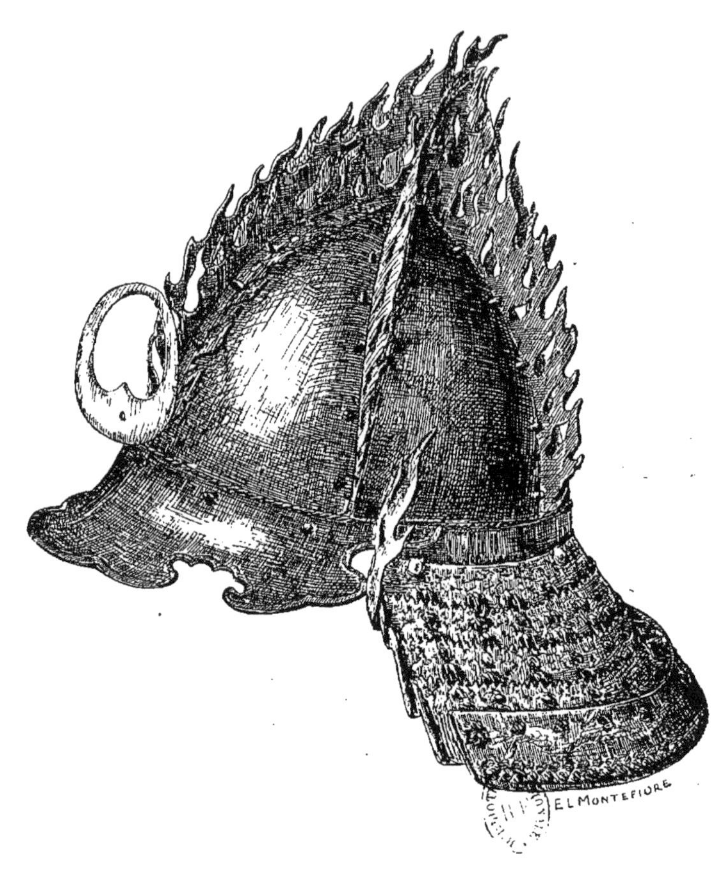
EL MONTEFIORE

I. — BRONZES.

1. — Aigle sur un rocher, regardant un crabe.

H. $0^{m},52$.

2. — Aigle perché sur une branche.

H. $0^{m},25$.

3. — Dragon.

4. — Brûle-parfums en forme de crabe.

5. — Petit poisson.

6. — Crapaud.

7. — Petit vase avec les douze signes du Zodiaque.

8. — Mante religieuse, signée : *Seïmin*.

9. — Jardinière carrée. Quatre animaux en relief. Signée : *Seïmin*.

H. $0^{m},09$.

10. — Vase cylindrique sur pied. Personnage en relief. Signé : *Tôoun*.

H. $0^{m}22$.

10 *bis*. — Grand brûle-parfums ayant la forme d'un oiseau de Fô.

H. $1^{m},50$. — XVIIe siècle.

II. — SABRES.

11. — Sabre de prince. Fourreau en laque noir; lame de *Sané Mori* (xe siècle); garde et montures en or et shakoudo, ciselées par *Gôto Itijio* (commencement du xixe siècle); la garde représente, d'un côté, des danses de femmes; de l'autre, une déesse dévidant des pelotes et un paysan conduisant un bœuf.

12. — Grand sabre. Fourreau en laque aventuriné vert, décoré de laque d'argent représentant l'oiseau de Fô; monture de fleurs et de feuilles en argent.

13. — Grand sabre droit. Fourreau en galuchat; montures en bronze; manche en forme de tête de coq.

14. — Grand sabre recourbé. Fourreau en argent avec les armes des Tokougava.

15. — Grand sabre recourbé. Fourreau de laque aventuriné; monture en shakoudo niellé d'or; lame gravée.

16. — Sabre recourbé. Fourreau en laque aventuriné; monture en argent.

17. — Petit sabre. Fourreau en laque noir décoré de dessins de plumes; monture en argent.

18. — Grand sabre. Fourreau en laque vert sablé de burgau; la garde et les montures représentent des têtes de mort et des corbeaux.

19. — Grand sabre avec lame gravée. Fourreau en laque monture en shakoudo et or.

20. — Petit sabre. Fourreau en mosaïque de coquille d'œuf.

21. — Grand sabre recourbé. Fourreau en cuir de Cordoue; curieuse trempe à courbures régulières; monture en fer niellé d'or.

22. — Grand et petit sabre. Fourreaux en laque décorés de feuilles et de fleurs en argent; montures en fer incrusté d'or, représentant des sujets guerriers.

23. — Fourreau de sabre en bois. Serpent en argent sortant d'un morceau de bois pourri; signé : *Toshimitsou.*

Fin du XVIIIe siècle.

III. — GARDES DE SABRE.

24. — Garde en fer incrusté d'or, dans le style persan. Singes et vase de fleurs. Signée : *Nagayoshi.*

Fin du XVe siècle

25. — Garde en fer à jour. Grues en argent sur un arbre.

XVIIe siècle.

26. — Garde en cuivre jaune formée par deux dragons.

XVIIe siècle.

27. — Garde en fer incrusté d'or et d'argent. Hibou en haut relief.

XVIIe siècle.

28. — Garde en fer. Deux Sennins en relief. Signée. *Jokô.*

29. — Garde en fer. Langouste contournée à jour. Signée : *Mounénori.*

Commencement du XIXe siècle.

30. — Garde en fer non terminée. Carpe remontant un torrent, à jour. Signée : *Jokokou.*

31. — Garde en fer. Gourdes et feuilles en relief. Signée : *Youyosaï.*

XVIIIe siècle.

32. — Garde en filigrane de fer.

33. — Garde en fer, en forme de pêche de longévité. Personnage tenant un pêche de longévité en or et regardant un cerf. Signée : *Yoshitané.*

34. — Garde en fer. Deux carpes enlacées à jour. Signée : *Yeïjiu.*

Commencement du XIXe siècle.

35. — Garde en fer. Cerf près d'un ruisseau, regardant la lune. Signée : *Toshiyoshi.*

36. — Garde en fer. Fousiyama et dragon en or, sortant des flots. Signée : *Yoshitsougou.*

37. — Garde en fer. Singes en or et argent, accrochés dans une vigne et regardant le reflet de la lune. Signée : *Toshiharou.*

38. — Garde en fer. Serpent enroulé formant la garde. Signée : *Nobouiyé.*

XVIIIe siècle.

39. — Garde en bronze doré entouré de bronze imitant le cuir de Cordoue. Singes et enfants. Signée : *Semposaï.*

XVIIIe siècle.

40. — Garde en bronze. Philosophes sur les deux faces, déroulant un makimono. Signée : *Jôï.*

41. — Garde en bronze. Fleurs en argent emportées par les flots. Signée : *Téroutsougou.*

xviiie siècle.

42. — Garde en shakoudo. Fleurs en or et argent en relief. Signée : *Kôdzoui.*

43. — Garde en shibouitshi. Dharma ouvrant sa poitrine, où se trouve l'image de Bouddha qu'il montre au diable. Signée : *Temmin.*

44. — Deux gardes en bronze provenant des grand et petit sabres. Shoki et le diable. Les flots de la petite garde reflètent la tête de Shoki représentée en relief sur la grande. Signées : *Foussakiyo.*

xviiie siècle.

45. — Garde en fer avec bord incrusté d'or et d'argent. Sujet représentant une bataille. Signée : *Kadzoutoshi.*

46. — Deux gardes en shakoudo, signées : *Mogarashi.*

47. — Deux gardes en fer. Sujets de batailles; par le même.

48. — Garde en fer. Vol d'oies. Signée : *Masayoshi.*

49. — Garde en argent, décorée de fleurs.

50. — Garde en argent d'un côté et shakoudo de l'autre. Fleurs et grues en relief. Signée : *Kadzousané.*

51. — Garde en argent. Shoki à cheval, traversant un gué, conduit par le diable. Signée : *Hirotoshi.*

52. — Garde en argent. Paysan sur un bœuf traversant un gué. Signée : *Noriharou.*

53. — Garde en cuivre jaune, ornée de médaillons représentant divers animaux symboliques ; signée : *Mitsouhiro.*

54. — Garde en cuivre jaune. Champignons en divers métaux.

55. — Garde en bronze. Fleurs et insectes en argent, or et autres métaux, à jour. Signée : *Harouakira.*

56. — Garde en shakoudo. Fleurs or et argent sur fond grenu. Signée : *Gôto Itijio.*

57. — Garde en fer. Pieds de millet et insectes, à jour. signée : *Miotshin Yoshihissa.*

58. — Garde en shibouitshi. Corbeaux et grues. Signée : *Konkouan.*

59. — Garde en fer. Pivoines en or. Signée : *Mitsouoki.*

60. — Garde en shibouitshi. Cristaux de neige. Signée : *Ioshio.*

61. — Garde en fer. Dieux des vents et du tonnerre. Signée: *Noboutshika.*

62. — Garde en fer. Cryptoméria en shakoudo et croissant de la lune. Signée : *Natsouô.*

63. — Garde en fer. Fleur de bégonia, à jour. Signée : *Masanori.*

64. — Garde en fer. Coq et poule en bronze. Signée : *Masaharou.*

65. — Garde en fer affectant la forme d'une théière. Signée : *Shighénarou, successeur d'Oumétada.*

xviiie siècle.

66. — Garde en fer. Tigre en relief, dans les bambous. Signée : *Masamitsou.*

67. — Garde en bronze rouge, décorée de papillons en argent. Signée : *Gôto Mitsoutérou.*

68. — Garde en fer. Grue et tronc de saule, à jour. Signée : *Teïsshiu.*

69. — Garde en fer. Oiseaux perchés sur un arbre; à l'envers, coquilles. Signée : *Yotshitsougou.*

70. — Garde en fer. Tigre, dragon et volcan du Fousiyama au bord de la mer. Signée : *Masakaghé.*

71. — Garde en fer. Bishamon dans les nuages. Signée : *Yoshinobou.*

72. — Garde en bronze jaune. Aigle incrusté d'or.

73. — Trente-sept gardes en fer martelé, ciselé et incrusté d'or et d'argent, en relief ou à jour, des xvie, xviie, xviiie et xixe siècles.

74. — Onze gardes en shibouitshi ciselé et incrusté d'or, d'argent et de bronze en relief.

75. — Cinq gardes en shakoudo ciselé, incrusté d'or et d'argent avec ornements en relief et à jour.

76. — Six gardes en bronze rouge.

IV. — ARMURES ET CASQUES.

77. — Casque en fer avec six arêtes réunies au sommet, formant flammèches.

xvie siècle.

78. — Cuirasse en fer damasquiné d'or et d'argent, décorée de dragons.

xvie siècle.

79. — Cuirasse en fer repoussé de l'atelier des successeurs de *Miotshin*, de Moussassou.

xviiie siècle.

80. — Casque formé de trois feuilles de mauve (armes des Tokougava), signé : *Nagatsané Masanori*, *d'Etshizen*.

xviie siècle.

81. — Casque en fer orné de deux plaques en forme d'ailes d'oiseau.

82. — Casque en fer repoussé. Lion accroupi.

83. — Casque en fer en forme de bonnet phrygien, signé : *Mounémitsou* (8e Miotshin).

Commencement du xive siècle.

84. — Brassards en mailles de fer décorées de médaillons niellés d'or et d'argent, représentant des écussons et des dragons.

xviie siècle.

V. — POIGNARDS.

85. — Poignard avec fourreau et manche en galuchat rose ; monture en fer niellé d'or.

86. — Petit poignard triangulaire. Fourreau en bandes de laques de diverses couleurs.

87. — Petit poignard de dame. Fourreau en argent ciselé, gravé par *Masayoshi*.

88. — Petit poignard. Fourreau en laque décoré de feuilles en laque rouge ; monture en fer ciselé avec fleurs sur les flots.

VI. — BOUTS DE MANCHES DE SABRES.

89. — Soixante-quinze bouts de manches de sabre en fer, en shakoudo, en shibouitshi, avec ornements en relief d'or, d'argent, de bronze, représentant différents sujets.

VII. — MANCHES DE COUTEAUX (Kodzoukas).

90. — Vingt-trois manches de couteaux en fer, shakoudo, shibouitshi et argent ciselés, martelés, avec ornements d'or, d'argent, de bronze, de laque, en relief ou incrustés.

VIII. — NETZKÉS EN MÉTAL (Boutons).

91. — Bouddha enfant sur un éléphant, signé: *Shiourakou.*

92. — Grue reflétée dans l'eau, signée : *Shiourakou.*

93. — Personnage regardant un portrait de femme, signé : *Riômin.*

94. — Bouddha dans les nuages, en shibouitshi sur fer.

95. — Dharma en or, signé: *Temmin.*

96. — La déesse Kouanon, signée : *Temmin.*

97. — Souhaiteurs de nouvelle année en or incrusté dans l'ivoire.

98. — Sennin monté sur un crapaud, signé : *Shiourakou*

99. — Sennin avec un dragon en argent, signé : *Toshimasa.*

100. — Corbeaux en silhouette sur fond d'argent.

101. — Diable portant une cloche et une lanterne, signé : *Riômin.*

102. — Papillons et pâquerettes à jour en argent doré.

IX. — PETITS OBJETS EN MÉTAL.

103. — Quinze menoukis en argent et métaux divers représentant des sujets familiers.

104. — Deux fermetures de blagues.

105. — Diverses rondelles de sabre décorées de sujets, ciselés et incrustés en métaux de couleur.

X. — IVOIRES.

106. — Kouanghou, guerrier chinois.

xviie siècle.

107. — Les sept dieux du bonheur dans un bateau, signé: *Rioutshin.*

108. — Petit éléphant.

109. — Souris et fruit, signé : *Lanseïki.*

110. — Cailles, signé : *Okatomo.*

111. — Aigle emportant un chien, signé: *Hidétshika.*

112. — Bœuf accroupi, signé : *Tomotada.*

113. — Grenouille sur une feuille de lotus.

114. — Loup attaquant un singe, signé: *Okatomo.*

115. — Cheval pris dans une toile d'araignée.

116. — Singe et champignon.

117. — Cheval portant un rat sur le dos, signé : *Rioutshin.*

118. — Masque de Dharma.

119. — Éléphant entouré d'enfants jouant de divers instruments, signé: *Yoshitomo.*

120. — Singe attaqué par un crabe et un crapaud.

121. — Groupe de petits chiens, signé : *Masahiro*.

122. — Aveugle devant un écran, jouant de la biva, signé : *Hidésada*.

123. — Masque.

124. — Groupe d'aveugles.

125. — Dharma en corne de cerf sur un pied, signé : *Masavouki*.

126. — Souhaiteurs de bonne année, signé : *Issen*.

127. — Personnage avec un lion de Corée.

128. — Enfant sur un bœuf jouant de la flûte, signé : *Kikouteï*.

129. — Shoki et les diables derrière un écran, signé : *Shioguiokousaï*.

130. — Sennin à figure grotesque avec un crapaud sur le cou et tenant en main la pêche de longévité.

131. — Hoteï avec un enfant sur sa tête.

132. — Jiourô, signé : *Naomitsou*.

133. — Pêcheur portant son enfant, signé : *Senshiu*.

134. — Sennin au dragon, signé : *Kouaïguiokou*.

135. — Tigre et dragon, signé : *Sôguiokou*.

136. — Bouton décoré d'inscriptions finement gravées, signé : *Nanka*.

137. — Bouton formé par neuf masques réunis, signé: *Tadatsika.*

138. — Bouton décoré d'un animal à tête d'oiseau, signé : *Itiyousaï.*

139. — Bouton décoré d'un guerrier gravé en creux, signé: *Kinriousaï.*

140. — Bouton sculpté à jour. Enfant agenouillé près d'une rivière préparant du lin, signé : *Moritoshi.*

141. — Bouton représentant un hercule luttant avec un sanglier.

142. — Bouton décoré d'un enfant jouant du tambour, signé : *Hôshinsaï.*

143. — Bouton gravé d'une tête de Shoki.

144. — Bouton décoré de masques gravés, signé : *Minkokou.*

145. — Bouton sculpté. Paysage incrusté de malachite.

146. — Boîte circulaire en ivoire avec dessins en laque représentant des dragons dans les flots.

147. — Masque en bec d'oiseau, signé : *Shiogounsaï.*

148. — Homme agenouillé regardant un crapaud, travail moderne, signé : *Guiokoushioun.*

149. — Tête de mort, travail moderne, signée : *Guiokoushioun.*

149 *bis.* — Femme jouant du samsin, singe buvant du saké, squelette tenant un éventail, travail moderne, signé : *Guiokoushioun.*

XI. — LAQUES.

150. — Boîte en laque d'or en forme de papillon.

151. — Encrier en bois naturel décoré d'un paysage en laque d'or; intérieur en laque aventuriné. Vol d'oies sauvages.

L. 0m,24; L. 0m,22.

152. — Porte-sabre en laque aventuriné, décoré d'arbres, d'oiseaux et d'armoiries; monture en argent.

153. — Petite boîte plate en laque d'or avec feuilles et fleurs en burgau.

154. — Boîte en forme de segment de cercle, en laque noir.

155. — Boîte en laque d'or formant deux éventails réunis, décorée de chevaux.

156. — Petit peigne en laque d'or, à dessins de fleurs.

157. — Boîte en laque noir et or ayant la forme d'un vaisseau.

158. — Grand plateau en laque aventuriné, décoré de chrysanthèmes en laque et corail en relief.

XVIIe siècle.

159. — Petite boîte formant un goto (instrument de musique).

160. — Petit nécessaire de fumeur, en laque d'or composé

d'une feuille formant plateau, d'une boîte carrée à compartiments et d'une boîte ovoïde décorée de pivoines.

161. — Boîte ovoïde à couvercle, laque d'or, à dessins de chrysanthèmes.

XII. — BOITES DE PHARMACIES (Inrôs).

162. — Inrô en laque aventuriné. Lions de Corée, en écaille et nacre.

XVIIe siècle.

163. — Inrô carré en laque noir. Poisson en nacre et en relief.

Fin du XVIIe siècle.

164. — Inrô en laque d'or. Enfant avec un singe en relief. Signé : *Kadzoutsouné, à 79 ans.*

Commencement du XVIIIe siècle.

165. — Inrô en laque noir aventuriné. Sujet en relief représentant un vieux prêtre soutenu par deux personnages de la cour impériale, en laque noir et rouge et en nacre, signé : *Tòyô.*

XVIIIe siècle.

166. — Inrô en laque d'or et laque d'argent. D'un côté, le dieu du vent, par *Tôyô* ; de l'autre, le dieu du tonnerre, par *Toshi*. Dessins en laque frotté, d'après le dessin de *Itshio.*

XVIIIe siècle.

167. — Inrô en laque noir. Dessins en burgau.

168. — Inrô en laque d'or. Fleurs en haut relief d'argent, d'or de corail et de nacre.

XVIIIe siècle.

169. — Inrô en laque d'or. Sujet en relief représentant la culture du riz, signé : *Hozan.*

Fin du XVIIIe siècle.

170. — Inrô en laque noir. Bambous d'une grande finesse en laque frotté, signé : *Kômin.*

Fin du XVIIIe siècle.

171. — Inrô en laque d'or. Danse du lion, en laque frotté, d'après le dessin de *Itshio.*

XVIIIe siècle.

172. — Inrô en laque d'or. Faucons sur leur perchoir, signé : *Kadjikava,* d'après le dessin de *Issen.*

Fin du XVIIIe siècle.

173. — Inrô en laque noir. Chevaux en relief. Signé : *Koma Kouansaï.*

XVIIIe siècle.

174. — Inrô en laque d'or. Animaux symboliques. Signé : *Kôriu.*

XIXe siècle.

175. — Inrô en faïence d'*Idzoumo.* Les sept dieux du bonheur.

Commencement du XIXe siècle.

XIII. — BOIS SCULPTE.

176. — Homme aux longues jambes, en buis, signé : *Masanao.*

177. — Singe étouffé par une pieuvre, signé : *Tomoïtshi.*

178. — Corbeau sur une tuile, en ébène.

179. — Dieu de la longévité habillé d'une carapace de tortue. Signé : *Kiguiokou.*

180. — Tortue avec ses petits. Signée : *Shôïtshi.*

181. — Grenouille sur une sandale.

182. — Cigale sur une noix. Signée : *Isshio.*

183. — Lapin pilant du riz. Signé : *Masakadzou.*

184. — Lion de Corée.

185. — Dharma accroupi. Signé : *Shioumin.*

186. — Dieu du Saké dans une coupe.

187. — Guerrier Kouanghou. Signé : *Genhiô.*

188. — Paysan traversant une rivière dans un bac aérien. Signé : *Yoshinaga.*

189. — Masque de vieille femme. Signé : *Minkokou.*

190. — Étui à pipe en bambou décoré de poissons en creux. Signé : *Ikkô.*

xviiie siècle.

191. — Poignée de sabre décorée de singes mangeant des raisins. Signé : *Tokougetsouteï.*

xviiie siècle.

192. — Bonze courbé tenant un chapelet.

193. — Homme accroupi à tête d'ivoire, tenant une boîte.

194. — Éléphant escorté d'enfants, en racine de bambou

H. 0m,15 ; L. 0m,24.

195. — Masque de diable.

196. — Cabinet en bois naturel pour mettre les boîtes de pharmacie, décoré de chevaux en laque uni.

197. — Porte-bouquet en racine de bambou avec applications en ivoire, genre de *Gamboun*.

198. — Deux souhaiteurs de la nouvelle année dansant et jouant du tambourin. Bois avec dessins en laque.

H. 0m,19; L. 0m,13. — Fin du XVIIIe siècle.

XIV. — OBJETS DIVERS.

199. — Manuscrit, avec enluminures rehaussées d'or.

200. — Petit registre de temple bouddhique, représentant des saints.

201. — Petit peigne en ivoire décoré de fleurs de corail.

202. — Daïkokou, en grès de *Bizen*.

H. 0m,19; L. 0m,28.

203. — Sennin, en grès de *Bizen*.

H. 0m,28; L. 0m,18.

XV. — ALBUMS ET FEUILLES DÉTACHÉES.

204. — Deux volumes de copies de peintures d'anciens maîtres.

Du XVe au commencement du XVIIIe siècle.

205. — Deux volumes de vues des côtes du Japon.

206. — Les quarante-sept Rônins, par *Kouniyoshi*.

207. — Feuilles de Sourimonos : femmes venant souhaiter la nouvelle année aux environs de Yédo, par *Shiounman*.

208. — Les quarante-trois stations du Tokaïdo, impressions en couleurs, par *Hokousaï*.

209. — Collection de feuilles détachées de gravures en couleurs (paysages et autres sujets), par *Hokousaï*.

210. — Dessins de guerriers, gravés en couleur.

XVI. — KAKÉMONOS.

211. — Tigre. Signé : *Torei*.
Fin du XVIIIe siècle.

212. — Singe sous des feuilles de bananiers couvertes de neige. Signé : *Sosen*.
XVIIIe siècle.

213. — Moineaux sur une branche d'arbre à grandes feuilles. Signé : *Yousen*, élève de Kôrin.
Fin du XVIIIe siècle.

214. — Lièvre au milieu des fleurs. Signé : *Tetsousan*, *Youskin* et *Kôtsou*.
Fin du XVIIIe siècle.

215. — Carpes. Signé : *Tokokou*.
XIXe siècle.

216. — Paon. Signé : *Saïbi*.
XIXe siècle.

217. — Carpe, par *Seïshou.*
xixe siècle.

218. — Paysage. Signé : *Bountshio.*
xviiie siècle.

XVII. — FOUKOUSAS.

219. — Grues sur fond rouge, brodées sur le dessin de *Septé.*

220. — Papillons et pivoines sur fond rouge.

221. — Deux personnages symboliques sur fond crème.

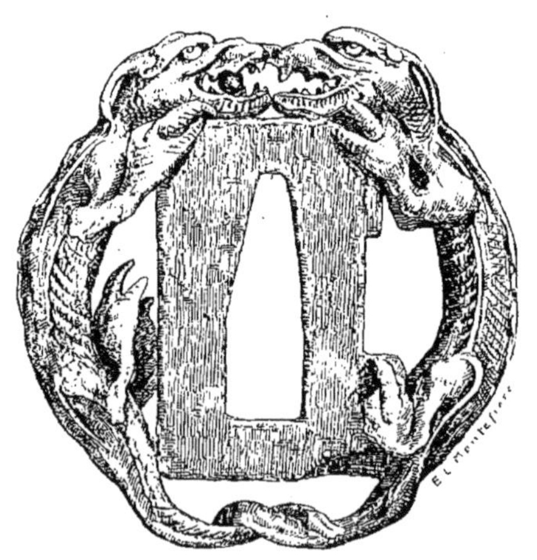

COLLECTION

DE

M. DE NITTIS

FOUKOUSAS

CARRÉS DE SOIE BRODÉE.

1. — Bambous d'or sur fond bleu foncé.

2. — Grue blanche sur un soleil rouge, fond bleu foncé.

3. — Lanternes sur fond bleu foncé.

4. — Fleurs de pommier sur fond brun.

5. — Branches d'arbres en fleurs sur fond bleu foncé.

6. — Poissons et vagues d'or sur fond rouge.

7. — Ailes de danseuses sur fond bleu.

8. — Habitation couverte de neige sur fond bleu.

9. — Caractère d'or sur une tortue, fond noir.

10. — Deux faucons gris sur fond rouge.

11. — Faucon blanc sur un perchoir, fond bleu.

12. — Oiseau blanc avec armoiries, fond noir.

13. — Oiseau blanc sur un soleil d'or, fond bleu ciel.

14. — Poissons roses dans des vagues blanches, fond bleu foncé.

15. — Poissons d'or dans une cascade, fond rouge.

16. — Tortue d'or avec signature sur fond bleu foncé.

17. — Perroquet blanc avec cascade sur fond bleu foncé.

18. — Le Fouziyama couvert de neige, entrevu à travers les nuages.

19. — Carpes grises dans des vagues blanches, fond bleu clair.

20. — Bambous gris et noirs sur fond bleu clair.

21. — Grues blanches et noires sur vagues d'or, fond bleu clair.

22. — Guerrier combattant le dragon, vagues d'or, fond bleu ciel.

23. — Grues noires sur fond rose.

24. — Grues blanches, or et bleu, sur fond bleu foncé.

25. — Gerbe de fleurs sur fond rouge.

26. — Masques sur fond bleu.

27. — Grues blanches et noires sur fond bleu foncé.

COLLECTION

DE

M. GEORGES PETIT

I

PEINTURES

---

1. — Grand paravent à deux feuilles représentant trois cigognes au repos au milieu de la campagne, par *Kano Naonobou.*

Milieu du XVIIe siècle.

2. — Kakémono. Faucon sur une branche de pin. Signé: *Ogouri Sôtan.*

Milieu du XVe siècle.

3. — Kakémono. Écureuil sur une branche de pin, à l'encre de Chine.

École de Kano, commencement du XVIe siècle.

4. — Kakémono. Poisson à l'encre de chine.

XVIIe siècle.

5, 6 et 7. — 3 Kakémonos formant pendants. Cailles dans les herbes et vue du Fousiyama. Signés : *Mitsounari, de Tosa.*

Fin du XVIIe siècle.

8. — Kakémono. Cerf devant une cascade, à l'encre de Chine. Signé : *Sosen.*

Commencement du XVIIIe siècle.

9. — Kakémono. Faucon sur fond d'or. Signé : *Issem.*

Fin du XVIIIe siècle.

II

LAQUES

---

10. — Boîte plate en forme de fleur de cerisier; laque d'or incrusté de mosaïque d'or.

D. 0m,10. — XVIe siècle.

11. — Boîte cylindrique en laque aventuriné, décorée de paysages.

H. 0m,05; D. 0m,06. — XVIIe siècle.

12. — Deux petites coupes à saké, en laque rouge, décorées de grues et de coqs en laque d'or. Signées : *Koma Kouansaï.*

XVIIe siècle.

13. — Encrier en laque noir décoré d'une vue de mer en laque d'or, par *Shiounshio.*

L. 0m,19; L. 0m,21. — Yédo, XVIIe siècle,

14. — Inrô en laque noir décoré d'une figure de paysan retenant un bœuf. Signé : *Kadjikava Katsounobou.*

Fin du XVIIe siècle.

15. — Boîte en bois de Kiri incrustée de nacre et laquée d'or, à deux compartiments et couvercle emboité; aventurinée à l'intérieur. Pièce exécutée pour les palais impériaux.

H. 0m,10 1/2; L. 0m,12; L. 0m,15. — Fin du XVIIe siècle.

16. — Boîte à écrire en bois naturel, laquée à l'intérieur et incrustée, décorée d'armoiries de fleurs de Kiri en or.

XVIIIe siècle.

17. — Boîte en laque vert et laque aventuriné en forme d'éventail.

XVIIIe siècle.

18. — Inrô en laque mosaïqué d'or, décoré de deux pigeons en relief. Signé : *Tôjô*.

XVIIIe siècle.

19. — Inrô en laque d'or décoré de singes et de cerfs en laque frotté imitant les esquisses à l'encre de Chine. Signé: *Tôjô*.

XVIIIe siècle.

20. — Boîte à écrire en laque noir décoré d'un masque et d'instruments de musique en relief et en laque polychrome. Signée : *Koma Kiouhakou*.

XVIIIe siècle.

21. — Grand encrier à tiroir, en laque noir décoré d'une branche de prunier en relief et en laque d'or à incrustations. Signé : *Jokasaï*.

H. 0m,09 1/2 ; L. 0m,31 ; L. 0m,15. — XVIIIe siècle.

22. — Boîte à parfums; coquille laquée.

XVIIIe siècle.

23. — Grand encrier en laque d'or aventuriné, décoré d'un paysage en laque d'or.

L. 0m,27; L. 0m,25. — XVIIIe siècle.

23 *bis*. — Petit cabinet en bois naturel laqué.
H. 0m,06 1/2; L. 0m,08 1/2; L. 0m,05.

24. — Petite boîte en laque d'or vert à couvercle emboité.
XVIIIe siècle.

25. — Inrô en forme de bourse en cuir, en laque noir incrusté. Signé : *Kadjikava*.
XVIIIe siècle.

26. — Boîte à écrire en bois de fer, à quatre médaillons incrustés de fleurs et d'oiseaux en ivoire, et décorée sur les côtés de paysages en laque d'or.
L. 0m,25; L. 0m,21. — Milieu du XVIIIe siècle.

27. — Inrô en laque noir et laque d'or, décoré de deux bœufs au pâturage. Signé : *Highénori*.
Fin du XVIIIe siècle.

28. — Boîte à écrire en bois naturel décoré de marqueterie.
L. 0m,16; L. 0m,21. — Fin du XVIIIe siècle.

29. — Cantine en laque brun décoré de fleurs grimpantes en laque frotté or et rouge.
Commencement du XIXe siècle.

30. — Bonbonnière en laque d'or figurant un panier tressé décoré de courges et d'insectes.
D. 0m,09 1/2. — XIXe siècle.

III

CÉRAMIQUE

31. — Bol à thé à fond noir décoré des seize Lakans en émaux de couleur. Pièce exceptionnelle, signée : *Ninseï Ier*.

H. 0m.09 1/2; D. 0m,10. — XVIIe siècle.

32. — Dix-sept petites statuettes en faïence, représentant la danse de Nô, par *Ninseï Ier*.

XVIIe siècle.

33. — Brûle-parfums en grès de *Bizen* bleu. Pièce de présent, de fabrication exceptionnelle, représentant une chimère sur un vase.

H. 0m,23; D. 0m,20.—Commencement du XVIIIe siècle.

34. — Petite boîte à parfums représentant Hoteï. Pièce signée : *Shiomokou* (Mokoubeï).

L. 0m,08. — Fin du XVIIIe siècle.

35. — Brûle-parfums à jour en grès de *Bizen* blanc. Pièce de présent, de fabrication exceptionnelle, décorée de fleurs de pivoines à jour et d'une chimère sur le couvercle.

H. 0m,21; D. 0m,14. — Fin du XVIIIe siècle.

36. — Chat accroupi. Brûle-parfums en vieux *Bizen* brun sans émail.

L. 0m,16; H. 0m,12, — Fin du XVIIe siècle.

37. — Petit tube en porcelaine d'*Imari*, à émaux jaunes et bleus.

H. 0m,07. — XVIIe siècle.

38. — Petit lion de Corée en porcelaine d'*Idzoushi*.

L. 0m,06. — Commencement du XIXe siècle.

39. — Petit groupe de tortues en *Séto* jaune.

L. 0m,07. — Commencement du XVIIIe siècle.

40. — Petite boîte à parfums en forme de tortue, dorée à l'intérieur; pièce de *Mokoubeï*.

D. 0m,04. — Commencement du XIXe siècle.

41. — Petite bouteille à eau en *Satsouma*, représentant un enfant tenant un chien.

H. 0m,07. — Fin du XVIIIe siècle.

42. — Boîte de *Satsouma* en losange, à décor rouge.

D. 0m,07. — Fin du XVIIIe siècle.

43. — Petit vase de *Satsouma* à quatre pans décoré de lambrequins en émaux vert, violet, rouge, bleu et or.

H. 0m,14. — XVIIIe siècle.

44. — Plat de *Koutani* à émaux verts et jaunes.

D. 0m,32. — Commencement du XVIIIe siècle.

45. — Petit tube de *Koutani* à émaux jaunes et bleus.

H. 0m,06. — XVIIIe siècle.

46. — Brûle-parfums en céladon de *Sanda*.

H. 0m,09; D. 0m,07 1/2. — Commencement du XIXe siècle.

47. — Brûle-parfums à décor bleu, de la fabrique du prince de *Kishiu;* couvercle en shakoudo.

H. 0^m,09; D. 0^m,06. — Fin du XVIIIe siècle.

48. — Brûle-parfums en *Kioto* jaune.

H. 0^m,06; D. 0^m,08. — Fin du XVIIIe siècle.

49. — Brûle-parfums en vieil *Imari;* couvercle en argent.

H. 0^m,08; D. 0^m,08. — Fin du XVIIe siècle.

50. — Brûle-parfums en *Séto* brun; couvercle en argent.

H. 0^m,09; D. 0^m,07. — XVIIe siècle.

51. — Brûle-parfums en *Firato;* couvercle en cuivre jaune.

H. 0^m,09; D. 0^m,07. — XVIIIe siècle.

52. — Brûle-parfums en porcelaine grise craquelée, décorée de bleu, d'*Okavadji.*

H. 0^m,07; D. 0^m,08. — XVIIIe siècle.

53. — Petit brûle-parfums en *Firato* bleu.

H. 0^m,04 1/2; D. 0^m,04 1/2. — XIXe siècle.

54. — Brûle-parfums en faïence décorée de bleu; couvercle en argent.

H. 0^m,08 1/2; D. 0^m,07 1/2. — XVIIIe siècle.

55. — Brûle-parfums en *Karadzou* blanc, couvercle en shakoudo.

H. 0^m,09 1/1; D. 0^m,08. — XVIIe siècle.

56. — Brûle-parfums hexagone en vieux *Kioto,* couvercle d'argent.

Commencement du XVIIIe siècle.

57. — Boîte cylindrique à trois compartiments en faïence de *Kioto* (Avata).

H. 0^m,12; D. 0^m,10. — XVIIIe siècle.

58. — Boîte à thé en grès de *Sétô* ancien.

XVIIe siècle.

59. — Petit tube en faïence violette rehaussée d'or. Signé : *Yeïrakou.*

H. 0m,07. — Commencement du XIXe siècle.

60. — Petite boîte en porcelaine en forme de kaki, fabrique d'*Imari.*

H. 0m,05 ; D. 0m,05. — XVIIIe siècle.

61. — Hoteï, statuette en grès, ancienne fabrication.

Commencement du XVIIIe siècle.

62. — Enfant couché, statuette en porcelaine d'*Imari.*

XVIIIe siècle.

63. — Petit brûle-parfums en forme de shibatshi, en *Satsouma.*

H. 0m,06. — Commencement du XIXe siècle.

64. — Petite coupe en *Satsouma.*

H. 0m,03 1/2. — Fin du XVIIIe siècle.

65. — Crabe en faïence de *Mokoubeï.*

D. 0m,09. — XIXe siècle.

66. — Petite boîte en faïence de *Yeïrakou.*

H. 0m,05. — Commencement du XIXe siècle.

67. — Grande boîte à trois compartiments en faïence de *Kioto* (Rakou-Tôsan).

H. 0m,26; D. 0m,15. — XVIIIe siècle.

68. — Tube en *Satsouma* à six pans.

H. 0m,05 1/2. — Commencement du XIXe siècle.

IV

OBJETS EN MÉTAL

69. — Garde en fer décorée d'un vol d'oiseaux au-dessus d'une forêt de pins. Signée : *Yioshitané.*

xviie siècle.

70. — Garde en fer : vol d'oies devant la lune.

Commencement du xviiie siècle.

71. — Garde en fer décorée d'un pêcheur à jour. Signée *Hirotshika.*

xviiie siècle.

72. — Garde de sabre en fer, décorée d'un dragon en or. Signée : *Foussamitsou.*

Fin du xviiie siècle.

73. — Garde de sabre en shibouitshi décorée d'iris. Signée : *Koriyoshi.*

xixe siècle.

74. — Garde en shibouitshi et fer : la lune derrière un arbre. Signée : *Natsouô.*

xixe siècle.

75. — Garde décorée d'une branche de coloquinte. Signée : *Isshio.*

xixe siècle.

76. — Manche de couteau ; marguerites en or émaillé sur fer. Signé : *Tetsoughen.*

Commencement du xviiie siècle.

77. — Théière en fer à couvercle de shibouitshi incrusté de chrysanthèmes en or, argent et émail.

Commencement du xviiie siècle.

78. — Manche de couteau en argent : Hoteï jouant de la flûte dans un bateau. Signé : *Yassoutshika.*

Commencement du xixe siècle.

79. — Quatre manches de couteaux (Kodzoukas) incrustés d'argent, d'or et de shakoudo.

80. — Manche en shibouitshi décoré de corbeaux en shakoudo incrusté. Signé : *Yotshikou.*

81. — Manche de couteau ; corbeau en shakoudo sur shibouitshi.

Commencement du xixe siècle.

82. — Coupe en bronze à anse et goulot, décorée de personnages dans le style chinois.

D. 0^m,18. — xvie siècle.

83. — Trois petites appliques d'or (figures de divinités) dans un cadre.

84. — Boîte à écrire carrée, en bronze repoussé.

D. 0^m,21. — xviiie siècle.

85. — Coulant en bronze émaillé figurant une mouche de couleur.

xviiie siècle.

86. — Bouton en fer émaillé.

xviiie siècle.

87. — Porte-bouquet en bronze, en forme de courge. Signé : *Yoshimitshi.*

xviiie siècle.

88. — Sabre en bois naturel ; monture en shakoudo d'un travail exceptionnel, par *Natsouô*. Lame du xviie siècle.

xixe siècle.

89. — Petit sabre à fourreau de laque imitant le bois ; garniture en shibouitshi incrusté, représentant des jouets d'enfants. Signé : *Shôdzoui.* Lame en shibouitshi par le même.

xixe siècle.

90. — Souris en bronze (presse-papier).

xixe siècle.

91. — Tortue en bronze.

D. 0m,10. — xviiie siècle.

92. — Petite pagode en shakoudo, dorée à l'intérieur.

H. 0m,07. — xviiie siècle.

93. — Deux petits porte-couvercles en bronze en forme de margelle de puits.

xviiie siècle.

94. — Souris en argent (presse-papier).

xviiie siècle.

95. — Bout et rond de sabre décorés de libellules en nacre et bronze rouge. Signés : *Yotshikou.*

96. — Boîte en argent incrustée d'or et de shakoudo.

Commencement du xixe siècle.

97. — Moineau posé sur une tuile (presse-papier en bronze).

xviiie siècle.

98. — Coulant en métal représentant le dieu du vent.

H. 0m,02. — xixe siècle.

99. — Petite boîte en fer damasquinée d'argent.

D. 0m,06. — xvie siècle.

V

NETZKÉS

---

100. — Netzké en porcelaine en forme de deux cyprins dorés; fabrique d'*Imari*.

xviiie siècle.

101. — Netzké; sanglier en faïence. Signé : *Kéniya*.

xixe siècle.

102. — Netzké; lion en bois noir sculpté.

xviiie siècle.

103. — Netzké en bois sculpté. Singe volant des fruits de kaki. Signé : *Tomoïtshi*.

104. — Netzké en bois représentant une chimère.

105. — Netzké en ivoire; trois petits personnages dans une coupe à saké. Signé : *Ikkosaï*.

106. — Netzké en ivoire; deux chimères affrontées tenant une boule d'agate. Signé : *Sadanori*.

107. — Netzké; bouton en ivoire sculpté à jour.

108. — Netzké; tortue en faïence. Signé : *Teïji*.

Commencement du xixe siècle.

109. — Netzké en bois ; Hoteï. Signé : *Shiohitshi.*

110. — Netzké en bois laqué ; pêcheur sur une coquille.
xviiie siècle.

111. — Netzké ; enfant en ivoire sur un bœuf en ébène. Signé : *Jiuguiokou.*
xviiie siècle.

112. — Netzké ; bouton en bois incrusté.

113. — Netzké ; bouton en shibouitshi monté en ivoire. Signé : *Ritsoumin.*

114. — Netzké ; bouton de forme carrée en shibouitshi, monté en ivoire gravé. Signé : *Shiourakou.*

115. — Netzké en bois ; coquilles laquées. Signé : *Hidari.*
Commencement du xixe siècle.

116. — Netzké en bois ; enfant tenant un masque. Signé : *Miva.*

117. — Netzké en bois ; grenouille sur une tête de mort.
xviiie siècle.

118. — Netzké et coulant en ivoire ; personnage avec un enfant.

VI

OBJETS DIVERS

---

119. — Petite boîte en cristal de roche.

120. — Petit encrier en bambou incrusté de fourmis. Signé : *Gamboun.*

H. 0m,04. — XVIIIe siècle.

121. — Petite boîte en ivoire incrusté d'or et d'argent.

D. 0m,05. — XVIIIe siècle.

122. — Petit cabinet en ivoire laqué d'or.

H. 0m,34. — XVIIIe siècle.

123. — Boîte en ivoire à trois compartiments.

H. 0m,03 1/2. — Commencement du XVIIIe siècle.

124. — Kodzouka en ébène sculpté. Balayeur des jardins impériaux derrière un tronc de pin. Signé : *Kouaïguiokou.*

125. — Porte-serviette en bois naturel décoré de presles en incrustation de faïence. Signé : *Ritsouô.*

Commencement du XVIIIe siècle.

126. — Brûle-parfums en bambou sculpté, à couvercle d'argent.

H. 0m,07; D. 0m,06. — XVIIIe siècle.

127. — Canard et cane de grandeur naturelle, en bois laqué. Signés : *Ritsouô*.

Fin du XVIIe siècle.

128. — Porte-sabre en bois naturel monté en bronze et laqué de tortues en relief.

XVIIIe siècle.

129. — Pagode en bois de fer sculpté, décoré de fleurs d'arbres et de figures de Lakans.

H. 0m,32; L. 0m,28; P. 0m,18. — XVIIIe siècle.

130. — Vase hexagonal en bois de fer incrusté de matières dures; branches de kaki et oiseaux.

H. 0m,13; D. 0m,10. — XIXe siècle.

131. — Petite tête de mort en ivoire, évidée à l'intérieur et s'ouvrant. Signée : *Kôhô*.

XIXe siècle.

132. — Cachet en bois formé par deux dragons entrelacés. Travail ancien dans le goût chinois.

H. 0m,07. — XVIIIe siècle.

COLLECTION

DE

M. ANTONIN PROUST

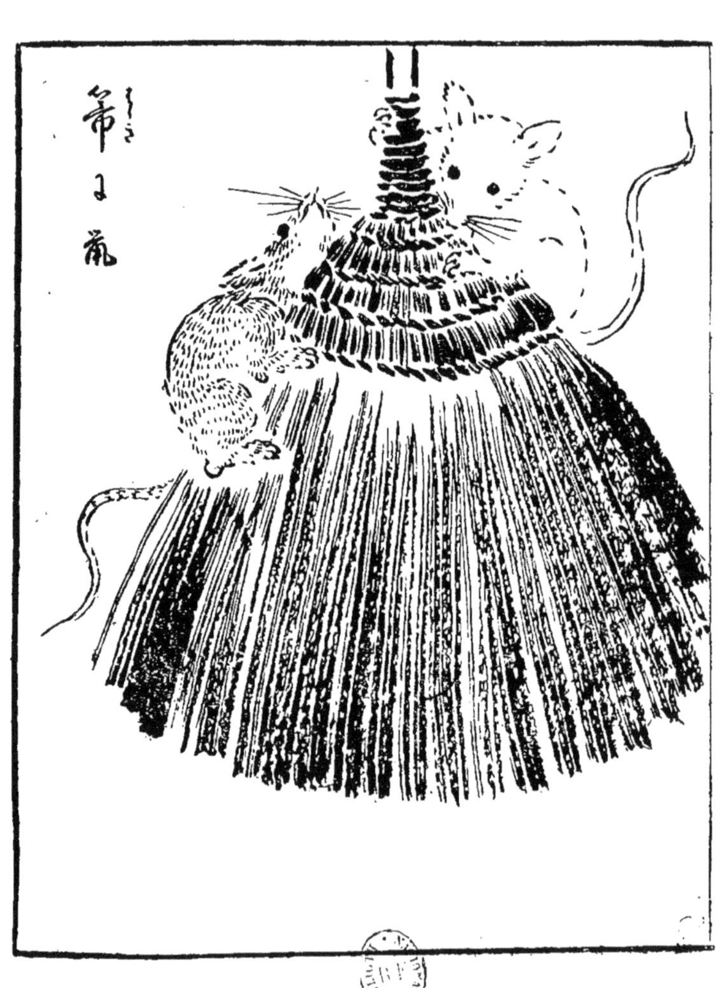
箒に鼠

OBJETS DIVERS.

1. — Groupe de trois personnages jouant aux dames et buvant du saké, auprès d'un arbuste; bronze noir.

H. 0^m,30. — xve siècle.

2. — Figure de philosophe assis, en bronze noir avec pied en bois.

H. 0^m,22. — xviie siècle.

3. — Grand brûle-parfums tripode en bronze noir avec petites anses en forme de têtes d'éléphant; couvercle surmonté d'une chimère.

xviie siecle.

4. — Brûle-parfums représentant une oie en bronze noir sur un crabe.

5. — Yebis en bronze noir tenant un poisson, avec pied en bois ornementé sur deux faces d'un motif de fleurs et feuilles en ivoire peint.

6. — Plateau carré en bronze noir, à galerie montée sur quatre pieds et ayant sur l'un des côtés de la galerie un homme et une chimère se faisant vis-à-vis.

H. 0^m,22 ; L. 0^m,27.

7. — Coupe en bronze noir, formée d'une feuille de nénuphar avec ses fleurs.

xviie siècle.

8. — Brûle-parfums : pigeon sur un rocher, en porcelaine blanche de *Firato*.

xviiie siècle.

9. — Petite statuette en bronze avec support représentant un personnage chinois coiffé d'un casque, le corps entouré d'une cordelière, ayant la main droite levée et tenant dans sa main gauche un coffret.

H. 0m,30. — XVIIIe siècle.

10. — Deux vases en bronze noir, pieds en crochets, forme quadrangulaire, ornementés de pampres avec insectes.

H. 0m,29. — XVIIIe siècle.

11. — Panneau avec poignée en laque rouge, décoré de paons et de pivoines en laque d'or incrusté de nacre et représentant une divinité volant dans les airs, en bronze doré. Travail de Kamakoura du commencement du XIIe siècle, réencadré à la fin du XVIe siècle (1598).

H. 0m,80 ; L. 0m,50.

12. — Cantine en laque d'or aventuriné, décorée de fleurs et de dessins réguliers en laque rouge, laque d'or et laque d'argent.

H. 0m,30 ; L. 0m,20. — Milieu du XVIIIe siècle.

13. — Grand plateau carré à quatre pieds, en laque noir incrusté de nacre de différents tons, représentant les bords d'une rivière.

L. 0m,59 ; L. 0m,35.

14. — Album des Cent poètes célèbres, peint par *Soumiyoshi* de Tosa, avec couverture en soie et coins en argent.

Fin du XVIIe siècle.

15. — Netzké en bois, petite figure de somnambule. Signé : *Hidésada*.

16. — Netzké en ivoire, représentant un enfant conduisant un cheval chargé de fagots.

16 *bis*. — Petite figure de Dharma, en bois sculpté avec masque d'ivoire.

H. 0m,05.

17. — Petite statuette de yakounine en bois, portant au côté un sabre et un poignard.

H. 0m,09.

18. — Six manches de couteaux en métaux divers.

19. — Boutons en bronze ciselé et incrusté.

20. — Grand plat en faïence de *Karadzou* (xve siècle), décoré à *Koutani* d'émaux de couleur dans le style persan.

Diam. 0m,38. — xviie siècle.

21. — Brûle-parfums, en porcelaine d'*Imari* à fond blanc, décoré de motifs de fleurs encadrés de rouge.

xviie siècle.

22. — Gourde en forme de tambour, en grès de *Bizen*. Chimères et fleurs en relief sur les deux côtés.

Fin du xviiie siècle.

23. — Petite aiguière de forme persane avec bouchon, en porcelaine de *Firato* à fond blanc avec médaillon bleu sur les deux faces principales.

H. 0m,25. — xixe siècle.

23 *bis*. — Petit encrier en grès de *Bizen* représentant Hoteï.

24. — Petite statuette en porcelaine blanche de *Satsouma*, représentant la déesse Kouanon.

H. 0m,18. — xixe siècle.

25. — Poignard en laque imitant l'écorce de cerisier, monture en argent. Signé : *Masafoussa*. Lame du xviie siècle.

xixe siècle.

26. — Grand sabre de cérémonie, dans un fourreau de laque noir avec poignée en soie blanche; lame ancienne.

27. — Masques de théâtre, en bois peint et laqué.

28. — Coupe en bois naturel, décorée dans le fond d'un masque en laque d'argent en relief. Signée : *Kiyou.*

XVIIIe siècle.

COLLECTION

DE

M. EDMOND TAIGNY

I. — BRONZES.

1. — Martin-pêcheur.

2. — Échassier.

3. — Vase fuselé se terminant en forme de plateau.

II. — PERSONNAGES ET FIGURINES EN TERRE ÉMAILLÉE OU EN GRÈS DE BIZEN.

4. — Toshitokou, personnage du groupe des sept divinités japonaises, en faïence de *Rakouyaki*. Pièce signée : *Dôatshi.*

H. 0m,45. — Fin du XVIIe siècle.

5. — Chanteur aveugle, accroupi et jouant de la biva, en grès de *Iga.*

H. 0m,30. — Commencement du XVIIIe siècle.

6. — Poète japonais assis, en faïence brune de *Kioto.* Signé : *Ogava Fouzan.*

H. 0m,30. — Fin du XVIIIe siècle.

7. — Yakounine tenant par les cheveux un voleur au pied d'une lanterne de temple. Terre cuite de *Kioto.*

H. 0m,35. — XVIIIe siècle.

8. — Toshitokou tenant dans la main gauche la boîte des prospérités, en terre de *Takatori.* Signé : *Shiounetzou.*

H. 0m,30. — XVIIIe siècle.

9. — Okamé, personnage féminin représentant la joie. Fabrique de *Rakouyaki*. Signé : *Kenteï*.

H. 0m,25. — XVIIIe siècle.

10. — Second exemplaire du même personnage avec variante. Robe bleu verdâtre. Signé : *Irakou*.

H. 0m,25. — Fin du XVIIIe siècle.

11. — La déesse Kouanon, en *Satsouma*.

H. 0m,35. — XIXe siècle.

12. — Femme de la cour en costume; faïence émaillée de *Kioto*.

H. 0m,35. — Commencement du XIXe siècle.

13. — Figure d'Hoteï couché, en grès de *Bizen*.

H. 0m,07. — XVIIIe siècle.

14. — Jiourô en biscuit émaillé. Fabrique de *Seïki* Owari).

H. 0m,30. — XIXe siècle.

15. — Dharma, en grès de *Bizen*.

H. 0m,12. — XVIIe siècle.

16. — Figure d'Okamé. Signée : *Koèmon*.

H. 0m,16. — XVIIe siècle.

17. — Figures d'Okamé et de Daïkokou.

H. 0m,18. — XVIIe siècle.

18. — Personnage ascétique, en terre émaillée.

H. 0m,20. — XIXe siècle.

19. — Okamé, statuette en biscuit émaillé. Fabrique d'*Imari*.

H. 0m,15. — XIXe siècle.

20. — La déesse Kouanon. Fabrique de *Kioto*.

H. 0m,12. — XIXe siècle.

21. — Petit personnage faisant mouvoir un moulin, en terre émaillée de *Kioto*.

H. 0m,12. — XVIIIe siècle.

22. — Femme à la grenouille. Terre cuite de *Kioto* par *Kiteï*.

H. 0m,25. — Commencement du XIXe siècle.

23. — Philosophe se tenant la barbe; vêtement en céladon. Figure en terre cuite brune, de *Sïeki* (Owari).

H. 0m,20.

24. — Hoteï, en faïence de *Kioto*.

H. 0m,18. — Fin du XVIIIe siècle.

25. — Hoteï, de même fabrique.

H. 0m,18.

26. — Komati vieille, en faïence de *Kioto*.

H. 0m,13. — XIXe siècle.

27. — Statuette de Foukou-Souké, par *Koëmon*.

H. 0m,07. — XVIIe siècle.

28. — Danseur tenant un masque sur sa figure, en terre émaillée de *Takatori*.

H. 0m,40. — XVIIIe siècle.

29. — La déesse Kouanon, en terre de *Kioto*. Fabrique de *Rakouyaki*.

30. — Figure de Jiourô, en *Imari*.

H. 0m,40. — XVIIIe siècle.

31. — Sennin tenant une tortue; terre cuite de *Kioto*.

H. 0m,10. — XIXe siècle.

32. — Personnage simiesque accroupi sur une tortue.

H. 0^m,15. — XIXe siècle.

33. — Jiourô, statuette assise. Signée : *Ogata Schiouyeï.*

H. 0^m,12.

34 — Porte-bouquet, en grès de *Bizen* verdâtre.

H. 0^m,18. — XVIIIe siècle.

35. — Autre, de *Bizen* brun.

36. — Ofoukou, petite statuette assise, en bleu céladon.

H. 0^m,10.

37. — Jiourô, en terre de *Bizen.*

H. 0^m,20.

III. — PIÈCES DIVERSES DE CÉRAMIQUE.

38. — Bol de *Ninseï,* à fond de laque rouge avec une branche de prunier en réserve.

H. 0^m,10. — XVIIe siècle.

39. — Bol décoré de feuillages vert et bleu avec nervures d'or.

H. 0^m,08. — Kioto, XVIIe siècle.

40. — Bol décoré de médaillons en émaux de couleur et or, de *Ninseï II.*

H. 0^m,08. — Kioto, XVIIIe siècle.

41. — Coupe hexagonale soutenue par trois enfants accroupis. Décor de feuillages et de fleurs avec émaux de couleur.

H. 0^m,10. — XIXe siècle.

42. — Bol à fond jaune, décoré de branchages et de fleurs symboliques.

H. 0^m,08. — Kioto, XVIIIe siècle.

43. — Bol à fond blanc laiteux, décoré de personnages en bleu et jaune.

H. 0m,08. — Koutani, XVIIIe siècle.

44. — Bol à compartiments jaunes et bleus.

H. 0m,10. — Koutani, XVIIIe siècle.

45. — Bol hexagonal, imitant un émail cloisonné, décoré de dragons.

H. 0m,10. — Imari, XVIIIe siècle.

46. — Bol conique de *Kosan*.

H. 0m,10.

47. — Bol conique de *Kosan*.

H. 0m,10.

48. — Théière décorée de fleurs de camélias.

H. 0m,18. — Kioto, fin du XVIIe siècle.

49. — Bol à fond brun et or à rinceaux avec médaillons à feuilles trilobées noires.

Shidzouoka, XIXe siècle.

50. — Id., id.

51. — Vide-poche décoré de feuillages.

Kioto-Avata, fin du XVIIIe siècle.

52. — Brûle-parfums avec couvercle surmonté d'une chimère à fond blanc gaufré avec médaillons et croisillons à jour.

H. 0m,15. — Imari, XVIIe siècle.

53. — Vase triangulaire, en céladon craquelé bleu avec décor de branchages, fleurs et papillons.

H. 0m,10. — Toshimitsou (Kioto), XIXe siècle.

54. — Bouteille à fond blanc avec médaillons en terre émaillée.

H. 0^m,15. — Imari, XVIIe siècle.

55. — Vase en terre jaune avec décor de dragon émaillé, en forme de gourde aplatie; anses formées de trompes d'éléphants.

H. 0^m,15. — Avadji, XVIIIe siècle.

56. — Vase à couverte marron clair avec reliefs.

H. 0^m,25. — Takatori, XVIIIe siècle.

57. — Pitong en terre jaunâtre granulée avec personnages à l'encre de Chine.

H. 0^m,30. — Kioto, XIXe siècle.

58. — Tigre zébré de bleu.

Tamba, XIXe siècle.

59. — Brûle-parfums en forme de casque.

Avata (Kioto), XVIIIe siècle.

60. — Bouteille à fond nankin avec médaillons et décor de branchages en émaux à reflets métalliques.

Banko, XIXe siècle.

61. — Plat à fond vermiculé, décoré de médaillons avec personnages.

Diam. 0^m,25. — Décoré à Tokio pour l'Europe, XIXe siècle.

62. — Boîte à décor coréen.

Kioto, XVIIe siècle.

63. — Petit vide-poche de couleur brune, soutenu par un enfant; couvercle formé par un autre enfant assis, décoré d'émaux colorés.

Imari, commencement du XVIIe siècle.

64. — Petit bol de couleur brune avec ceinture d'émaux de couleur.

Kioto, XIXe siècle.

65. — Coupe vide-poche avec goulot à décor rouge et noir.

Banko, XIXe siècle.

66. — Plat avec décor de fleurs de Kikio.

Koutani, commencement du XIXe siecle.

67 — Coupe octogonale.

Imari, XVIIIe siècle.

68. — Plateau en terre brune avec fleur laquée rouge.

Kioto, XVIIIe siècle.

69. — Soucoupe à fond blanc, décorée en noir de dessins de genre coréen.

Kenzan (Kioto) commencement du XVIIIe siècle.

70. — Vide-poche en forme de coquille, décoré de plantes et d'oiseaux.

Koutani, XIXe siècle,

71. — Petite boîte en forme de bonnet japonais, décorée de motifs de paysage.

Genre de Ninseï, XIXe siècle.

72. — Soucoupe avec croisillons rouges et médaillons, décorée de feuillages.

Koutani, XVIIIe siècle.

IV. — BOIS.

73. — Singe, en bois sculpté et peint.

H. $0^{m},18$.

74. — Statuette en bois laqué rouge.

H. 0m,20. — XVIIIe siècle.

75. — Le guerrier Tôjô tenant une épée de la main droite et relevant sa robe avec la gauche.

H. 0m,32. — XVIIIe siècle.

V. — LAQUE.

76. — Boîte en laque d'or, en forme d'éventail à deux compartiments, décorée de personnages et de paysages sur le couvercle.

Fin du XVIIe siècle.

VI. — AQUARELLE.

77. — Grande aquarelle peinte sur soie représentant un combat et l'incendie d'une ville au XVIe siècle, à l'époque de Taïko Sama. Signée : *Kouniyoshi.*

H. 0m,55; L. 0m,85. — XIXe siècle.

COLLECTION

DE

M. GEORGES VIBERT

ROBES DE FEMMES.

1. — En soie havane, changeant, à armoiries d'or.

2. — En soie, imitant une peau de serpent, sur fond rouge.

3. — En soie blanche damassée, coupée de nuages tabac, avec fleurs des champs.

4. — En soie blanche, coupée de nuages bleus, ornée de grues, de roseaux, de branches de pins et de pruniers fleuris, peints à la main.

5. — En soie rouge vif damassée, ornée de banderoles de mai brodées et peintes à la main.

6. — En soie noire, tête de nègre, damassée et brodée d'albums ouverts et de branches de pins sous la neige.

7. — En soie rouge vif damassée, ornée de branches de prunier fleuries et de rouleaux brodés de figures et de fleurs.

8. — En soie rouge damassée, brodée de branches d'or et de livres ouverts.

9. — En satin bleu pâle, ornée d'un dragon et de médaillons d'ornement.

10. — En satin vieil or, brodée de canards mandarins au fil de l'eau.

11. — En satin rouge feu, décorée en broderie de personnages et de maisons au bord de la mer, représentant les diverses phases de la fabrication du sel.

12. — En toile blanche, brodée et peinte de paysages et d'oiseaux de Fô de toutes les couleurs.

ROBES DE THÉATRE.

13. — En soie gris de fer, brodée de grands papillons en relief.

14. — En velours noir, brodée d'araignées gigantesques en or et en relief.

15. — En satin bleu ciel, brodée de fleurs de kiri et d'un oiseau de Fô en relief.

CÉRAMIQUE.

16. — Grande gourde en porcelaine blanche de Kioto, entourée de deux dragons en relief.

H. $0^m,70$.

17. — Canard mandarin en faïence de Kioto, à émaux de couleurs.

LAQUE.

18. — Cabinet étagère en bois naturel laqué de fleurs en or.

BRONZE.

19. — Grand brûle-parfums en bronze, supporté par trois têtes d'éléphants, et orné de caractères d'or.

H. 0m,75; Diam. 0m,90. XIXe siècle.

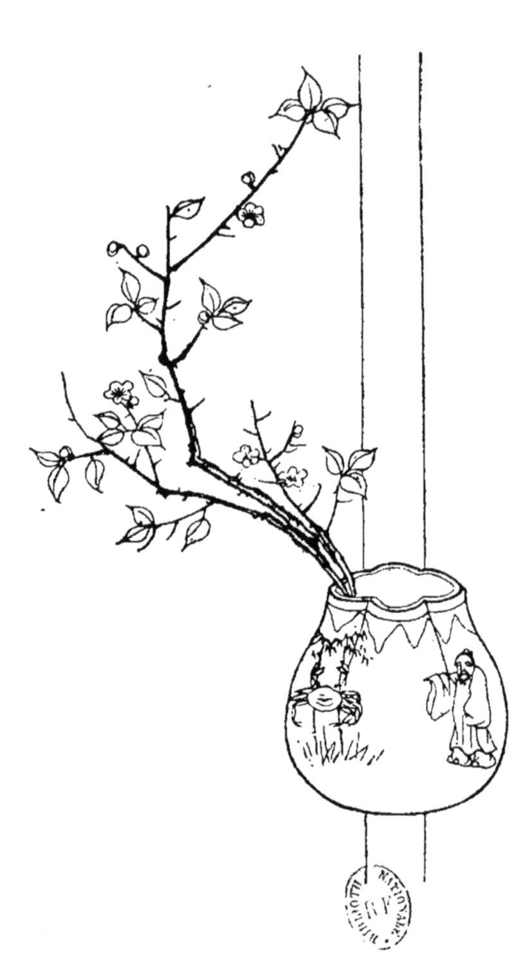

COLLECTION

DE

M. WAKAÏ

DU JAPON

KAKÉMONOS.

1. — Dzijo, le dieu de la bienfaisance, par *Kanaoka*.

Cette œuvre précieuse, de la fin du IXe siècle, est connue au Japon comme l'une des quatre peintures authentiques de Kanaoka, l'illustre fondateur de l'art japonais, qui existent encore aujourd'hui.

2. — Grues dans les glaces, par *Josetsou*.

Commencement du XVe siècle.

3. — Paysage renfermant les quatre saisons, par *Ghéami*, peintre du Shiogoun Yoshimasa.

Fin du XVe siècle.

4. — Paysage, par *Tanyu*.

XVIIe siècle.

5. — Grue dans la nature neigeuse, par *Tsounénobou*.

XVIIe siècle.

SUPPLÉMENT

A TRAVERS LE JAPON

ÉTUDES PEINTES

PAR

M. ALLAN GAY

de Boston

PENDANT SON SÉJOUR AU JAPON

(1874-1882)

M. Allan Gay, peintre américain de très grand talent, était parti au Japon pour quelques semaines; il y est resté huit ans, oubliant son pays et le retour, pour peindre, sous tous ses aspects, cette merveilleuse contrée. Dans l'ample moisson rapportée par l'artiste, nous avons fait un choix que nous exposons aux regards du public en annexe de l'exposition rétrospective. C'est la première représentation vraiment exacte et scrupuleuse du Japon qui nous soit offerte. Lorsqu'on a vu les études, — nous pourrions dire les tableaux, — d'un caractère si juste, si fin, d'une coloration si intense, que M. Gay a peintes sur nature, on a réellement fait un voyage au pays du soleil levant. On a vu Kioto, la cité impériale, que ses temples en laque rouge et ses magnifiques ombrages enveloppent d'une parure incomparable; Tokio, la ville moderne, avec l'admirable rideau de fond formé par le Fousiyama et ses paysages de rizières; Yokohama avec ses collines, ses bois, ses fermes, ses plages ensoleillées; on a vu Kobé, Mionoshita et le lac d'Hakoné : les points les plus pittoresques et les plus célèbres.

Nous ne pouvions souhaiter à notre exposition de l'art japonais une plus heureuse et plus intéressante préface, réunissant à la valeur intrinsèque tout à fait rare l'imprévu de la nouveauté.

L. G.

YOKOHAMA ET SES ENVIRONS.

1. — Les rizières au printemps et la vue du volcan du Fousiyama.

2. — La plantation du riz au printemps et la vue du Fousiyama.

3. — Plage d'Homoko, près de Yokohama.

4. — Village d'Homoko, près de Yokohama.

5. — Petit hameau, près de Yokohama.

6. — Escalier de temple, près de Yokohama.

7. — Plage d'Homoko, près de Yokohama.

8. — Canal d'Ishikava, près de Yokohama.

9. — Vue du Fousiyama, prise des hauteurs de Yokohama.

10. — Les rizières au mois de juin.

11. — Les rizières à l'automne.

12. — Bananiers et bambous; jardin de temple, près de Yokohama.

13. — L'hiver dans les environs de Yokohama.

14. — Le printemps dans un hameau près de Yokohama.

15. — Étang près des ruines d'un temple.

16. — Ferme, près de Yokohama.

17. — École de campagne avec la vue des rizières et de la mer.

18. — Le printemps à Ishikava.

19. — Une ferme, à Ishikava.

19 *bis*. — Canal d'Ishikava au crépuscule.

20. — Allée de cryptomerias, près d'un temple.

21. — La ville japonaise à Yokohama.

22. — La baie de Yokohama.

23. — Temple de Goméodji, près de Yokohama.

24. — Cour d'une ferme avec une azalée en fleur.

25. — Cerisiers et azalées au mois de mai.

26. — Les rizières de Homoko.

27. — Ferme à l'automne.

28. — La vue du Fousiyama au soleil couchant, l'hiver.

29. — Jonque de pêche à Néghishi.

30. — Vue du Fousiyama, l'hiver.

31. — Les poissons de soie, pour fêter les nouveau-nés de sexe masculin, au mois d'avril.

32. — Quai de débarquement à Yokohama.

32 *bis*. — Les bateliers de Yokohama.

33. — La baie de Yokohama.

34. — Effet de brouillard, au soleil couchant, sur le Fousiyama.

35. — Pin dans un jardin de Yokohama.

36. — Bateau de pêche à Yokohama.

37. — Bateau de pêche à Yokohama.

L'ILE D'ENOSHIMA

DANS LA BAIE D'ODAVARA, PRÈS DE YOKOHAMA.

38. — La vue du Fousiyama prise de l'île d'Enoshima.

39. — Ancien phare de l'île d'Enoshima.

40. — Débarcadère d'Enoshima.

41. — La baie d'Odavara et le Fousiyama, vues d'Enoshima avec la plage de Stiriyama.

42. — Vue de l'île d'Enoshima, prise de la plage de Stiriyama.

TOKIO (YÉDO) ET SES ENVIRONS.

43. — Les fossés de l'ancien palais taïkounal de Tokio.

44. — Id. id.

45. — Id. id.

46. — Id. id.

47. — Id. id.

47 *bis*. — Les fossés de l'ancien palais taïkounal de Tokio, au soleil couchant.

48. — Maison des gardes de l'ancien palais taïkounal de Tokio.

49. — Id. id.

50. — Id. id.

51. — Canal à Tokio; feuillages rouges des momidis, à l'automne.

52. — Les nénuphars du temple de la Shiba, à Tokio.

53. — Porte d'entrée de l'ancien palais d'un daïmio, à Tokio.

LA VILLE IMPÉRIALE DE KIOTO

ET SES ENVIRONS.

54. — Panorama de la ville de Kioto pris de Marouiyama.

55. — Vue de Kioto, prise du temple de Tshiojin.

56. — Les grands pins du temple de Tshiojin avec la vue de Kioto.

57. — Vue des montagnes et de la vallée de Kioto, prise de Marouiyama.

58. — Pagode de Kyomidzou, à Kioto.

59. — Entrée du temple de Higa-Shiotami, à Kioto.

60. — Extrémité du temple de Tshiojin, à Kioto.

61. — Porche du temple de Tshiojin, à Kioto.

62. — Jardin d'une maison de thé, à Kioto.

63. — Bouddha de pierre dans un cimetière, près de Kioto.

KOBÉ.

64. — Pèlerins arrivant au tori (porte d'entrée) d'un temple, à Kobé.

LE LAC DE HAKONÉ ET MIONOSHITA

65. — Le lac de Hakoné.

66. — Avenue de cryptomérias géants et escalier du temple de Gonghensama, sur le lac de Hakoné.

67. — Tori en laque rouge, à Mionoshita.

68. — Jardin de Mionoshita : azalées en fleurs.

79. — Maison de paysan, à Mionoshita.

70. — Id. id.

71. — Bambous, à Mionoshita.

72. — Les bains de Kigha, près de Mionoshita.

73. — Village de Mionoshita.

74. — Rivière sur la route de Yokohama à Mionoshita.

75. — Vue du Fousiyama du côté de Toghitomi.

VUES DIVERSES DU CENTRE DU JAPON.

76. — Les bains de Ikao.

77. — Maison de thé, à Ikao.

78. — Ferme, à Shinmatshi.

79. — Fête d'une chapelle du renard, à Shinmatshi.

80. — Vue des montagnes du Nakasando, prise de Shinmatshi.

81. — Tour des cloches au temple de Tshiouzenji.

82. — Ancien tori en pierre à Shinmatshi.

83. — Rivière de Kanasava, près de Shinmatshi.

84. — Vue du volcan de Assamiyama, prise de Shinmatshi.

ÉTUDES DE COSTUMES ET D'INTÉRIEURS.

85. — Costume d'été, à Yokohama.

86. — Costume d'hiver, à Yokohama.

87. — Joueuse de chamicen, à Yokohama.

88. — Femme de la classe bourgeoise de Yokohama, dans son intérieur.

89. — Femme du peuple dans sa cuisine, à Mionoshita.

ÉTUDES DE FLEURS.

90. — Cédrats et crêtes-de-coq.

91. — Étude de nénuphars roses à leur grandeur naturelle.

92. — Id. id.

93. — Étude de nénuphars blancs à leur grandeur naturelle.

94. — Étude de nénuphars.

95. — Id.

96. — Crêtes-de-coq.

97. — Chrysanthèmes à leur grandeur naturelle.

98. — Id. id.

99. — Azalées jaunes et magnolias violets.

100. — Étude de camélias.

101. — Id.

Paris. — Typ. A. Quantin, 7, rue Saint-Benoît.

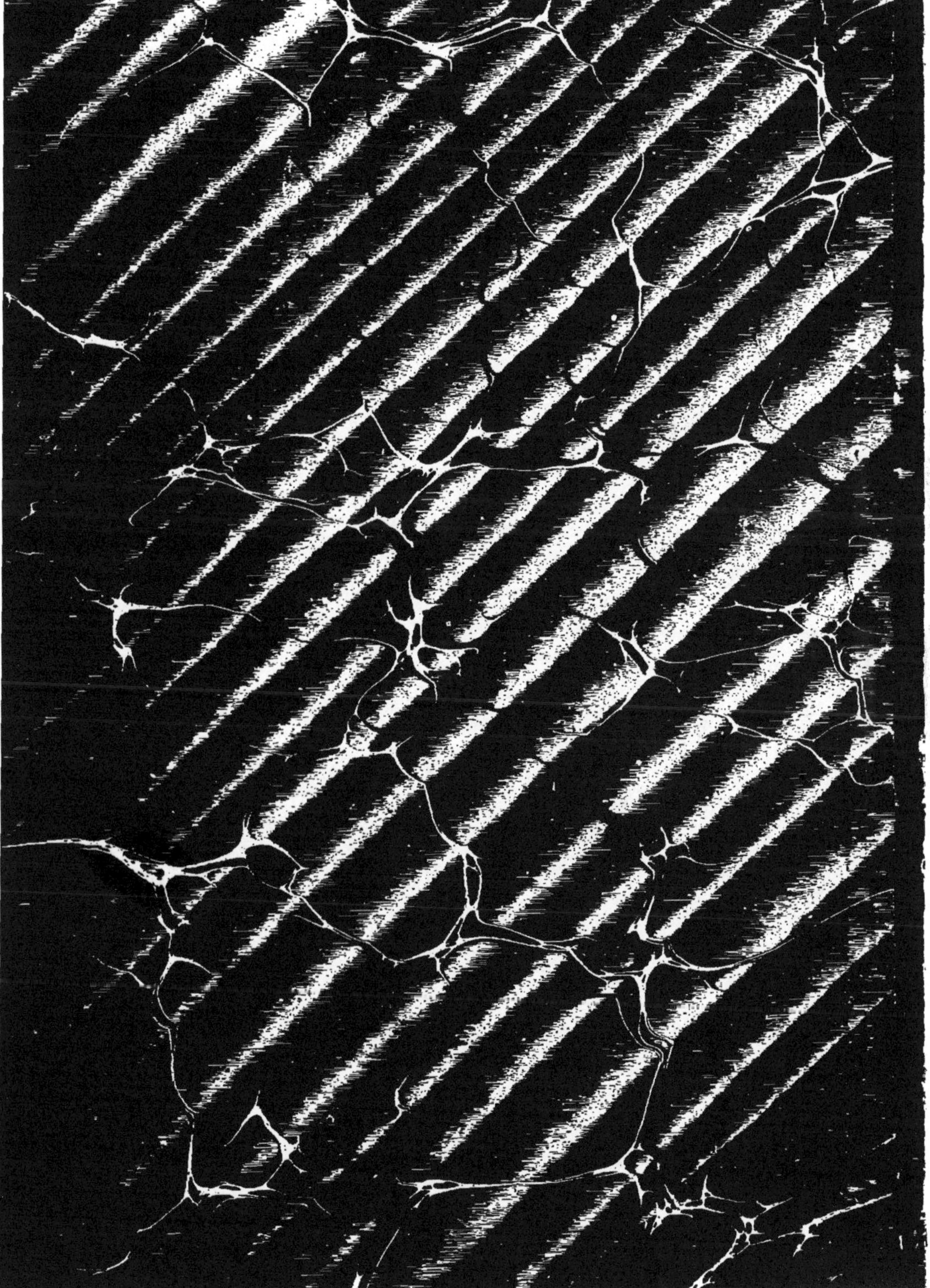